信息检索与创新

主　编　许福运　刘二稳
副主编　慎金花　贾芳华

科学出版社
北　京

内 容 简 介

创新是一个民族进步的灵魂，是国家兴旺发达的不竭动力。培养大学生的创新意识、创新精神和创新能力，使其成为“一专多能”的复合型优秀人才，是高等教育、教学改革发展的方向和趋势。创新的入口和前提是具有良好的信息检索与利用能力。只有掌握大量的信息资料，在自由想象中创造灵感，才能在前人不曾涉及的领域有所建树和突破。培养学生的自立和创新精神，使其成为创新人才，离不开对信息的搜集、整理、分析与利用。只有掌握信息检索技术与方法，才能高效获取、正确评价和利用信息。信息检索是大学生创新的前提和基本技能。

本书针对这一需求，详细讲解信息检索、创新思维、创新步骤、创新训练等内容。将信息检索与创新有机地结合起来，以期在创新方面给予读者帮助和启发。本书在每章节开始说明本章节的重点内容、主要内容及教学目的，在章末设计了本章小结和思考题。

本书可作为普通高等院校信息检索课程的教学用书，亦可作为广大读者提高创新和检索能力的实用参考书。

图书在版编目(CIP)数据

信息检索与创新/许福运，刘二稳主编．—北京：科学出版社，2011.2
ISBN 978-7-03-030142-0

Ⅰ.①信…　Ⅱ.①许…②刘…　Ⅲ.①情报检索　Ⅳ.①G252.7

中国版本图书馆 CIP 数据核字(2011)第 015165 号

责任编辑：贾瑞娜/责任校对：陈玉凤
责任印制：张克忠/封面设计：耕者设计工作室

科 学 出 版 社 出版
北京东黄城根北街 16 号
邮政编码：100717
http://www.sciencep.com

北京市文林印务有限公司 印刷

科学出版社发行　各地新华书店经销

*

2011 年 2 月第　一　版　开本：B5(720×1000)
2011 年 2 月第一次印刷　印张：15 1/2
印数：1—5 000　字数：304 000

定价：27.00 元

(如有印装质量问题，我社负责调换)

信息检索与创新理念

人人会检索　事事该检索

时时可检索　处处能检索

检索有法　　法无定法

人人会创新　事事该创新

时时可创新　处处能创新

创新有法　　法无定法

本书是山东省人民政府学位委员会和山东省教育厅2010年研究生教育创新计划项目(编号SDYY10033)成果之一

前　　言

网络信息技术的快速发展，使得高等院校传统的文献检索课程教学理念已经不能适应时代的要求，文献信息的开发和利用需要人们有较高的信息技能，提高学生的信息素质、自学能力、创新能力、研究能力才是文献检索课程的重要理念。大学生创新能力的高低，在相当程度上取决于检索和利用知识、信息的能力。应将信息检索与创新有机地结合起来，融理论、方法、实践于一体，以激发大学生的创新意识和创新能力。

本书根据新环境的需求和目前的实际情况，将信息检索与创新有机地结合起来，使信息检索的功能得以充分发挥，以加强对学生信息素养、创新能力、主动获取信息和知识能力的培养；突出特色，通过检索与创新的融合，使学生能够发现和提出问题，找出问题的实质，找到解决问题的途径和方法，并给出发明案例，实现创新。以期实现“人人会创新、事事该创新、时时可创新、处处能创新、创新有法、法无定法”的理念。

本书的筹划、内容大纲、编写组织均由许福运负责，各章节的具体编写分工如下：第1～4章分别由山东建筑大学刘二稳、同济大学慎金花、青岛理工大学贾芳华编写；第5章由山东建筑大学刘鹏、杨冰编写；第6章由山东建筑大学许福运、贺长伟编写；第7章由山东建筑大学姚伟、刘一农编写；第8章由山东建筑大学张承华编写。

在编写过程中，本书参考、引用了许多图书馆学、情报学资深专家与学者的学术成果，在此一并表示谢忱和敬意！

由于本书作者的学识水平有限，加之网络检索手段发展快速，书中难免有疏漏和错误之处，敬请读者和同仁批评指正。

作　者

2010年10月

目　　录

第1章 信息资源检索概述

1.1 信息资源的类型

本节重点 信息资源的类型

主要内容 信息资源及其类型

教学目的 提高学生对各种文献不同功能的了解

1.1.1 信息资源

信息资源有广义与狭义之分。广义的信息资源是指信息及其相关因素的集合。即除信息本身外,信息资源还包括与之紧密相关的信息设备、人员、系统、网络等,涉及信息的生产、分配、交换(流通)、消费等过程。狭义的信息资源是指信息本身或信息的集合,准确地说是仅指信息内容。在国外,有人将信息资源简单地分为四个组成部分:信息源、信息服务、信息产品和信息系统。

1.1.2 信息资源的类型

信息资源按照不同的标准,可划分出不同的类型。

1.按文献载体的形式划分

文献载体是指记录知识的物质材料,古时候人们曾用甲骨、竹简、丝帛等作为知识的载体,随着科学技术的不断发展,人类记录知识信息的物质载体和技术手段不断地演进,相继出现了印刷型、缩微型、声像型和机读型等不同载体形式的文献。当前文献的载体主要是印刷型和机读型两大类型。

1) 印刷型文献

印刷型文献是以纸张为存储介质。以印刷(包括铅印、胶印、静电复印等)为记录手段的文献形式,是一种传统的也是最常见的文献形式。其优点是便于携带、传播和阅读。缺点是体积大、存储密度低、长期保管困难。由于造纸材料(木材)的减少,因此印刷型文献的价格也越来越高。

2) 机读型文献

机读型文献主要指将文字和图像转换成二进制数字代码,以计算机输入为记录手段,以磁带、磁盘或光盘为存储载体的文献,也称电子文献。

电子型文献具有存储密度高、存取速度快、便于通信传递、易于复制共享等优点，表现出强大的生命力，已经成为信息社会的主流。电子型文献的缺点是需借助计算机存储，设备价格较高，文件易丢失。

2. 按文献的出版形式划分

1）图书

图书又称为书籍，其内容比较成熟，按其出版形式，可分为单卷书、多卷书、丛书等。内容比较系统，是有完整定型的装帧形式的出版物。公开出版发行的图书，一般标注有国际标准书号(ISBN)。

图书是对已有的科研成果与知识系统的全面概括和论述，并经过作者认真的核对、鉴别、筛选、提炼和融会贯通而成。从内容上，具有系统、全面、理论性强、成熟可靠、技术定型的特点；从时间上，由于编写时间、出版周期较长，所反映的文献信息的新颖性较差，但对要获取某一专题较全面、系统的知识，或对于不熟悉的问题要获得基本了解的读者，参阅图书是行之有效的方法。

2）期刊

期刊是指采用统一名称，定期或不定期出版的连续出版物。期刊与图书相比，具有出版周期短、报道速度快、内容新颖、学科广、种类多等特点，是人们进行科学研究，交流学术思想经常利用的文献信息资源。所以，期刊论文是科研人员特别是科技人员的主要信息来源。据估计从期刊等连续出版物方面来的科技信息，约占整个信息来源的65%。期刊论文著录项目是：缩写刊名、卷、期、年、页。

3）专利文献

专利文献主要指专利申请人向自己国家或国外的专利局提出申请保护某项发明时所呈交的一份详细的技术说明书，经专利局审查，公开出版或授权后所形成的文献。专利说明书的特点在于：涉及的技术面较为广泛，内容具体详尽，并附有图表，能够最先反映新成果、新技术。专利文献的标志性著录项目有：专利号、申请号、IPC分类号等。

4）会议论文

会议论文是指在各种会议上所宣读的论文或书面发言，经过整理后编辑出版的文献。一般来说，会议论文具有内容丰富、新颖、信息量大、专业性强、学术水平高、有创造性等特点。

在检索工具书或数据库中，具有会议特征的著录项目有：会议名称、会议时间、会议地点、出版时间等。判断是否为会议文献，可根据表示会议特征的英文名称来决定，如conference、proceedings、congress、symposium、paper等。

5）学位论文

学位论文是高等院校的学生为了获取一定的学位资格而撰写的学术性研究论文。如博士论文、硕士论文、学士论文等，其特点是具有学术性和独创性。大多数国家采用学士（Bachelor）、硕士（Master）和博士（Doctor）三级学位制。通常所讲的学位论文，主要指博士、硕士论文及优秀学士学位论文。学位论文的标志性著录项目一般有：学位名称、颁发学位的大学名称、地址及授予学位的年份等。

6）科技报告

科技报告是科技人员从事某一专题研究所取得的成果和进展的实际记录。科技报告一般都有编号，且单独成册。科技报告反映的是新兴科学和尖端科学的研究成果，内容新颖，专业性强，能代表一个国家的研究水平，各国都很重视。目前，美、英、德、日等国每年产生的科技报告达20万件左右，其中美国占80%。美国政府的PB、AD、NASA、DOE四大报告在国际上最为著名。

• PB(Publishing Board)报告：由美国商务部国家技术情报服务处（NTIS）出版发行。报告的内容侧重于各种民用科学技术、生物医学。

• AD(ASTIA Document)报告：原指美国武装部队技术情报局（Armed Services Technical Information Agency，ASTIA）出版的文献，即ASTIA Document报告。现今AD含义已变为入藏文献（Accessioned Documents），主要收录军事科技方面的文献资料。

• NASA报告：美国航空航天局（National Aeronautics and Space Administration）出版，内容除航空航天技术以外，涉及许多相关学科，在一定程度上成为综合型科技报告。

• DOE报告：是美国能源部（US Department of Energy）出版的报告，收录能源部所属实验室、能源技术中心、情报中心及合同单位发表的科技报告，内容涉及核能与其他能源，包括矿物燃料、太阳能，以及节能、环境和安全等内容。

科技报告具有保密的特点，因而不易获取。在我国国家图书馆、国防科技信息研究所和上海图书馆的科技报告相对比较完整。科技报告文献著录的主要外部特征是：报告名称、报告号、研究机构、完成时间等。

7）政府出版物

政府出版物是指各国政府及所属机构发表的文件，分为行政性和科技性两大类。行政性文件包括：政府报告、会议记录、法令、条约、决议、规章制度、调查统计资料等；科技性文件包括：科研报告、科普资料、科技政策、技术法规等。政府出版物的特点是具有正式性和权威性。根据其性质分为公开资料、内部资料和机密资料三种。

8) 标准文献

标准文献是对工农业新产品和工程建设的质量、规格、参数及检验方法所做的技术规定，是人们在设计、生产和检验过程中共同遵守的技术依据。它是一种规章性的技术文件，具有一定的法律约束力。按批准机构级别和适用等级可分为国际标准、国家标准、部颁标准（行业标准）和企业标准四个等级。标准的主要收藏单位是省级以上的技术监督研究所和科技信息所。

标准文献都有标准号，它通常由国别（组织）代码＋顺序号＋年代组成。我国的国家标准分为强制性的国标（GB）和推荐性的国标（GB/T）；行业标准代码以主管部门名称的汉语拼音声母表示，如 JT 表示交通行业标准；企业标准编号为：Q/省、市简称＋企业名代码＋年份。

标准文献著录的主要外部特征是：标准级别、标准名称、标准号、审批机构、颁布时间、实施时间等。标准文献辨识的直接关键词是“标准”(Standard)与“标准号”。

9) 产品样本

产品样本也称为产品资料、产品说明书，是对定型产品的性能、构造、原理、用途、规格、使用方法和操作规程等所做的具体说明。产品样本图文并茂，形象直观，出版发行迅速，更新速度快，多数为免费赠送，其使用寿命随着产品的不断更新和周期的缩短而终结。产品样本可以反映国内外同类产品的技术发展过程、当前的技术水平和发展动向，技术上比较新颖，参数也比较可靠，具有一定的技术价值，是进行技术革新、开发新产品、设计、订货等方面不可或缺的。

10) 技术档案

指生产建设、科技部门和企事业单位针对具体的工程或项目形成的技术文件、设计图样、图表、照片，原始记录的原本及复印件。包括任务书、协议书、技术经济指标和审批文件、研究计划、研究方案、试验记录等。它是生产领域、科学实践中用以积累经验、吸取教训和提高质量的重要文献。科技档案具有保密性，常常限定使用范围。

3. 按文献的级次划分

1) 零次文献

也称零次信息。指未经正式发表或不宜公开和大范围交流的比较原始的素材、底稿、手稿、书信、工程图纸、考察记录、实验记录、调查稿、原始统计数字，以及各种口头交流的知识、经验、意见、论点等。

此类文献的形式为手抄本、油印件、复印件等；电子形式为内部录音、录像、E-mail、BBS 帖子、电子文档等。

2）一次文献

即原始文献，指反映最原始思想、成果、过程，以及对其进行分析、综合、总结的信息资源，如事实数据库、电子期刊、电子图书、发布一次文献的学术网站等。用户可以从一次文献中直接获取自己所需的原始信息。

此类文献的印刷形式主要包括图书、期刊和报纸、科学考察报告、研究报告、会议论文、学位论文、专利说明书、技术标准、政府出版物、产品样本等；电子形式包括事实数据库、电子期刊、电子图书、电子预印本和发布一次文献的正式学术网站等。

3）二次文献

也称二次信息，习惯上又称检索工具，是根据实际需要，按照一定的科学方法，将特定范围内的分散的一次文献进行筛选、加工、整理使之有序化而形成的文献。由于它能较为全面系统地反映某学科、某专业的文献线索，因而是检索和评价一次文献的便捷工具。

此类文献的印刷形式有书目、文摘、题录、索引等；电子形式有二次文献数据库、搜索引擎等。其中二次文献数据库是在传统检索工具（如书目、文摘、题录、索引）基础上形成和发展起来的数据库。

4）三次文献

也称三次信息，它是指通过二次文献提供的线索，选用一次文献的内容，进行分析、综合、研究后而编成的文献。一般包括专题述评、专题调研、动态综述、进展报告、学科年度总结等。此类文献的印刷形式和电子形式基本重合，都包括综述、述评、字词典、百科全书、年鉴、标准、数据手册等。

1.2 信息资源检索的主要内容

本节重点 文献信息资源检索
主要内容 信息资源检索、信息资源检索的类型
教学目的 提高学生对文献信息资源检索的了解

1.2.1 信息资源检索

检索是根据特定的需求，运用检索工具，按照一定的方法，从大量文献中查出所需信息的工作过程。

信息资源检索是从任何信息集合中识别和获取所需信息的过程及其所采取的一系列方法和策略。从原理上看，它包括存储与检索两个方面，存储是检索的基础，检索是存储的反过程。

信息的存储，主要包括对在一定专业范围内的信息选择基础上进行信息特征描述、加工并使其有序化，即建立数据库。

信息存储与信息检索之间存在着密不可分的关系。存储是信息检索前的信息输入过程，而检索则是信息存储后的输出过程，是借助一定的设备与工具，采用一系列方法与策略从数据库中查找出所需信息。在现代信息技术条件下，信息检索从本质上讲，是指人们希望从一切信息系统中高效、准确地查询到自己感兴趣的有用信息，而不管它以何种形式出现，或借助于什么样的媒体。

1.2.2 信息资源检索的类型

1. 数据信息资源检索

数据信息检索是以具有数量性质，并以数值形式表示的数据为检索目的和对象，检索的结果是经过测试、评价过的各种数据，可直接用于比较分析或定量分析。例如，查找各种国民经济的统计数据、科技和工程数据、物质的物理化学常数等都属于数据检索的范畴。

数据检索是一种确定性的检索。在科学研究、工程计算、质量控制、决策管理等方面发挥重要作用。数据检索和事实检索主要利用各种参考工具书来完成。

2. 事实信息资源检索

事实检索以事项为检索目的和对象，检索的结果是有关某一事物的具体答案，凡是查找有关人物、地名、术语等，都属于事实检索的范畴。

3. 文献信息资源检索

文献是记录有知识的一切载体。文献信息资源检索通常是指以二次信息为工具(目录、索引、文摘)的检索系统存储的信息，它们是文献信息的外部特征与内容特征的描述集合体。文献检索是利用检索工具查出相关文献的过程。检索系统不直接解答用户提出的问题，而是提供与之相关的文献名称及出处，供用户筛选使用。检索结果将是某本书、某篇文章、某份广告、某项专利或标准等一次文献。

1)了解文献的分类

文献的种类繁多，而且按不同的分类依据有不同的分类结果。按载体划分，可分为印刷型、缩微型、声像型、机读型等。按出版形式划分，可分为图书、期刊、会议论文、学位论文、专利等。按语种划分，又可分为许多种，此处不再赘述。

2)知道检索的途径

不同的文献类型，文献的特征不相同，文献的组织方式也就不同，文献检索的手段和途径也就因此而异。例如，印刷型文本适于手工检索，而机读型文献只适用计算机设备检索；手工检索的途径相对较少，而计算机检索的途径要比手工检索多得多。中文期刊论文的学科分类依据是《中国图书资料分类法》，而中国专利文献却采用《国际专利分类法》。

3)按用途选择数据库

不同的文献集中于不同的数据库。例如，期刊有期刊数据库、图书有图书数据库、专利有专利数据库、会议论文和学位论文也都有各自的数据库。

值得注意的是，有的数据库提供原始文献、有的数据库只提供文献源的信息。

1.3 图书馆的文献组织

本节重点 图书排架及馆藏检索
主要内容 图书分类及馆藏检索
教学目的 掌握图书的排架及书目检索

1.3.1 图书排架

一般高校图书馆的藏书量都在百万册以上，如此大量的图书按照某种排列规则井井有条地存放在林立的书架上。大学生进入开架书库时，常常有“刘姥姥进大观园”的感觉，对林立的书架和密密麻麻排列的图书感到敬畏和神秘——这些书是怎么排列的?

对于图书排架，各图书馆几乎都以学科分类为依据，主要原则是将同学科同专业的参考书集中在一起，便于读者查找和比较，以尽可能地保证图书的查全率。国内图书的主要分类依据是《中国图书馆分类法》(简称《中图法》)，只有科学院系统图书馆和中国人民大学图书馆分别采用《中国科学院图书分类法》和《中国人民大学图书分类法》。下面主要介绍《中图法》。

1.《中图法》简介

《中图法》是国家推荐统一使用的分类法，被许多检索工具采用。《中图法》分5大部类，22大类，类号采用汉语拼音字母与阿拉伯数字的混合号码，用一个字母代表一个大类，以字母的顺序反映大类的顺序，在字母后用数字表示大类下类目的划分，数字的设置尽可能代表类的级位，并基本上遵从层垒制的原则。表1-1所示为《中图法》基本大类设置。

表 1-1 《中图法》基本大类

马克思主义、列宁主义、毛泽东思想	A 马克思主义、列宁主义、毛泽东思想、邓小平理论
哲学	B 哲学、宗教
社会科学	C 社会科学总论 D 政治、法律 E 军事 F 经济 G 文化、科学、教育、体育 H 语言、文字 I 文学 J 艺术 K 历史、地理
自然科学	N 自然科学总论 O 数理科学和化学 P 天文学、地球科学 Q 生物科学 R 医学、卫生 S 农业科学 T 工业科学 U 交通运输 V 航空、航天 X 环境科学、安全科学
综合性图书	Z 综合性图书

按体系分类法检索的优点是能满足从学科或专业角度广泛地进行课题检索的要求，达到较高的查全率。分类途径能满足"族性检索"的要求。

2. 图书索取号

国内绝大多数图书馆藏书在书脊都有这样的标签，如"TP393.01/345"，即图书的索取号。按《中图法》，其含义为：

T	工业技术	TP393	计算机网络
TP	自动化技术、计算机技术	TP393.0	一般性问题
TP3	计算技术、计算机技术	TP393.01	计算机网络理论
TP39	计算机应用	TP393.02	计算机网络结构与设计

TP393.01/345 为索书号或排架号：反映了某种图书在整个图书组织中的排列顺序和在书库中的具体位置。其组成：分类号＋书次号；其中分类号按学科以《中图法》分类图书；书次号为同类书的排列。

书次号有种次号和著者号之分，种次号是按图书馆购买某一类图书种类的先后次序编排的，著者号是查著者号码表得来的。辅助区分号是对分类号和种次号相同的图书进行区分的号码。

我校图书馆的藏书索取号由"分类号＋种次号"组成。

1.3.2 馆藏检索

目前高校图书馆都实现了计算机管理，读者借书首先要利用查询机进行检索，即检索书目数据库，获取图书的索取号和馆藏信息，方可进库查找。

我馆使用的是深圳的图书馆自动化集成系统(Integrated Library Automation system,ILAS)。该系统包括采访、编目、流通、典藏、连续出版物等子系统。具体使用步骤如下：

(1) 进入图书馆主页——网上图书馆，如图 1-1 所示为 ILAS 的网上图书馆检索界面。

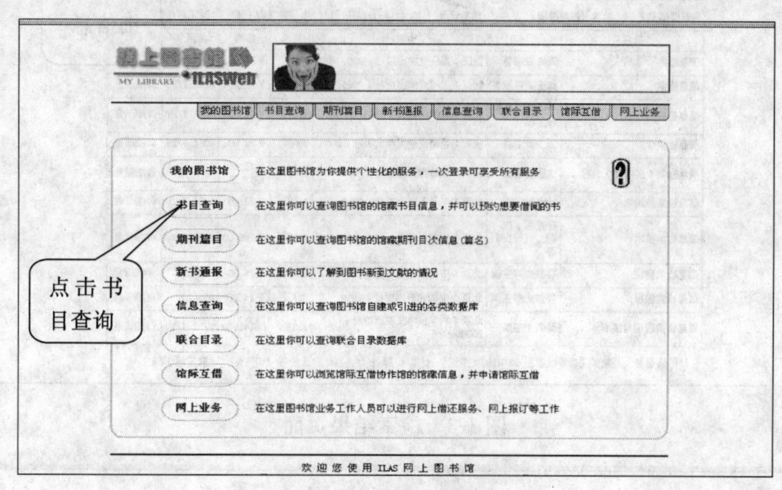

图 1-1 ILAS 网上图书馆

(2) 点击“书目查询”进入图 1-2 所示书目检索界面。

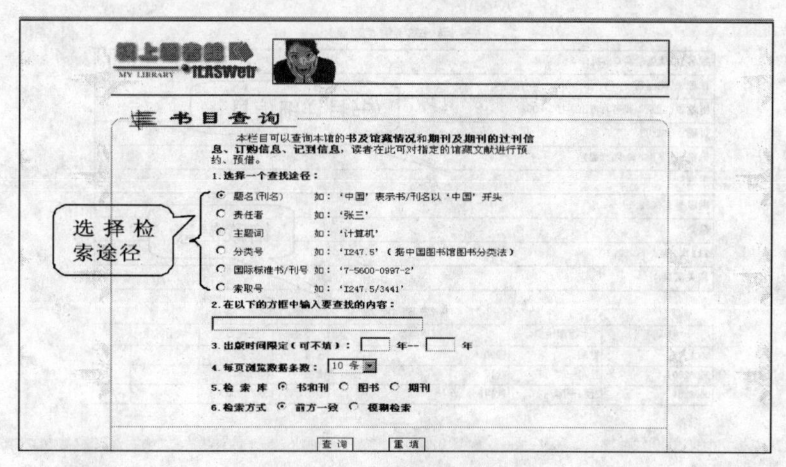

图 1-2 书目检索界面

(3) 选择“题名”途径，在检索词输入框中输入：信息检索，出版时间为2000—2010；每页浏览条数为10条；检索库选择“图书”；检索方式选择“前方一致”；点击查询。检索结果页面如图1-3所示。

(4) 浏览检索结果，选择感兴趣的记录，点击“详细信息”，进入该图书的馆藏信息页面，如图1-4所示。

(5) 记录图书的馆藏地点、索取号，到书库查找借阅即可。

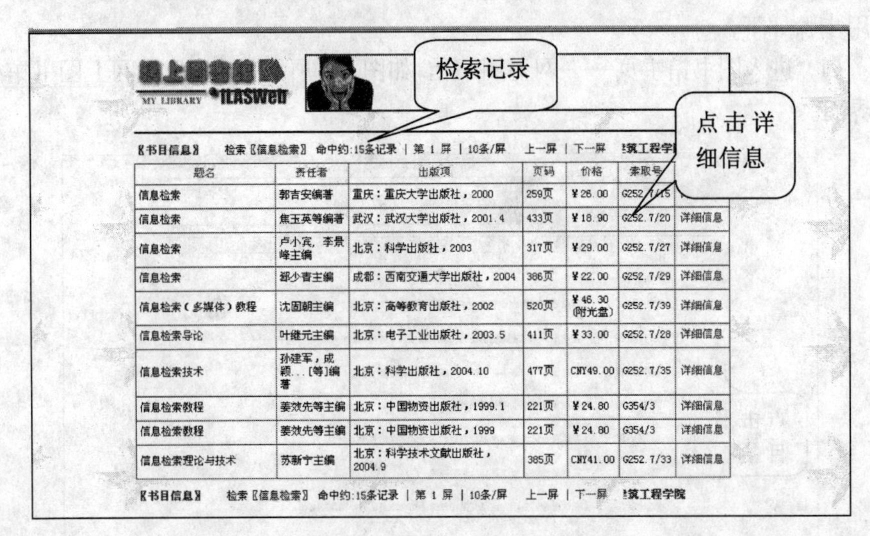

题名	责任者	出版项	页码	价格	索取号	
信息检索	郭吉安编著	重庆：重庆大学出版社，2000	259页	¥26.00	G252.7/15	
信息检索	焦玉英等编著	武汉：武汉大学出版社，2001.4	433页	¥18.90	G252.7/20	详细信息
信息检索	卢小宾，李景峰主编	北京：科学出版社，2003	317页	¥29.00	G252.7/27	详细信息
信息检索	郄少香主编	成都：西南交通大学出版社，2004	386页	¥22.00	G252.7/29	详细信息
信息检索（多媒体）教程	沈固朝主编	北京：高等教育出版社，2002	520页	¥46.30(附光盘)	G252.7/39	详细信息
信息检索导论	叶继元主编	北京：电子工业出版社，2003.5	411页	¥33.00	G252.7/28	详细信息
信息检索技术	孙建军，成颖...[等]编著	北京：科学出版社，2004.10	477页	CNY49.00	G252.7/35	详细信息
信息检索教程	姜效先等主编	北京：中国物资出版社，1999.1	221页	¥24.80	G354/3	详细信息
信息检索教程	姜效先等主编	北京：中国物资出版社，1999	221页	¥24.80	G354/3	详细信息
信息检索理论与技术	苏新宁主编	北京：科学技术文献出版社，2004.9	385页	CNY41.00	G252.7/33	详细信息

图1-3 检索结果页面

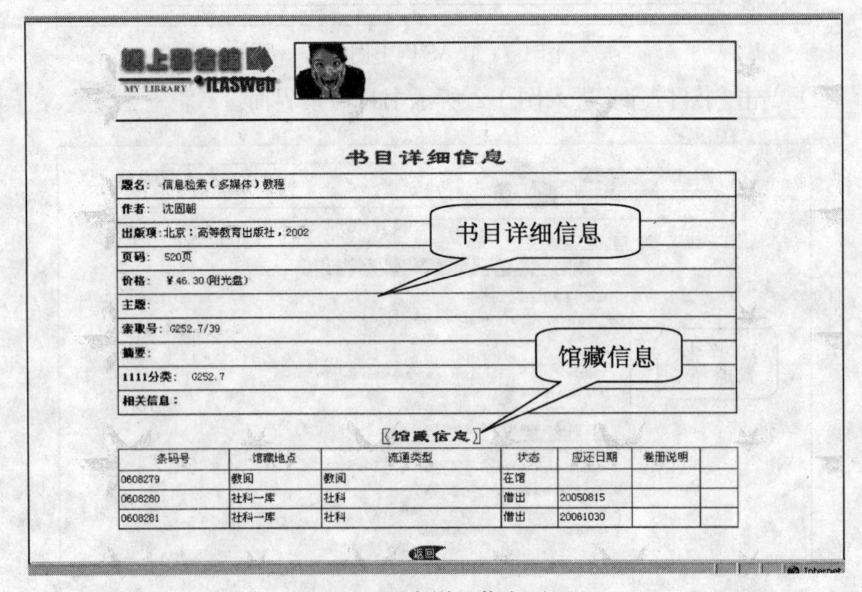

书目详细信息

题名： 信息检索（多媒体）教程

作者： 沈固朝

出版项：北京：高等教育出版社，2002

页码： 520页

价格： ¥46.30(附光盘)

主题：

索取号：G252.7/39

摘要：

1111分类： G252.7

相关信息：

〖馆藏信息〗

条码号	馆藏地点	流通类型	状态	应还日期	卷册说明	
0608279	教阅	教阅	在馆			
0608280	社科一库	社科	借出	20050815		
0608281	社科一库	社科	借出	20061030		

图1-4 图书详细信息页面

本章小结

本章介绍了信息资源的类型，信息资源检索的主要内容及图书馆的文献组织。重点掌握十大信息资源，了解信息资源检索的类型。掌握《中图法》的分类方法，熟练使用书目数据库检索自己所需图书，且能速准确地获取图书。

思考题

1. 列举常用的五种按出版形式划分的信息资源。
2. 什么是文献信息检索？如何实施？
3. 利用本馆的书目检索系统检索本专业的相关图书。

第 2 章　科学文献数据库资源检索

本章是本课程的重点，主要介绍当前高校图书馆购置的主要数据库。首先从期刊论文数据库开始，依次介绍各类常用文献数据库。

2.1　中文期刊数据库

本节重点　常用中文期刊全文数据库

主要内容　中文期刊数据库检索体系

教学目的　掌握中文期刊论文的检索方法

期刊文献是主要的信息源，中文期刊数据库的建设，极大地方便了广大的科技工作者和文化工作者。《中国学术期刊全文数据库》和《中文科技期刊数据库》是国内普及率很高的两个数据库，两者各有所长，各有特色。

2.1.1　中国学术期刊全文数据库

1. 数据库简介

《中国学术期刊全文数据库(CJFD)》是目前世界上最大的连续动态更新的中国学术期刊全文数据库，是中国知识基础设施工程(China National Knowledge Infrastructure，CNKI)的重要组成部分，由清华同方光盘股份有限公司等单位编辑出版，分 10 个专辑(图 2-1)，126 个专题文献数据库。CNKI 中心网站对 CJFD 每日进行更新。

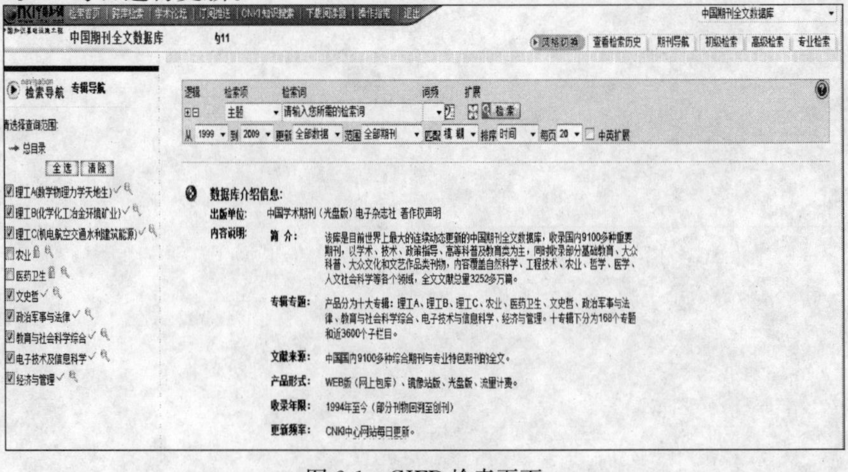

图 2-1　CJFD 检索页面

知识来源:国内公开出版的 9 100 种核心期刊与专业特色期刊的全文。

覆盖范围:理工 A(数理化天地生)、理工 B(化学化工能源与材料)、理工 C(工业技术)、农业、医药卫生、文史哲、经济政治与法律、教育与社会科学、电子技术与信息科学、经济与管理。

收录年限:1994 年至今。

2. 功能设置与检索途径

CJFD 功能设置众多,不仅具有知识分类导航功能,还设有包括全文检索在内的众多检索入口,用户可以通过某个检索入口进行初级检索,也可以运用布尔算符等灵活组配检索提问式进行高级检索;CJFD 还具有引文链接功能,有助于利用文献耦合原理扩大检索收获,还可用于个人、机构、论文、期刊等方面的计量与评价;借助浏览器,可实现对期刊论文原文不失真的显示与打印,还可以进行汉字识别和对图表进行剪裁处理。

CJFD 主要提供分类检索和主题检索两种途径。

3. 检索方法

1) 分类浏览

检索页面左边设有导航栏,导航栏提供"专辑导航";利用专辑导航,可以从各个专辑的角度进行收藏论文的族性检索;如要选择某专辑作为检索范围,可以点击专辑栏目左边的方框(显示√号)。在分类浏览检索中,可以通过导航逐步缩小范围,最后检索出某一知识单元中的文章。例如,利用专辑导航,查找"通信协议"方面的论文,依次点击:电子科学与信息技术→互联网技术→通信协议得到有关"通信协议"的相关论文集合(图 2-2)。

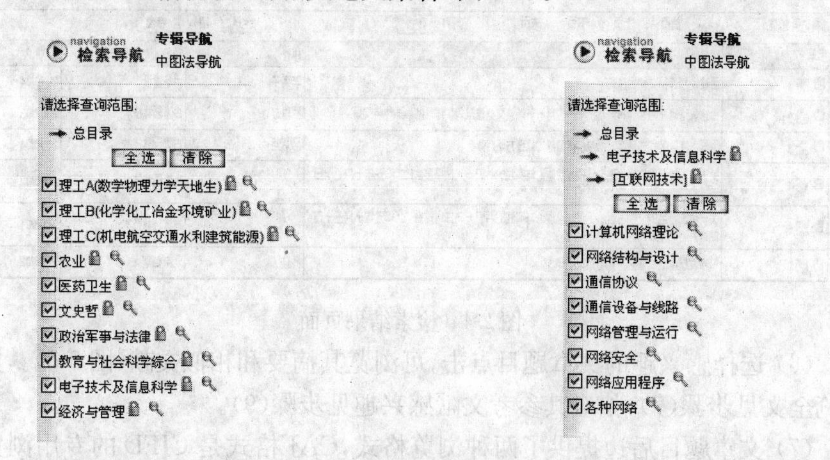

图 2-2 电子技术及信息科学的三级类目

值得注意的是,专辑导航只能打开三级目录,显然,分类途径的检索结果是一个学科的文献集合。要缩小检索范围,提高专指度,需要采用下面的主题检索途径。

2) 主题途径

主题途径是 CJFD 提供的主要检索途径,检索窗口占据了页面的主要位置。主题检索方式又分为初级检索、高级检索和专业检索模式。缺省情况下,检索页面处于初级检索状态,只有一个检索窗口。如果要增加检索条件,可点击检索窗口左边的"+"按钮,CJFD 最多可提供四个检索窗口,变为高级检索。反之,点击"-"按钮,则逐一减少条件选项,最后恢复为简单检索。

示例:查找有关不包含北京的古建筑保护和维修方面的文献。

采用高级检索方式:

(1) 选择检索词并依次在各检索窗口中填入。

(2) 点击检索词左边的菜单,选择各词的逻辑关系。

(3) 点击检索词左边的检索项菜单,选择检索入口。

(4) 必要时使用检索项右边的扩展功能(图 2-3)。

(5) 点击"检索"按钮得到检索结果(图 2-4)。

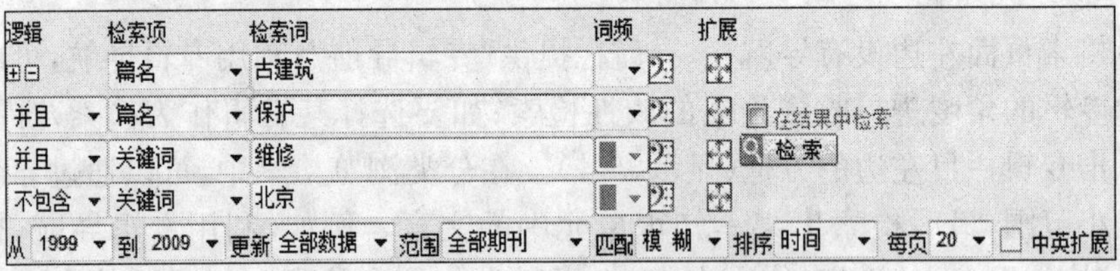

逻辑	检索项	检索词	词频	扩展
⊞⊟	篇名	古建筑		
并且	篇名	保护		在结果中检索
并且	关键词	维修		检索
不包含	关键词	北京		

从 1999 到 2009 更新 全部数据 范围 全部期刊 匹配 模糊 排序 时间 每页 20 中英扩展

图 2-3　高级检索页面

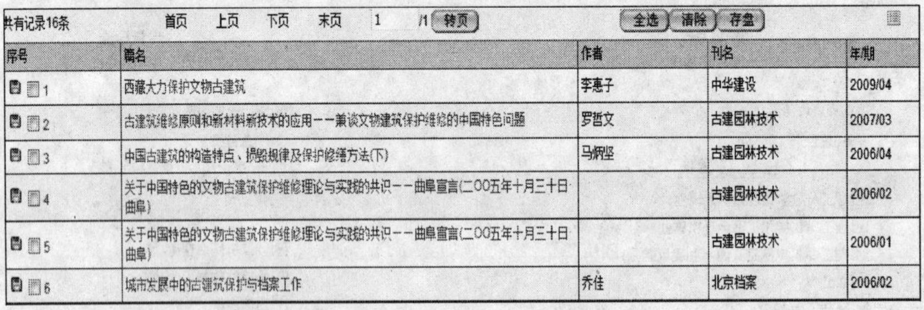

共有记录16条　首页　上页　下页　末页　1　/1 转页　全选　清除　存盘

序号	篇名	作者	刊名	年期
1	西藏大力保护文物古建筑	李惠子	中华建设	2009/04
2	古建筑维修原则和新材料新技术的应用——兼谈文物建筑保护维修的中国特色问题	罗哲文	古建园林技术	2007/03
3	中国古建筑的构造特点、损毁规律及保护修缮方法(下)	马炳坚	古建园林技术	2006/04
4	关于中国特色的文物古建筑保护维修理论与实践的共识——曲阜宣言(二OO五年十月三十日曲阜)		古建园林技术	2006/02
5	关于中国特色的文物古建筑保护维修理论与实践的共识——曲阜宣言(二OO五年十月三十日曲阜)		古建园林技术	2006/01
6	城市发展中的古建筑保护与档案工作	乔佳	北京档案	2006/02

图 2-4　检索结果页面

(6) 选择感兴趣的文章题目点击,可浏览其摘要和相似文献(图 2-5)。如要浏览全文见步骤(7),如对其参考文献感兴趣见步骤(9)。

(7) 文章题目后边提供了两种浏览格式,CAJ 格式是 CJFD 的专用浏览格式,PDF 是国际通用的浏览格式,可以选择其中一种浏览全文(图 2-6)。

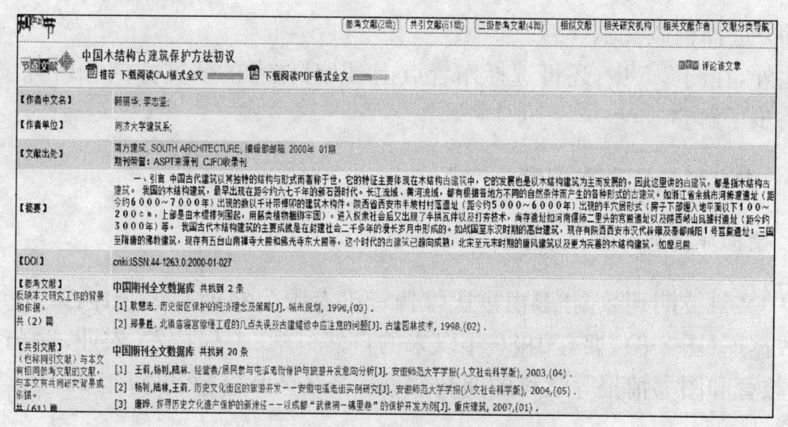

图 2-5 摘要和参考文献

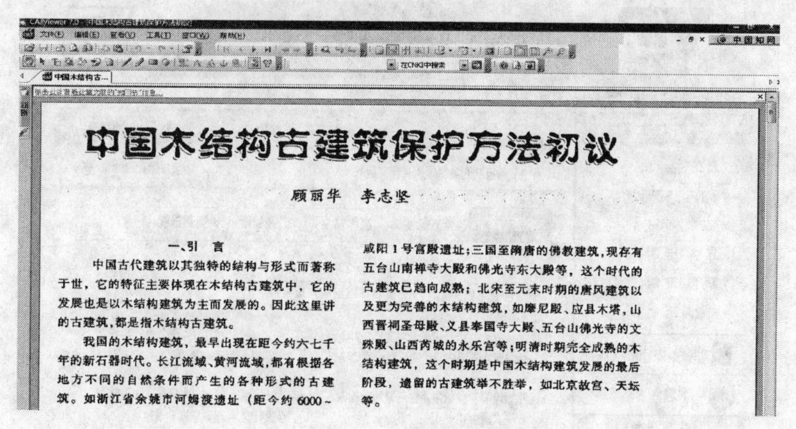

图 2-6 浏览全文

(8) 要进行文字识别，可点击工具栏上的“T”形图标，然后选择识别区域(图 2-7)，然后复制粘贴到 Word 文档。

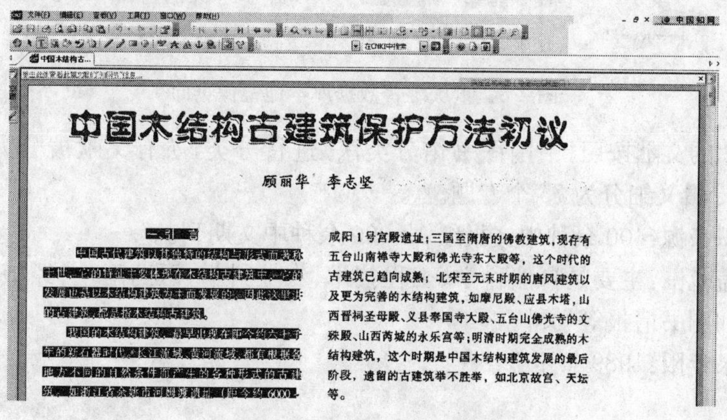

图 2-7 选择识别的区域

(9) 选择相似文献(略)。

此外,在图 2-5 中,还可选择作者点击,以对作者的研究方向和研究成果进行进一步了解。

2.1.2 中文科技期刊数据库

1. 数据库简介

《中文科技期刊数据库》由重庆维普资讯有限公司创制,是国内第一个中文期刊数据库(图 2-8),拥有 1989 年以来的自然科学、工程技术、农业、医药卫生、经济、教育和图书情报等学科的期刊数据 1 250 余万篇,并以每年 250 万篇的速度递增。

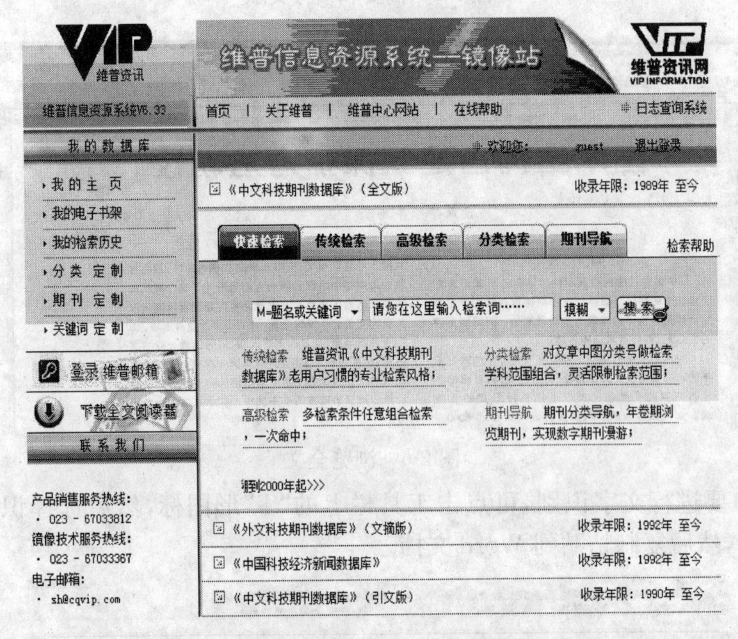

图 2-8 重庆维普数据库本地镜像页面

该库的文献按照《中国图书馆分类法》进行分类,所有文献被分为 8 个专辑,8 个专辑又细分为 75 个专题。

知识来源:400 余种中文报纸 12 000 余种中文期刊。

覆盖范围:主要是自然科学、工程技术、农业科学、医药卫生、经济管理、教育科学和图书情报等学科。

收录年限:1989 年至今。

2. 数据库功能

《中文科技期刊数据库》检索系统的主要功能是检索和存储。检索功能有5种:简单检索、传统检索、分类检索、高级检索和期刊导航浏览。存储功能位于页面左边的"我的数据库"栏目,内容有:我的主页、我的数据库、我的检索历史、分类定制、期刊定制和关键词定制。

3. 数据库检索

1) 简单检索

简单检索就是直接在上述页面的搜索栏输入检索词进行搜索的过程,此种检索方式简单方便,但检索结果往往难于控制。

2) 传统检索

传统检索是该数据库多年沿用的检索方式,提供导航和主题两种检索途径,外加各种修饰和限制条件,例如,同义词、同名作者、期刊范围、年限等(图2-9)。

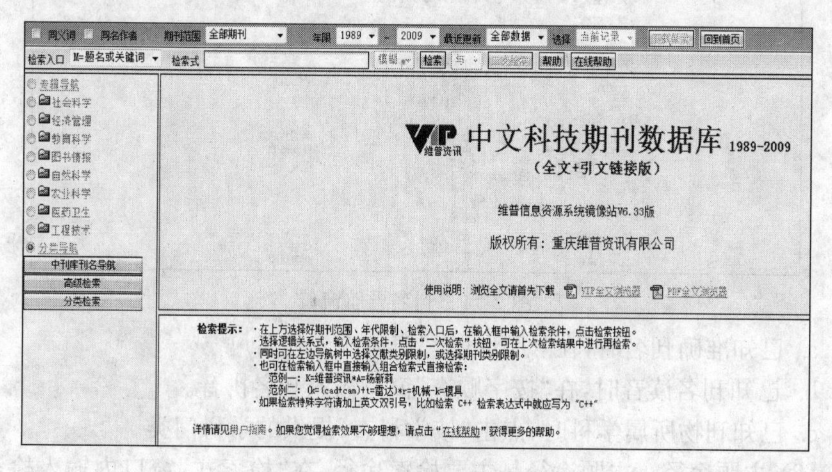

图2-9 传统检索页面

(1) 导航方式。页面左栏的导航条同时提供分类导航和刊名导航。选择分类导航,连续对选择学科类目点击,可追溯到三级类目(图2-10),检索结果在显示窗口罗列。

① 分类导航可保证文献的查全率。如果查出的结果过多,可以利用检索窗口上方的"同名作者"、"期刊范围"、"年限"窗口进行限制。

② 刊名导航提供从刊名的途径查找文献,具体又分三种情况(图2-11):

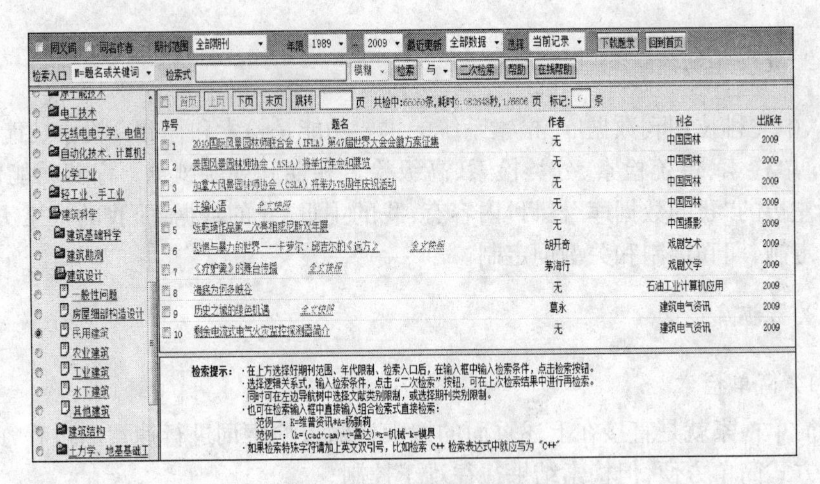

图 2-10 三级类目显示

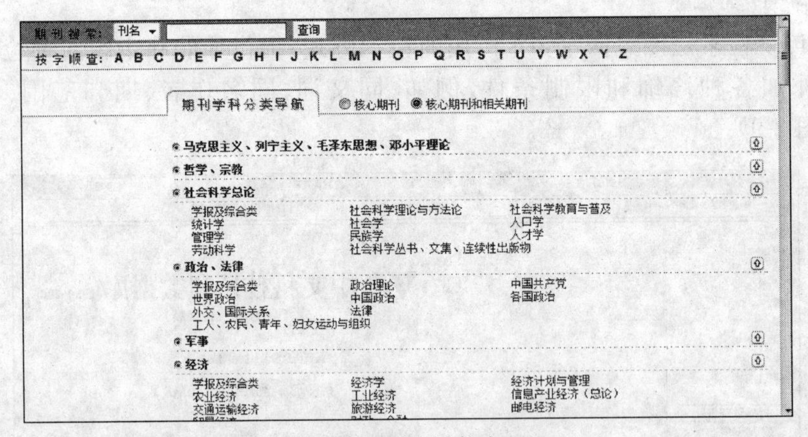

图 2-11 刊名导航窗口

a. 已知准确刊名时，在“期刊搜索”窗口输入刊名。

b. 已知刊名读音时，在“按字顺查”窗口输入刊名拼音。

c. 已知刊物所属学科时，点击“按学科查”提供的学科门类。

(2) 主题途径。主题途径是主要检索途径，在“检索式”窗口内输入检索词或逻辑关系式，点击“检索”按钮即可进行简单检索。如果检索结果太少，可能需要调整检索词，也可以使用“同义词”功能；检索结果过多时，可以在检索窗口内输入新的检索词，组配方式窗口选择“与”，点击“二次检索”按钮，即可在上次检索结果中进行再次检索。

注意：二次检索不等于检索两次，而是可以多次循环使用。

示例：查找高层建筑抗震设计方面的论文。

在“检索式”窗口中输入“高层建筑”，发表时间选择 2005 以后，点击“检索”(图 2-12)。

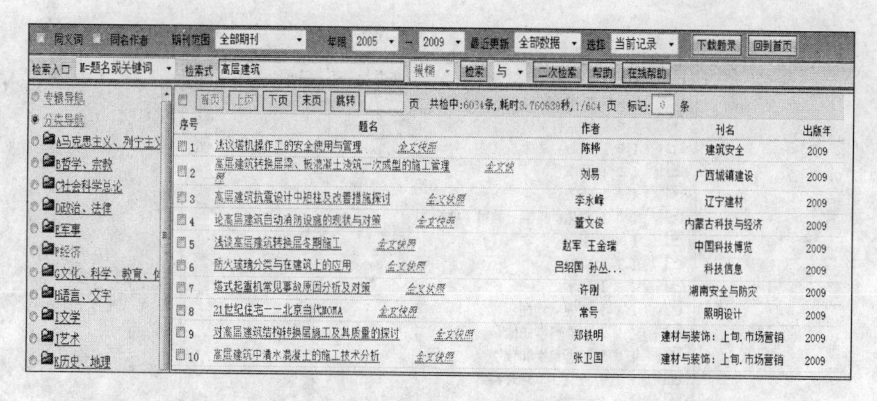

图 2-12　检索页面

若在窗口中输入“抗震设计”，逻辑组配功能窗口选择“与”，点击“二次检索”(图 2-13)。

同义词 同名作者 期刊范围 全部期刊 年限 2005 — 2009 最近更新 全部数据 选择 当前记录 下载题录 回到首页
检索入口 M=题名或关键词 检索式 抗震设计 模糊 检索 与 二次检索 帮助 在线帮助
专辑导航
分类导航
A马克思主义、列宁主义
B哲学、宗教
C社会科学总论
D政治、法律
E军事
F经济
G文化、科学、教育、体
H语言、文字
I文学
J艺术
K历史、地理
首页 上页 下页 末页 跳转 页 共检中:123条，耗时15.508799秒，1/13 页 标记:0 条
序号 题名 作者 刊名 出版年
1 高层建筑抗震设计中短柱及改善措施探讨 全文快照 李永峰 辽宁建材 2009
2 恒逸·南岸明珠结构抗震设计与研究 全文快照 杨柏水 中国新技术新产品 2009
3 大连沿海国际中心5号楼超限高层结构设计 全文快照 张绍亮 韩超 山西建筑 2009
4 静力与动力弹塑性分析在超限高层建筑结构抗震设计中的应用 全文快照 王鑫 聂桂兰 中国西部科技 2009
5 高层建筑的抗震设计与抗震结构初探 全文快照 张学智 黑龙江科技信息 2009
6 厦门港务大厦结构设计 全文快照 徐洪勇 建材与装饰：上旬.市场营销 2009
7 对高层建筑结构设计中的主要问题分析 全文快照 王刚 建材与装饰：上旬.市场营销 2009
8 试论高层建筑结构抗震设计 全文快照 初双伟 经济技术协作信息 2009
9 珠海恒虹世纪广场主体结构设计 全文快照 吴卓锋 夏宇良 民营科技 2009
10 钢筋砼结构高层建筑的最大适用高度 邱勇 中国高新技术企业 2009

图 2-13　二次检索结果页面

3) 分类检索

分类检索共提供了 22 个大类可供选择，类号和类目均符合《中图法》(图 2-14)。与传统检索不同的是，该分类途径提供的检索深度可达 6 级类目，例如，[T]工业技术→[TU]建筑科学→[TU2]建筑设计→[TU24]民用建筑→[TU245]体育建筑→[TU245.2]体育馆(图 2-15)。

分类检索的步骤：

(1) 在选定的类目左边框内点击出现绿色“√”号。

(2) 点击两个显示框中间向右的双向箭头“≫”按钮，右框内会出现选定的类目。

(3) 点击“搜索”按钮(图 2-15)。如果要限制检索结果，可在左下方的检索栏中输入检索词，并从检索栏左边的下拉菜单中选择检索词的范围。检索结果如图 2-16 所示。

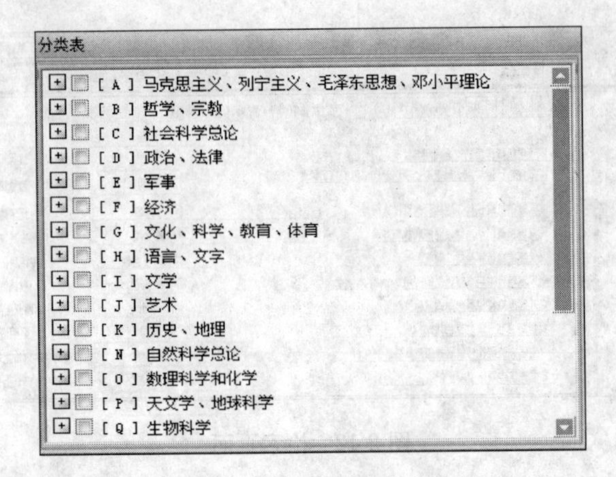

图 2-14　分类表的大类

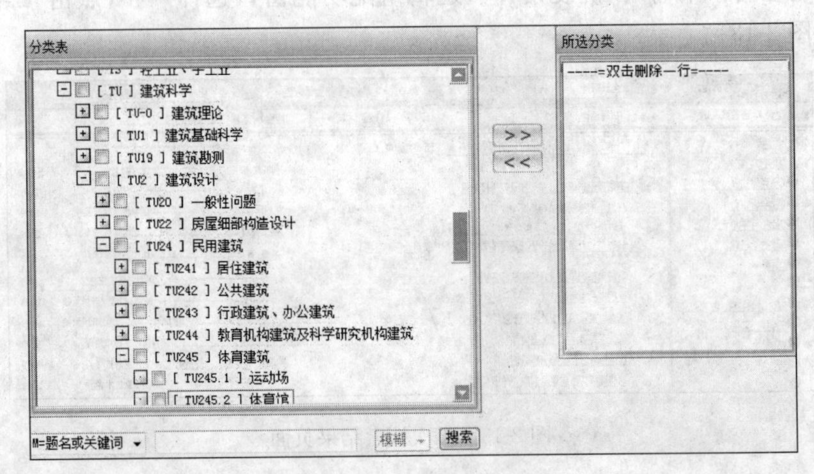

图 2-15　分类表的细类

下载　打印　加入电子书架　查询结果：共找到 4695538条，耗时5.035088秒，当前页1/234777标记数0条

全选	全文下载	标题	作者	出处
1		长株潭城市群城市综合承载力评价　全文快照	欧朝敏 刘仁阳	湖南师范大学自然科学学报-2009年3期
2		成都市圈层经济特点与发展战略研究　全文快照	张果 任平...	四川师范大学学报：自然科学版-2009年5期
3		高校知识员工流失的管理：原因与控制机制设计　全文快照	敬鸿彬 李骏	四川师范大学学报：自然科学版-2009年5期
4		系统功能视角下的水产养殖业可持续发展　全文快照	董双林	中国水产科学-2009年5期
5		组合投资选择均值-最小最大化多目标规划模型　全文快照	张振华 梁治安	内蒙古大学学报：自然科学版-2009年5期
6		发展中国家旅游业发展面临的挑战与对策——以中国为研究案例　全文快照	刘刚 沈守云	中南林业科技大学学报：自然科学版-2009年4期
7		波动率服从有限的马尔可夫过程的期权定价　全文快照	龚海文 王跃恒...	经济数学-2009年3期
8		分数跳-扩散环境下欧式期权定价的Ornstein-Uhlenbeck模型　全文快照	孙玉东 薛红	经济数学-2009年3期

图 2-16　查询结果

4）高级检索

该数据库的高级检索功能具有多个检索词组配窗口和逻辑检索式窗口。

(1) 检索词组配窗口。检索词组配窗口有5个，在检索窗口前后各有两个限制或修饰选择。使用这些功能，几乎可以任意得到各种检索结果。

示例：查找关于太阳能和浅层地热能在建筑中的应用的文献。检索策略如图2-17所示，得到结果如图2-18所示。

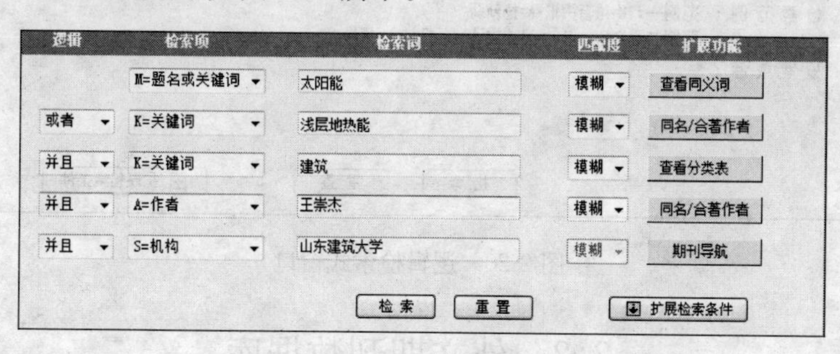

图2-17 检索策略

范围：全部期刊 年限：1989 - 2009 最近更新：全部数据 显示方式：概要显示 20条

M=题名或关键词 模糊 搜索

重新搜索 在结果中搜索 在结果中添加 在结果中去除

检索条件：(((题名或关键词=太阳能)+(关键词=浅层地热能))*(关键词=建筑))*(作者=王崇杰))*(机构=山东建筑大学) *全部期刊*年=1989-2009 保存检索式

下载 打印 加入电子书架 查询结果：共找到4条，耗时9.585949秒，当前页1/1标记数0条

全选	全文下载	标题	作者	出处
1		中小户型中适宜太阳能技术的集成策略——2007年国际太阳能建筑设计竞赛某获奖方案解析 全文快照	吕明霞 王崇杰…	山东建筑大学学报-2008年2期
2		建筑创作过程中的绿色思维——2007国际太阳能建筑设计竞赛作品评析 全文快照	薛一冰 王崇杰…	建筑学报-2008年3期
3		用阳光编织生活的建筑师——德国太阳能建筑师罗尔夫·迪施 全文快照	王崇杰 韩卫萍…	新建筑-2006年5期
4		集成·智能化·主动节能——太阳能智能化采暖与节能建筑一体化技术系统 全文快照	刘季林 王崇杰	建设科技（建设部）-2006年18期

图2-18 检索结果

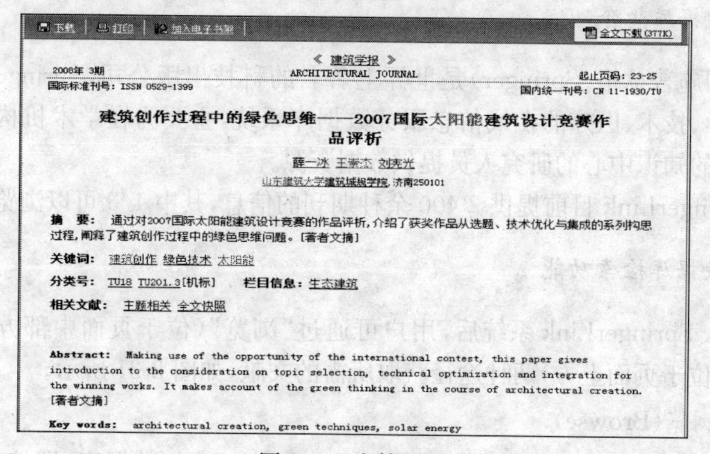

下载 | 打印 | 加入电子书架 全文下载(377K)

《建筑学报》

2008年 3期 ARCHITECTURAL JOURNAL 起止页码：23-25

国际标准刊号：ISSN 0529-1399 国内统一刊号：CN 11-1930/TU

建筑创作过程中的绿色思维——2007国际太阳能建筑设计竞赛作品评析

薛一冰 王崇杰 刘克光

山东建筑大学建筑城规学院，济南250101

摘 要： 通过对2007国际太阳能建筑设计竞赛的作品评析，介绍了获奖作品从选题、技术优化与集成的系列构思过程，阐释了建筑创作过程中的绿色思维问题。[著者文摘]

关键词： 建筑创作 绿色技术 太阳能

分类号： TU18 TU201.3[机标] **栏目信息：** 生态建筑

相关文献： 主题相关 全文快照

Abstract: Making use of the opportunity of the international contest, this paper gives introduction to the consideration on topic selection, technical optimization and integration for the winning works. It makes account of the green thinking in the course of architectural creation. [著者文摘]

Key words: architectural creation, green techniques, solar energy

图2-19 文摘页面

点击全文下载可以得到全文，可以像前边介绍的CAJ浏览器一样进行浏览，也能进行文字识别和图表剪切。

(2) 逻辑检索式窗口。逻辑检索式窗口如图2-20所示，可以根据图中的检索说明在检索条件窗口中填写逻辑提问式。

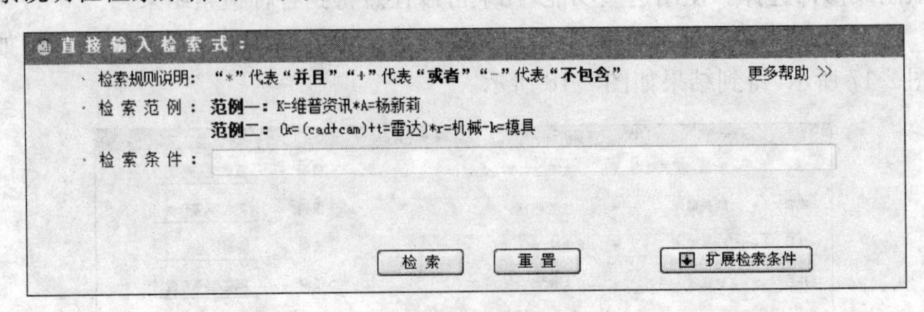

图2-20　逻辑检索式窗口

2.2　外文期刊数据库

本节重点　SpringerLink期刊全文数据库

主要内容　外文期刊数据库的检索

教学目的　教学生熟练获取外文期刊论文

外文期刊数据库是高校师生和研究人员的重要信息源，具有更新速度快、获取原文容易等特点，近年来引进速度很快。由于不同高校学科设置的差异，选择购置的数据库也有差别，以下仅以介绍理工科购置的数据库为主。

2.2.1　SpringerLink期刊全文数据库

1. 数据库简介

德国施普林格(Springer)是世界上著名的科技出版公司，SpringerLink是关于科学、技术、医疗的在线信息服务数据库系统，主要为在学术机构、公共部门、重要的知识中心的研究人员提供数据资源。

SpringerLink目前提供2 400余种期刊的信息，其中1/3可以浏览全文。

2. 数据库检索功能

进入SpringerLink系统后，用户可通过"浏览"(位于页面中部方框内)或"检索"(位于页面上方)两种途径获取所需的文献，如图2-21所示。

1) 浏览(Browse)

用户可以通过3种"浏览"方式查看SpringerLink数据库，即按内容类型

(Browse by Content type)、特色图书馆(Browse by Featured library)、按学科分类浏览(Browse by Subject Collection)。

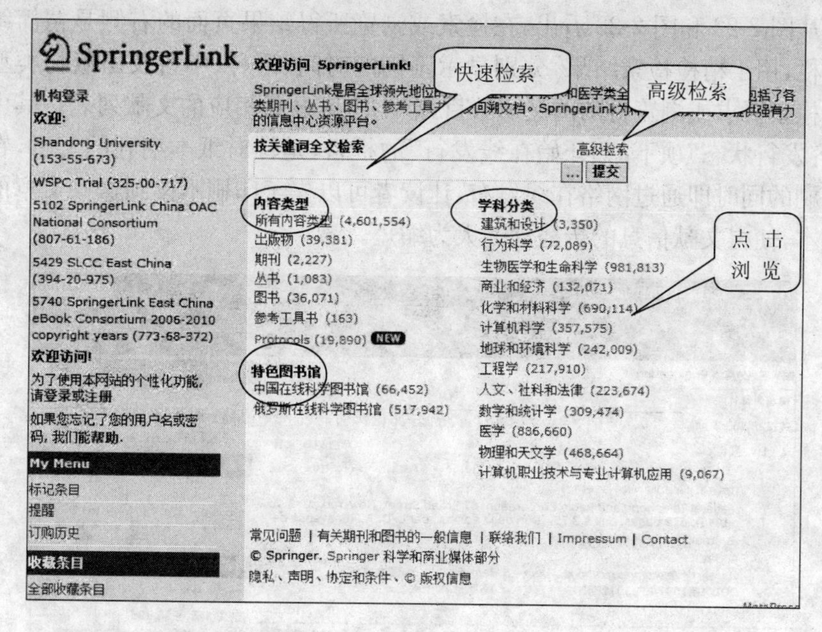

图 2-21 SpringerLink 首页

(1) 点击首页“内容类型”下的某类出版物,可看到该类出版物按刊名顺序列出的清单(图 2-22)。单击某个出版物的名称,便进入该出版物的细览页面,其上部是出版信息,包括封面图案、出版者及 ISSN 或 ISBN 等信息,下面显示的是 SpringerLink 系统中收录该出版物的刊次信息,包括期刊的卷期或图书的章节,依次点击即可看到文章目录乃至具体的文章的信息。

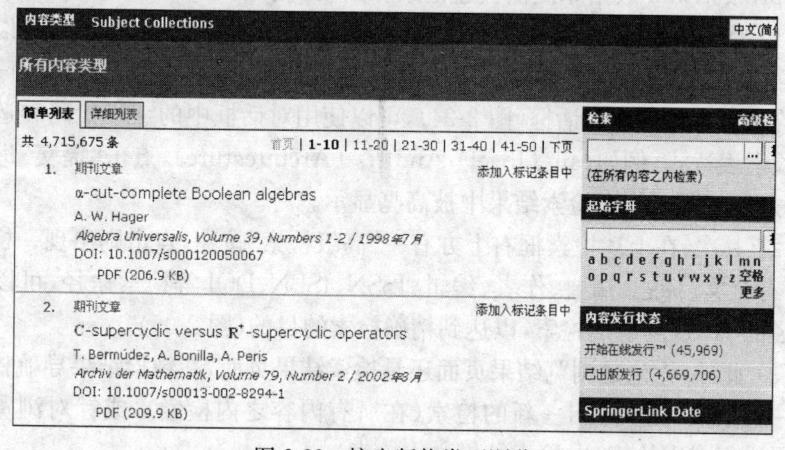

图 2-22 按出版物类型浏览

(2) 点击首页中"Subject Collection"中的某个学科，即可显示该学科中的所有出版物(图 2-23)。

从图 2-22 和图 2-23 看出，在检索或浏览所得结果页面的右侧是精简结果导航栏，用于精检检索结果，分别显示不同的时间、语种、学科及出版物类型中符合检索要求或浏览目的的文章数目，点击后可显示相应的文献列表。其中的"内容发行状态"项下的"开始在线发行"的栏目，是针对纸本期刊的文章，在交付印刷的同时即通过网络在线发布，让读者可以先于印刷本读到这些文章的电子文本，使得文献信息的传播周期大为缩短。

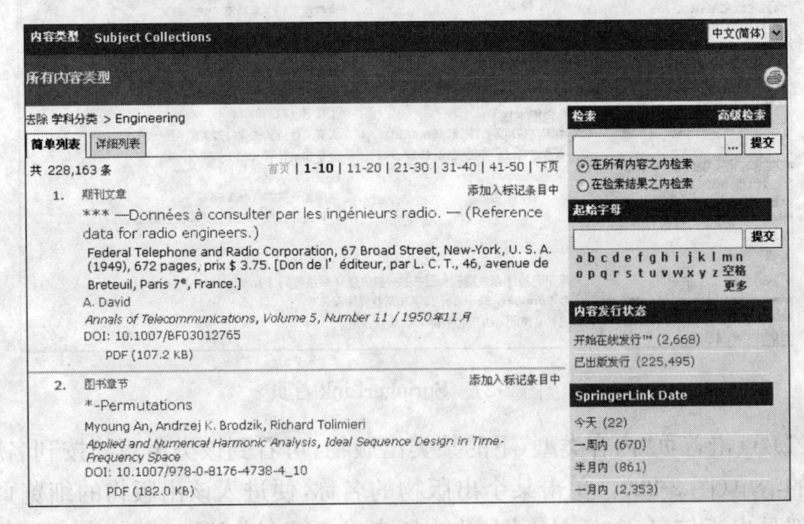

图 2-23 按学科类型浏览

2) 检索(Search)

SpringerLink 数据库提供快速检索和高级检索。

(1) 首先，在数据库首页上方有一检索框——按关键词全文检索，可以直接输入词或词组在全文范围内检索。也可点击检索框右边的[…]图标，则可开启\关闭检索表达式构建对话框(图 2-24)，可以使用对话框中的字段代码和运算符构建检索表达式，例如，au:(Josef) And ti:(Architecture)，点击"提交"进行检索，输入的关键词将在检索结果中被高亮显示。

(2) 其次，在上述检索框右上方有一"高级检索"按钮，点击则出现一检索对话框，有全文、标题、摘要、作者、编辑、ISSN、ISBN、DOI 等检索途径，可以进行多途径的 AND 的组配检索，以达到精确检索的目的(图 2-25)。

(3) 此外，无论是浏览结果页面还是检索结果页面，在精检结果导航栏上方都有一检索框，可以开启一新的检索(在所有内容之内检索)，或针对浏览或检索结果进行二次检索(在检索结果之内检索)。

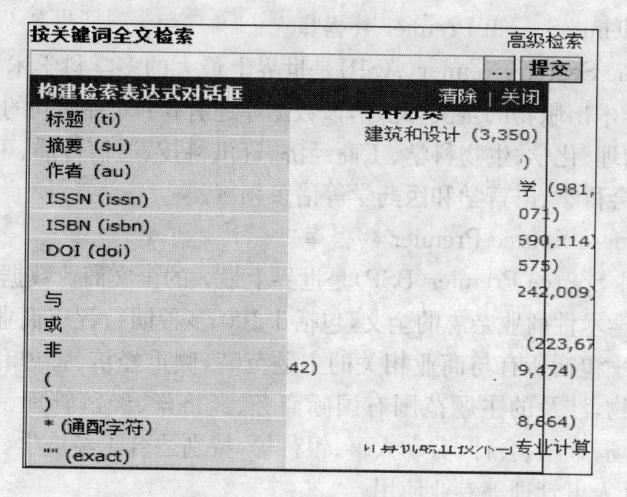

图 2-24　SpringerLink 检索表达式对话框

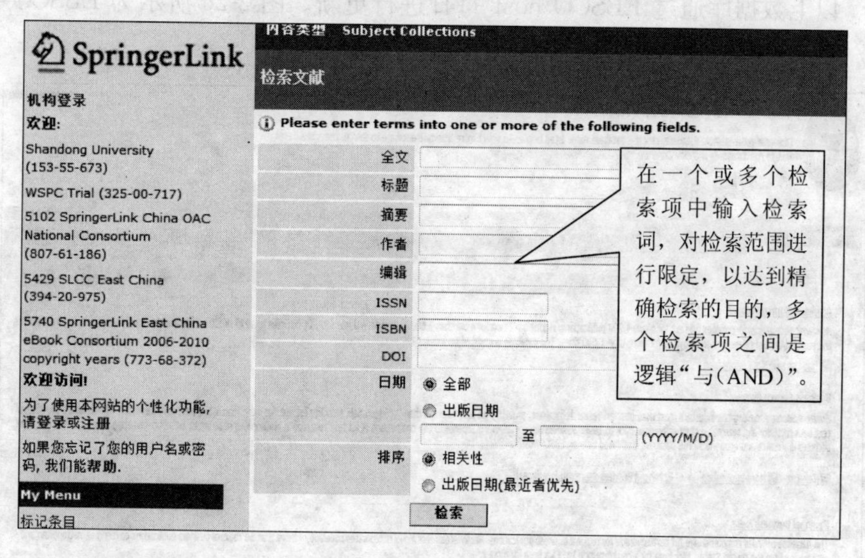

图 2-25　SpringerLink 高级检索页面

2.2.2　EBSCO 期刊全文数据库

1. 数据库简介

EBSCO 数据库是美国 EBSCO 公司的产品之一，是世界上收录学科比较齐全的全文期刊联机数据库。收录范围涉及自然科学、社会科学、人文和艺术科学等各类学科领域，其中有很多是 SCI、SSCI 的来源期刊。EBSCO 数据库由多个子数据库构成，主要有以下两个数据库：

1) Academic Search Premier 数据库

Academic Search Premier(ASP)是世界上最大的多学科学术数据库,提供4 700余种学术出版物的全文,此外,该数据库还有8 176种期刊的索引和文摘。包括数学、物理、化学、生物科学、工商经济、资讯科技、通信传播、工程、教育、艺术、文学、社会科学、语言学和医药学等诸多领域。

2) Business Source Premier 数据库

Business Source Premier(BSP)是世界上最大的全文商业数据库,它提供了近7 400份学术性商业杂志的全文,包括1 100多种同行评审商业出版物的全文。收录几乎包括所有与商业相关的主题范畴,侧重经济、管理和金融领域的专业性出版物,涉及的主题范围有国际商务、经济学、经济管理、企业管理、商业、贸易、市场、金融、会计、劳动人事、银行等,特别适合于经济学、工商管理、金融银行、劳动人事管理等专业使用。

以上数据库通过 EBSCO host 每日进行更新。图 2-26 所示为 EBSCO 首页/ 选择数据库。

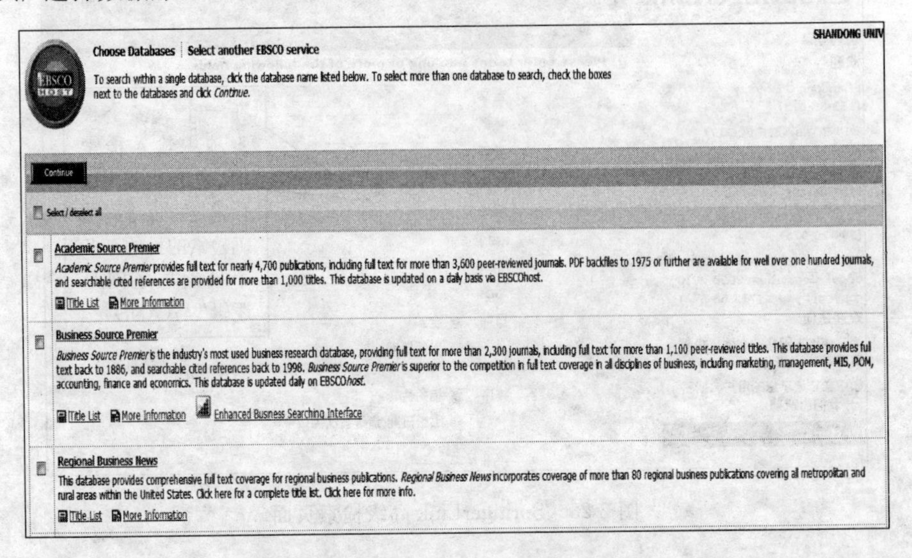

图 2-26　EBSCO 首页/ 选择数据库

2. 主要检索功能

EBSCO 数据库主页面是数据库选择(Choose Databases)页面,只有首先选择数据库,才能进行检索操作。

基本检索(Basic Search)和高级检索(Advanced Search)是主要检索途径,可从主题途径检索文献。其中又分别提供"关键词"(Keyword)、"主题"(Subject Term)、"出版物"(Publications)、"索引"(Indexes)、"参考文献"(References)等多种检索途径。两大类检索方式除关键词检索功能不同外,其他检索功能均相同。

1) 基本检索(以 ASP 为例)

Basic Search 界面(图 2-27),只是一个检索输入框,可以在输入框中输入关键词,或输入用布尔逻辑算符(and,or,not)连接组成的检索表达式。

例如,检索美国的高等教育情况,则可以用 advanced education and American 这一表达式来检索,如果检索时没有限定字段,则将在所有字段中进行检索。此外,还可以使用字段代码来限定检索途径,例如,AB advanced education and TI American,表示检索摘要中出现“advanced education”及在文章题名中出现“American”的文献。

图 2-27　基本检索页面

2) 高级检索

高级检索其界面提供了 3 个检索词\式的输入框,可以根据需要增加或删减检索框,检索途径和逻辑算符可在相应的下拉菜单中选择。同基本检索一样,页面下部是检索条件限定区,用于对检索结果作适当的调整,图 2-28 所示为高级检索页面。

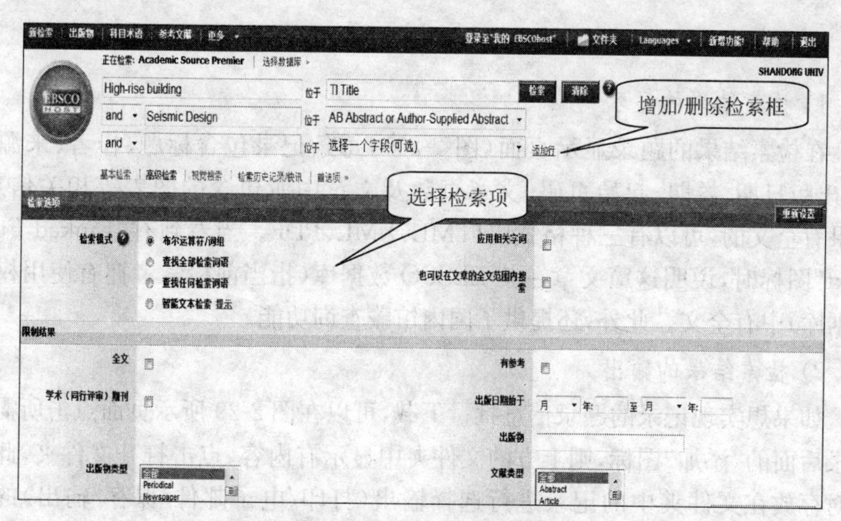

图 2-28　EBSCO 高级检索页面

3）其他检索功能

不论是在基本检索界面还是在高级检索界面，除了最基本的关键词检索功能外，还针对每一特定数据库提供了 Subject Terms、Publications、Cited References、Images、Indexes 等检索方式：

（1）Subject Terms\主题词检索：该检索基于 EBSCO 的“叙同表”（Thesaurus），利用词表中的词进行检索可以有效地提高检索效率。具体步骤如下：检索时先输入初拟的检索词，点击“浏览”（Browse）找出相关的主题词，将其“Add”到检索框中进行检索。

（2）Publications\出版物检索：通过对具体出版物的检索，可以了解出版物的概况：名称、书\刊号、出版者、出版周期、所属学科、报道范围及被 EBSCO 收录的情况等。

（3）Cited References\参考文献检索：该栏目提供 Cited Author\被引作者、Cited Title\被引题目、Cited Source\引文出处、Cited Year\引文出版年等途径的检索，可以了解某一作者引用参考文献的情况。检索结果是引文的摘要信息及其在数据库中的被引次数。

（4）Indexes\索引检索：在 Browse an Index 下拉菜单中选择 1 个字段，点击“浏览”即可看到数据库中对应字段所包含的全部项目及记录数。

（5）Images\图像检索。输入检索词或用逻辑算符组配的检索式，选择要检索的图片类型，可以找到特定的图片。系统提供的图片类型有：Photos Of People\人物图片、Natural Science Photos\自然科学图片、Photos of Places\某一地点的图片、Historical Photos\历史图片、Maps\地图、Flags\国旗。

3. 检索结果显示及处理

1）检索结果的显示

在检索结果的题录显示页面（图 2-29），每条记录包含标题、作者、来源刊名、出版日期、卷期、起始页码、文章页数及文章中所包含的图表等相关信息。如果有全文的，可以有三种格式：HTML、XML、PDF。当看到有“Linked Full-Text”图标时，说明这篇文章在其 EBSCO 数据库（指当前检索者拥有使用权的数据库）中有全文。此外，还提供了国内馆藏查询功能。

2）检索结果的输出

如果想实现记录的题录信息批量下载，可以在图 2-29 所示页面点击所需的记录后面的“添加”图标，则上方的文件夹中显示有内容，点击打开文件夹，此时可对存放在文件夹中的记录进行选择输出（打印/电子邮件/保存/输出）的操作。此外，点击题录显示记录的标题，进入文摘显示页面（图 2-30），其上方可以看到“Print、E-mail、Save”等选项，根据需要选择相应的方式进行输出。

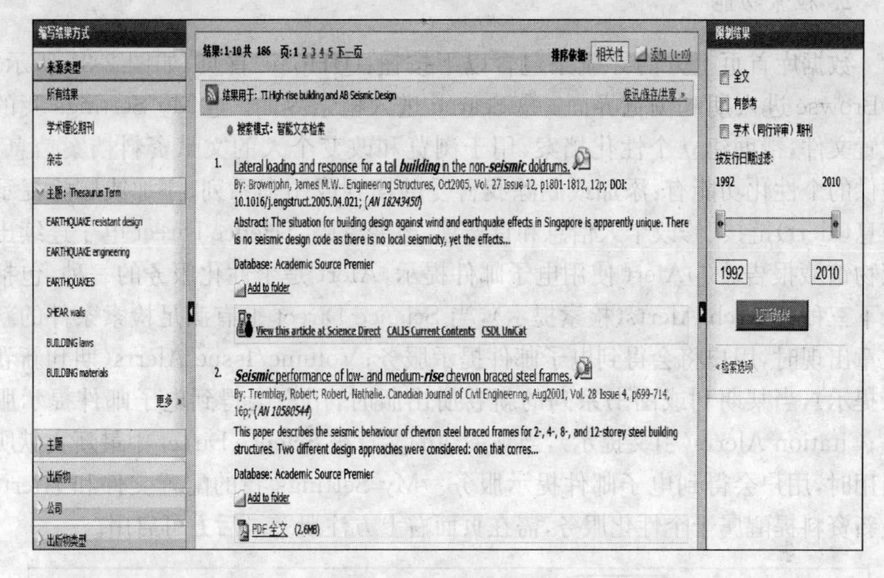

图 2-29　题录显示页面

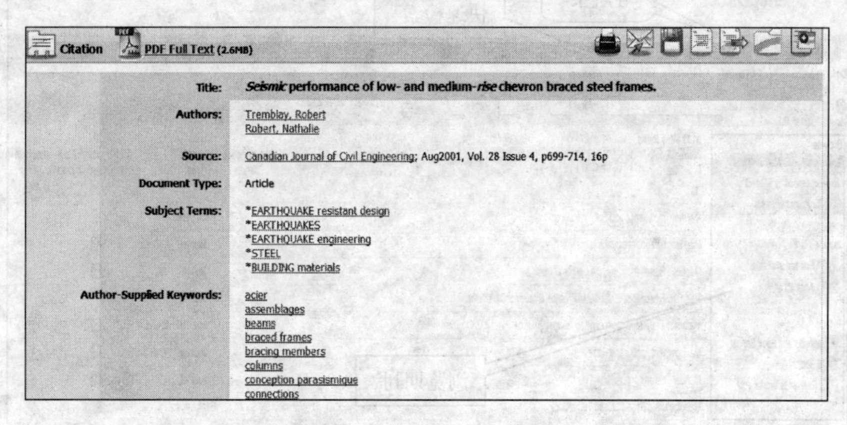

图 2-30　文摘显示页面

2.2.3　Science Direct 期刊全文数据库

1. 数据库简介

荷兰 Elsevier Science 公司出版的期刊是世界上公认的高品位学术期刊。从 1997 年开始，Elsevier Science 公司推出名为 Science Direct 的电子期刊计划，将该公司的全部印刷版期刊转换为电子版。

文献来源：1 800 余种全文电子期刊。

覆盖范围：以理工为主，兼收社会科学学术期刊。

2. 检索功能

数据库首页上方的导航条包含以下按钮:①Home 首页,如图 2-31 所示。②Browse 进入期刊浏览界面。③Search 进入检索界面。④My Settings 我的配置文件,帮助建立个性化档案,用于浏览和改变个人的文献资料档案信息。提供的个性化功能有:添加或删除我喜爱的期刊或图书系列、添加或删除提示信息(alert)链接、修改个人信息和首选项、改变密码、Science Direct 电子连续出版物馆藏报告。⑤Alert 使用电子邮件提示,Alert 是个性化服务的一种,包括以下三种:Search Alerts(检索提示),当 Science Direct 上有满足检索条件的新文章出现时,用户将会得到电子邮件提示服务;Volume/Issue Alerts(期刊新卷册提示),当某期刊或图书系列的新卷册出版时,用户会得到电子邮件提示服务;Citation Alerts(引文提示),当被关注的文章被 Science Direct 中最新文献所引用时,用户会得到电子邮件提示服务。My Settings 我的配置文件和 Alerts 最新资料提醒属于个性化服务,需在页面右上方注册登录后方可启用。

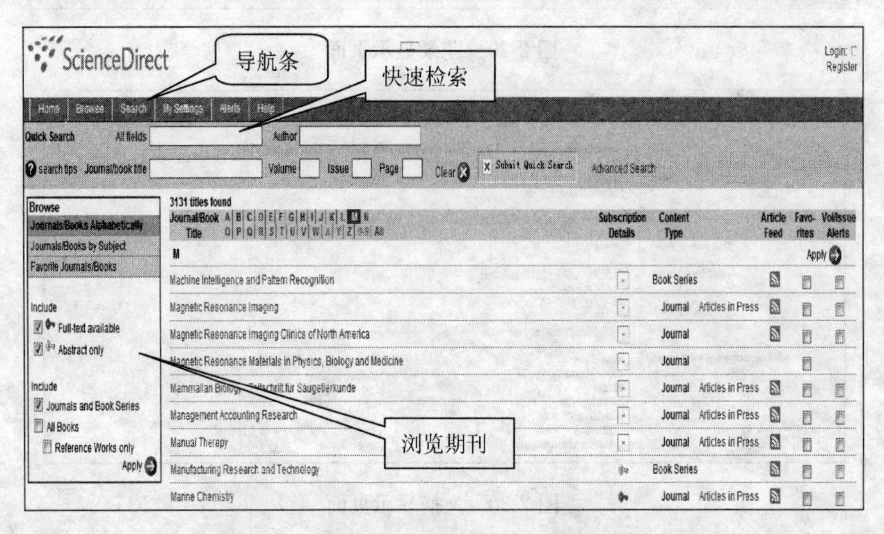

图 2-31 Elsevier 全文电子期刊数据库首页

用户可以通过浏览和检索两种途径获取论文。

1) 浏览

系统提供了两种浏览期刊的途径:按字顺(Browse by Title/Alphabetically)和按分类(Browse by Subject)方式。点击导航条中的 Browse 按钮,或首页左边的 Browse 框里提供相应的浏览方式,点击带蓝色链接的字母,就会出现按刊名字顺排列的期刊列表(图 2-32);也可选择分类浏览(Browse by Subject),Elsevier 期刊共分为 4 大类(自然科学与工程、生命科学、卫生科学、人文和社会科学),24 个小类。依照大类\小类级阶式顺序点击浏览期刊,可看到相应类别下的期刊列表。点击刊名链接,进入该刊所有卷期列表,进而逐期浏览(图 2-33)。

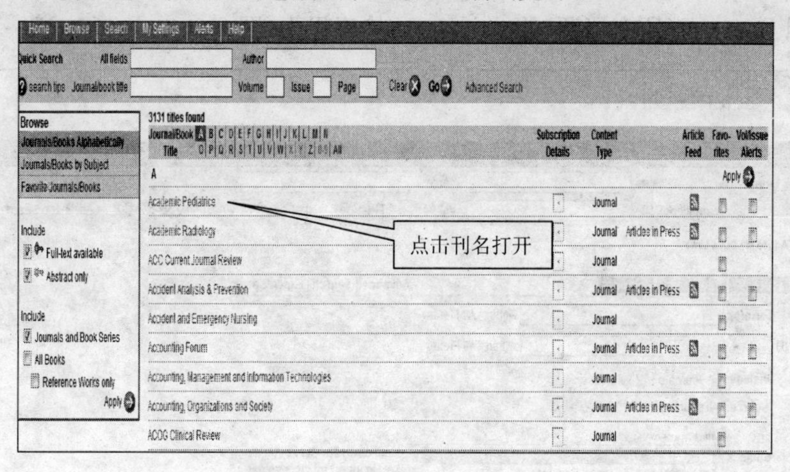

图 2-32　期刊浏览页面

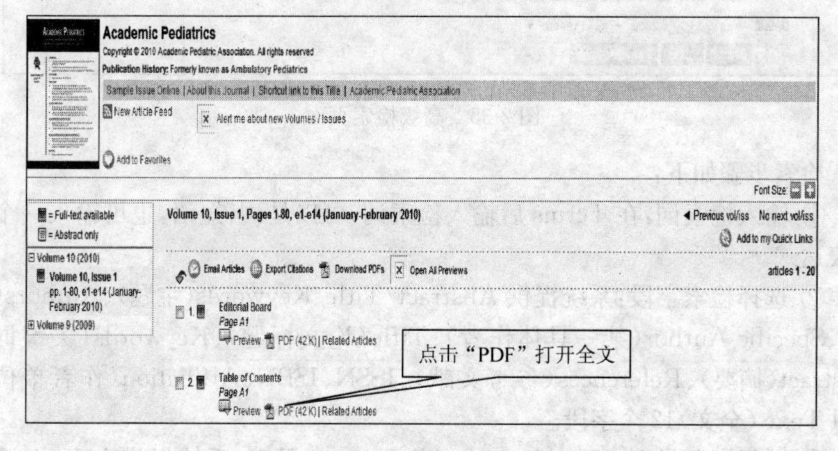

图 2-33　期刊收录文献页面

2) 检索

(1) 快速检索。即简单检索,为不熟悉该数据库的用户设置的一种检索方式,只设置了主题、作者、刊/书名、卷期页等检索途径(图 2-34)。

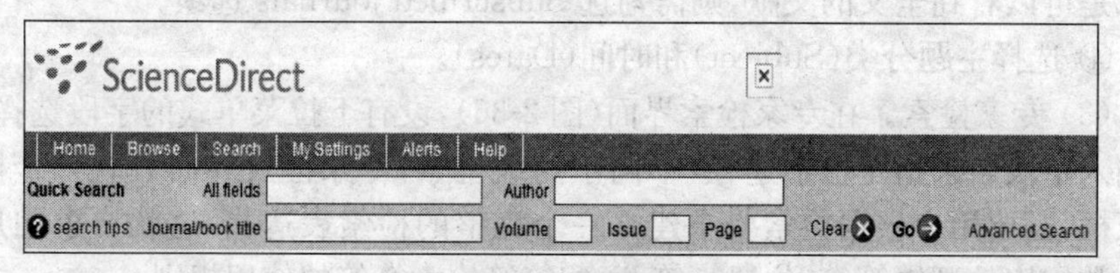

图 2-34　快速检索页面

(2) 高级检索。点击导航条中的 Search 按钮，就会出现相应的检索界面。如前所述，Elsevier 有不同类型的资源，每种资源的检索界面不尽相同。默认的是 All Sources (所有资源)的 Advanced 检索界面(图 2-35)。

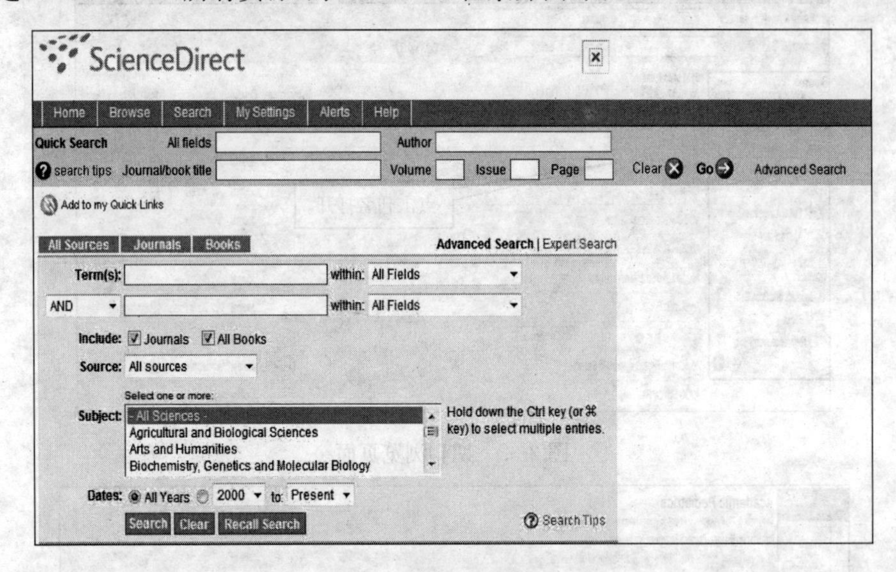

图 2-35　高级检索页面

检索步骤如下：

① 输入检索词：在 Terms 后输入检索词，可以是词、短语，也可输入一个逻辑表达式。

② 选择检索字段：系统提供 Abstract/Title/Keywords(主题)、Authors(作者)、Specific Author(某一具体作者)、Title(论文标题)、Keywords(关键词)、Abstract(摘要)、References(参考文献)、ISSN、ISBN、Affiliation(作者单位)、Full Text (全文)12 个字段。

③ 选择资源类型 (Sources)：在 All Sources 界面，系统提供在 Journal 和 All Books 资源中检索，同时用户可以在 All Sources、Subscribed Sources、My favorite Sources 中选择资源类型；而在 Journals 的相应检索界面，系统提供 All journals、Subscribed journals、My favorite journals 等选项，如果希望检索结果中都是可以看到全文的文献，则需勾选 Subscribed journals 选项。

④ 选择主题分类(Subject)和时间(Dates)。

(3) 专家检索。在专家检索界面(图 2-36)，设有下拉菜单式的字段选择，需要输入字段名来指定检索途径，不同于高级检索，专家检索界面只有一个检索输入框，需要用户根据检索要求建立一个完整的检索表达式，这就要求用户熟悉该数据库的逻辑算符、位置算符、通配符等检索算符的使用规则。

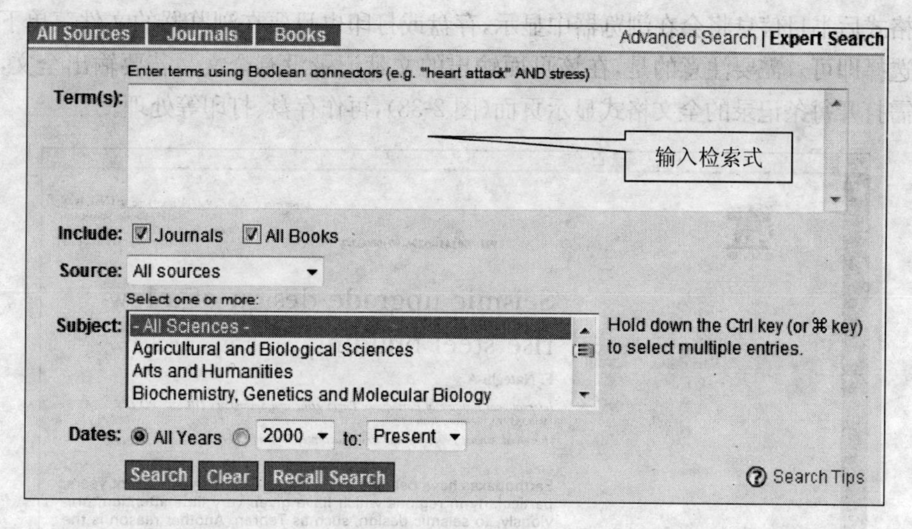

图 2-36 专家检索页面

3. 检索结果处理

结果显示页面显示的是按时间排序(默认)的记录列表(图 2-37),每条记录只有标题、刊物信息、作者等项;每条记录下方有 Preview、PDF Related articles 三个链接,点击则显示相应格式的文献记录。

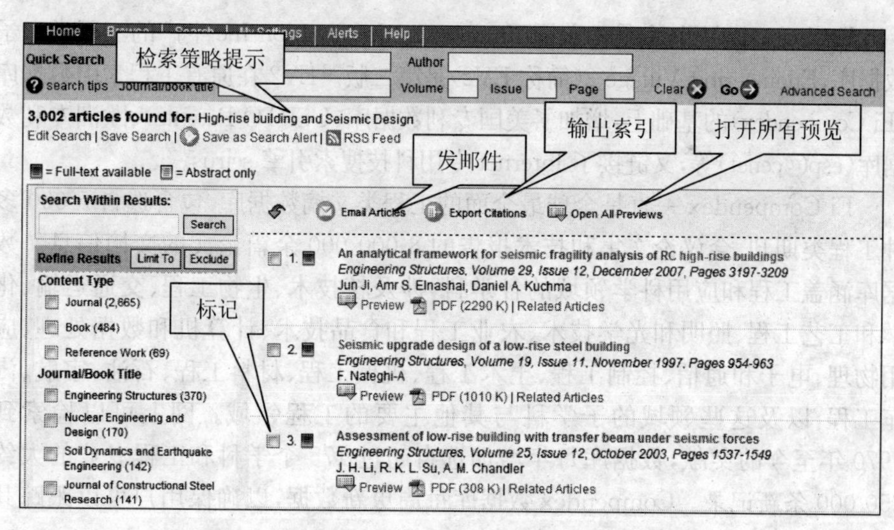

图 2-37 检索结果显示页面

对需要保存的记录可以标记,然后点击 E-mail Articles 或 Export Citations 即可输出。点击 Export Citations 会跳出一个对话框,提示需要选择输出的记录、输出的格式(RIS Format/RefWorks Direct Export/ASCII format),选择 ASCH format

格式后书目信息将会在浏览器中显示，存盘或打印也只要在浏览器的文件菜单下选择即可。需要注意的是，在该页面输出的文献记录没有全文。若要输出全文，需打开每条记录的全文格式显示页面(图 2-38)，再作存盘、打印等处理。

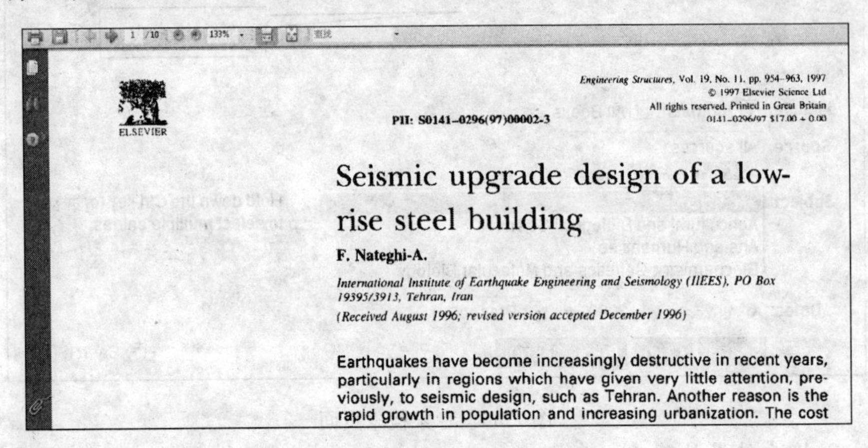
Engineering Structures, Vol. 19, No. 11, pp. 954–963, 1997
© 1997 Elsevier Science Ltd
All rights reserved. Printed in Great Britain
0141-0296/97 $17.00 + 0.00

PII: S0141-0296(97)00002-3

Seismic upgrade design of a low-rise steel building

F. Nateghi-A.

International Institute of Earthquake Engineering and Seismology (IIEES), PO Box 19395/3913, Tehran, Iran

(Received August 1996; revised version accepted December 1996)

Earthquakes have become increasingly destructive in recent years, particularly in regions which have given very little attention, previously, to seismic design, such as Tehran. Another reason is the rapid growth in population and increasing urbanization. The cost

图 2-38　检索结果的全文显示

2.2.4　Engineering Village 2 文摘数据库

1. 数据库简介

Engineering Village 是由美国 Engineering Information Inc 生产的工程类电子数据库，Engineering Village 2(简称 EV2)是第二版。EV2 在原有工程索引数据库(Ei Compendex)的基础上，增加了美国专利数据库(USPTO Patents)、欧洲专利数据库(esp@cenet)等，又链接了 Internet 专用科技搜索引擎 scirus。

Ei Compendex 一直是全球最全面的工程类文摘数据库，包含选自 5 000 多种工程类期刊、会议论文集和技术报告的 8 000 000 余篇论文的文摘信息。数据库涵盖工程和应用科学领域的各学科，涉及核技术、生物工程、交通运输、化学和工艺工程、照明和光学技术、农业工程和食品技术、计算机和数据处理、应用物理、电子和通信、控制工程、土木工程、机械工程、材料工程、石油、宇航、汽车工程，以及这些领域的子学科与其他主要的工程领域。网上可以检索到 1970 年至今的文献，数据库每年增加选自超过 175 个学科和工程专业的大约 250 000 条新记录。Compendex 数据库每周更新数据，以确保用户可以跟踪其所研究领域的最新进展。

2. 主要检索途径

EV2 主页左栏上部是数据库介绍，下部是可选择的数据库。右边灰色部分为检索窗口，主要提供主题检索途径。

EV2 的检索体系建立在主题检索的基础之上，提供快速（Quick Search）、简单（Easy Search）和高级（Expert Search）三种检索途径。默认检索页面为快速检索方式（图 2-39），有多种限制项可供选择。检索结果要求精确时宜选用高级检索（或专家检索），对结果要求不严格时可选用简单检索。点击右上的深蓝色标签，可以选择简单检索或高级检索方式。

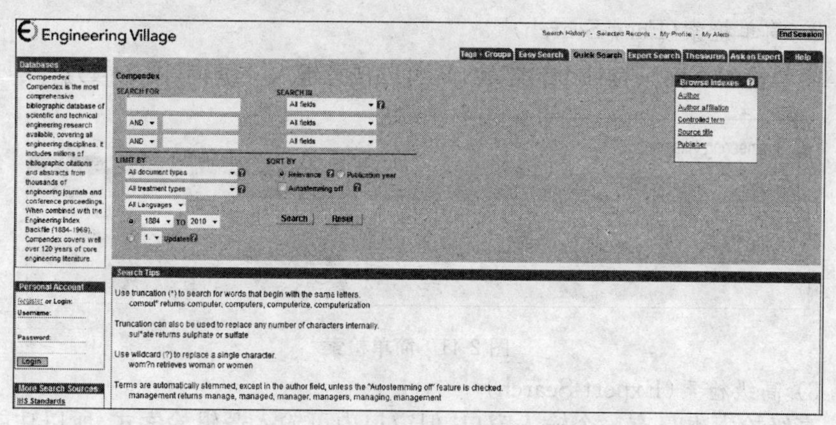

图 2-39　EV2 主页

1）快速检索（Quick Search）

快速检索页面“SEARCH FOR”提供了 3 个主题词输入窗口，后两个检索词左边提供了逻辑算符 “AND”、“OR”和“NOT”；每个主题词右边的下拉菜单提供了检索词的限制字段（图 2-40），例如，所有字段、学科/题目/文摘、文摘、著者、著者单位、题目、分类号等共 15 项。

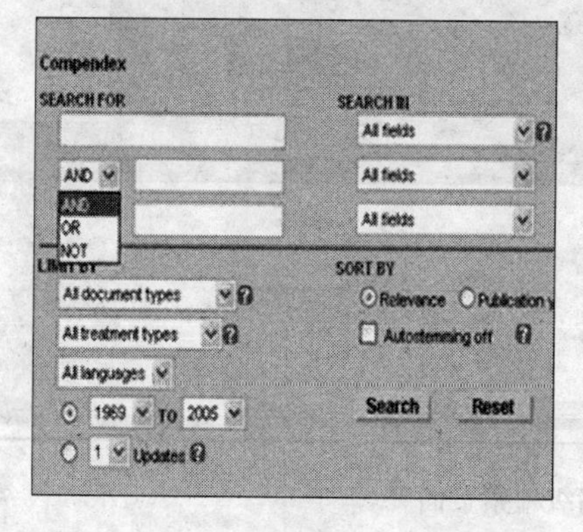

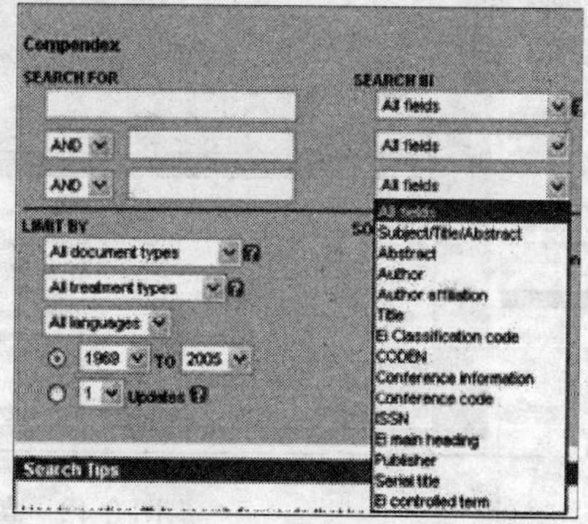

图 2-40　快速检索的逻辑算符和限制项

检索窗口下面有“LIMIT BY”的三个限制选择栏，分别为“all document types”、“all treatment types”和“all languages”，可以对检索结果的文献类型和语种进行限制。

限制字段选项下面有“SORT BY”，用以对检索结果的排序方式进行选择，可以选择按时间排序，也可选择按相关度排序。

检索页面右边的“Browse Indexes”窗口，可提供从著者(Author)、著者单位(Author affiliation)、叙词(Controlled term)、刊名(Series title)、出版者(Publisher)等途径进行检索。

2) 简单检索(Easy Search)

简单检索页面只有一个检索窗口，可以任意输入关键词(图 2-41)。

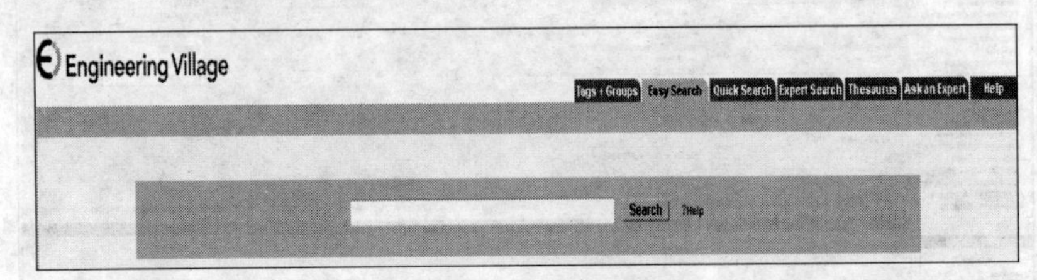

图 2-41　简单检索

3) 高级检索(Expert Search)

高级检索也只有一个输入窗口，但窗口内可输入逻辑检索式，所以功能更强大而灵活。为了方便逻辑检索式的编写，窗口下方设有“Search Codes”表，列出了各检索字段的缩写代码。图 2-42 所示为高级检索页面。

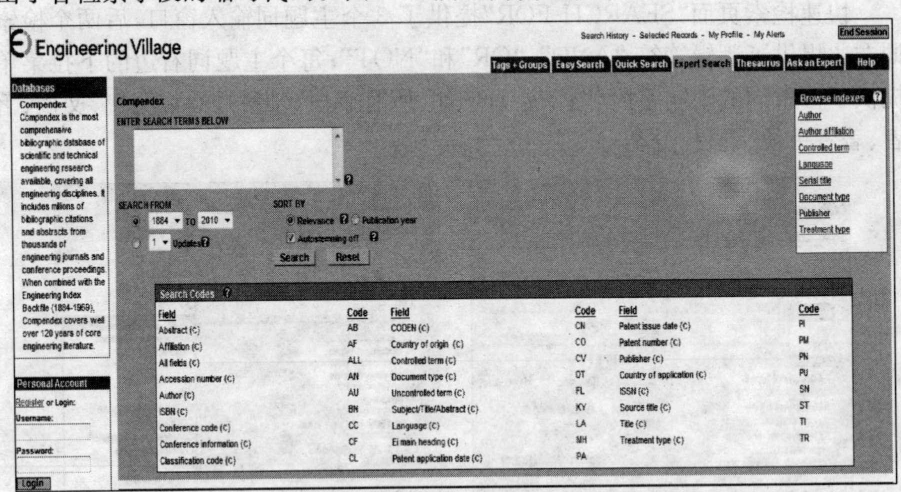

图 2-42　高级检索页面

3. 检索结果处理

1) 显示检索结果

检索结果首先以列表的形式显示(每条记录是以 Citation 的形式显示)。每个页面上显示 25 条记录，在检索结果界面上，系统显示了本次检索的检索策略和命中记录数(图 2-43)。通过界面上方的 Choose format 单选框,可选择命中记录的显示格式:引文格式(Citation)、摘要格式(Abstract)、详细记录格式(Detailed record)。

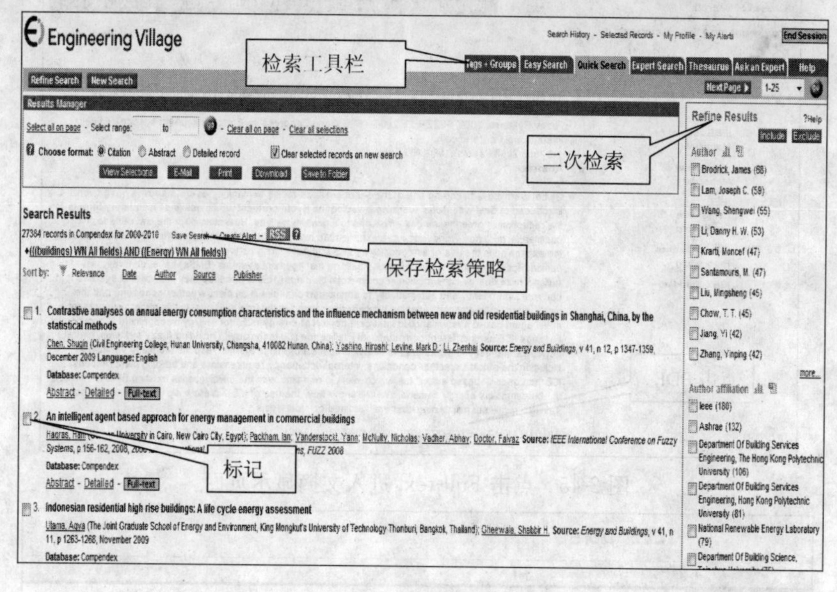

图 2-43　检索结果显示页面

点击每条记录下的"Detailed "超级链接,显示单条记录的详细信息(图 2-44)。如点击"Abstract",则仅显示记录的文摘。点击"Full-text"为打开全文(图 2-45,图 2-46)。在 Detailed 显示页面,可看到 Compendex 数据库的受控词及作者姓名均为超级链接形式。点击受控词,系统将检索出数据库中用户最初检索时所选定的时间范围内含有该受控词的所有记录。点击作者姓名,系统将检索出数据库中自数据库建立以来(1969 年)该作者的所有记录。

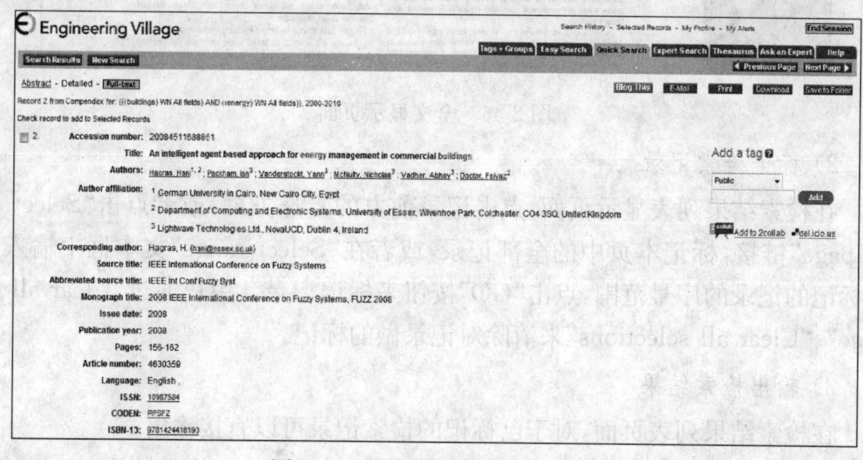

图 2-44　论文详细信息显示页面

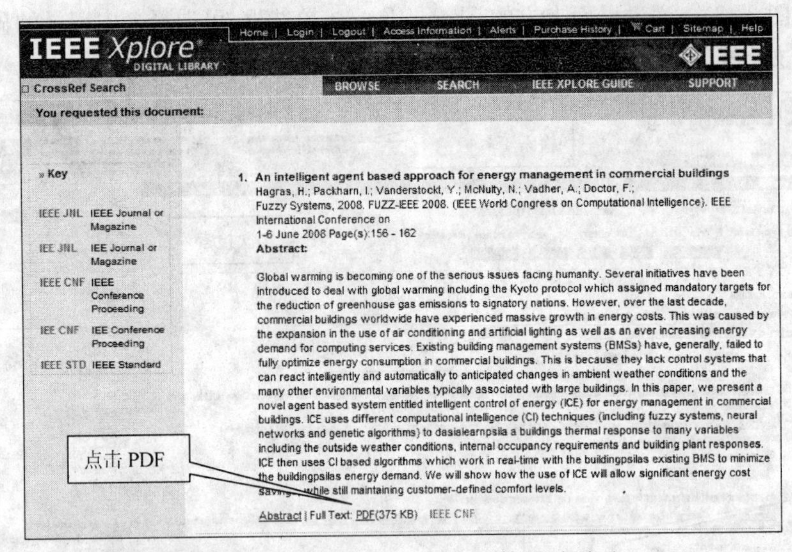

图 2-45 点击 Full-text 进入文摘显示页面

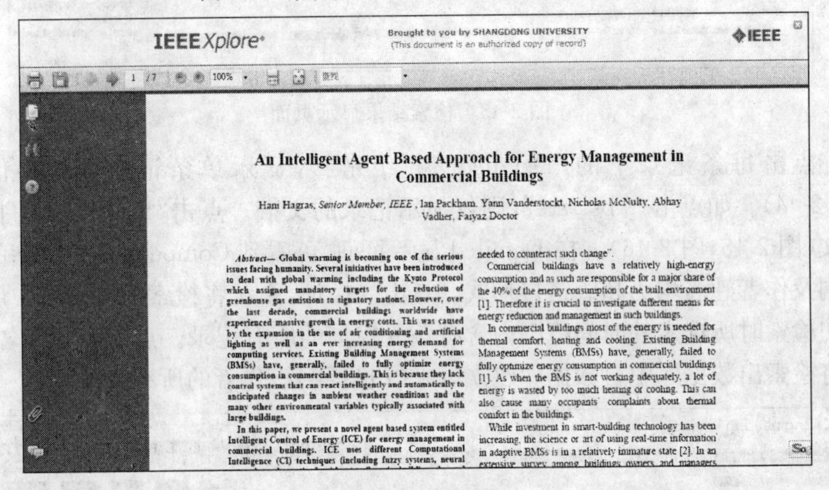

图 2-46 全文显示页面

2）标记检索记录

在检索结果列表显示页面，点击记录前方的复选方框，或者点击“Select all on page”链接，标记本页中的全部记录，或者在“Select range”文本框中输入所要标记的记录的序号范围，点击“GO”按钮来标记记录。用户通过“Clear all on page”、“Clear all selections”来清除对记录做的标记。

3）输出检索结果

在检索结果列表页面，对于已标记的检索记录可以直接输出。

(1) 打印：利用界面工具栏中的“Print”图标，可以打印检索结果。

(2) 存盘:利用界面工具栏中的"Download"图标,可以将选定的记录以RIS格式或ASCH格式下载。

(3) E-mail:利用界面工具栏中的电子邮件"E-mail"小图标,可以将其检索结果用电子邮件(E-mail)发给自己或他人。

4. 保存选定的记录到个人文件夹

如果用户已经申请了个人账户,可以点击"Save to Folder"按钮创建一个文件夹保存用户的检索结果。

5. 检索策略的保存和查看

开始一个检索时,Engineering Village将跟踪用户在本次检索中所输入的检索式,为用户自动建立一个检索历史(Search history)记录,记录所进行的每一次检索。检索结束后,用户可以保存检索式和检索结果,否则退出系统(Log out)后,本次检索的检索式和检索结果都将丢失。要保存检索策略需先登录个人账户,然后可以通过以下两种途径保存:

(1) 在检索结果显示页面,点击Search results右边的按钮"Save Search"即可。

(2) 点击导航条右上方的"Search History"进入检索历史的界面,默认设置为显示最近三次检索,如果想查看前面的所有检索,点击"View Complete Search History"(浏览全部的检索历史)。点击检索式,则重新执行检索;点击检索式右端的"Save"按钮,则可保存检索策略,已保存的则会显示"saved"。

若想查看保存的检索式,点击"My Profile" (我的配置文件)项下的"View\Update Saved Search"可查看\调用\删除保存的检索式。

2.3 会议论文数据库

本节重点 中国重要会议论文全文数据库
主要内容 中外会议论文数据库
教学目的 掌握会议文献的检索方法

国内会议文献资源不多,本节主要介绍CNKI的中国重要会议论文全文数据库和万方数据库的会议文献子数据库;对于国外会议文献资源,选择介绍世界著名的WOSP数据库。

2.3.1 中国重要会议论文全文数据库

1. 数据库简介

《中国重要会议论文全文数据库》是CNKI(中国知网)系列数据库之一,收录我国2000年以来国家二级以上学会、协会、高等院校、科研院所、学术机构等单位的论文集。至2009年11月1日，累积会议论文全文文献115万多篇。

产品分为十大专辑，与《中国学术期刊全文数据库》相同。十专辑下分为168个专题文献数据库和近3 600个子栏目。

2. 使用方法

该数据库的检索项提供如主题、题名、关键词、摘要、论文作者、作者机构、会议名称、会议录名称、全文、基金等25项。图2-47所示为该数据库的检索页面。

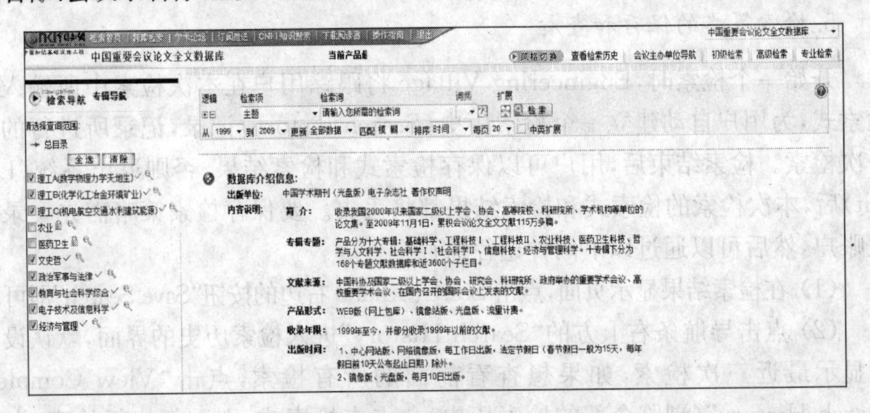

图2-47 《中国主要会议论文全文数据库》检索页面

本数据库属于“CNKI——中国知网”系列数据库之一，因此，其检索方法与2.1.1小节《中国学术期刊全文数据库》情况基本相同，在此不予赘述。

2.3.2 万方会议论文数据库

1. 数据库简介

万方数据的《中国学术会议论文全文数据库》收录了1998年以来国家级学会、协会、研究会在国内组织召开的全国性学术会议近2 000个，数据范围覆盖自然科学、工程技术、农林、医学等27个大类，所收论文累计十几万篇，每年涉及600余个重要的学术会议，每年增补论文15 000余篇。学术会议全文数据库既可从会议信息，也可以从论文信息进行查找，是了解国内学术动态的重要检索工具。

《中国学术会议论文全文数据库》分为两个版本：中文版和英文版。中文版收录中文会议论文，英文版主要收录在中国召开的国际会议的论文，论文内容多为西文。

2. 使用方法

《中国学术会议论文全文数据库》提供按学科浏览和普通检索方式，普通检索方式提供“全部字段、论文标题、作者、会议名称、主办单位、会议时间、会议地点、母体文献、出版时间、分类号、关键词、摘要”12 种检索入口。图 2-48 所示为数据库检索页面。

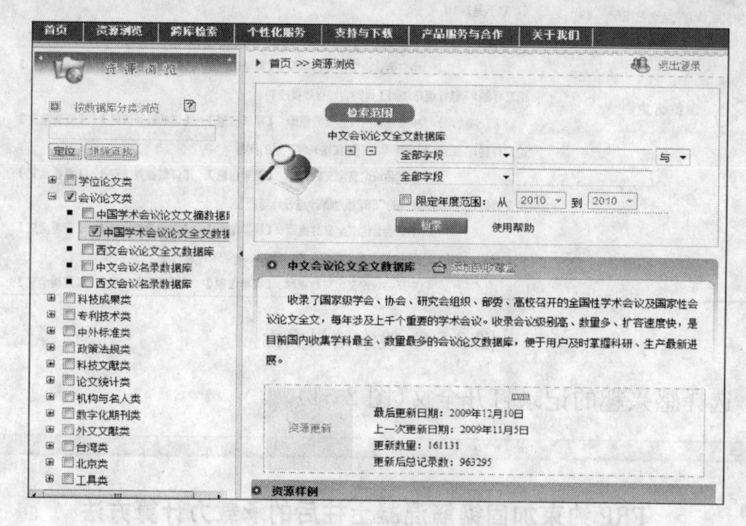

图 2-48　万方会议论文数据库检索页面

示例：检索有关 2005 年以来山东建筑大学举办的学术会议的相关文献。

(1) 在页面的左侧资源浏览的下方，选择数据库《中国学术会议论文全文数据库》。

(2) 在普通检索界面选择检索入口“主办单位”，输入“山东建筑大学”。

(3) 选择限定年度范围，从 2005 到 2010(图 2-49)。

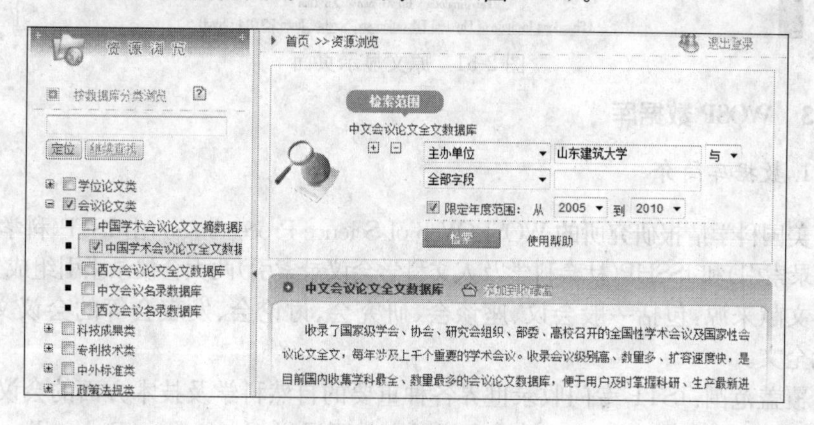

图 2-49　普通检索页面

(4)“点击检索”，得到检索结果(图 2-50)。

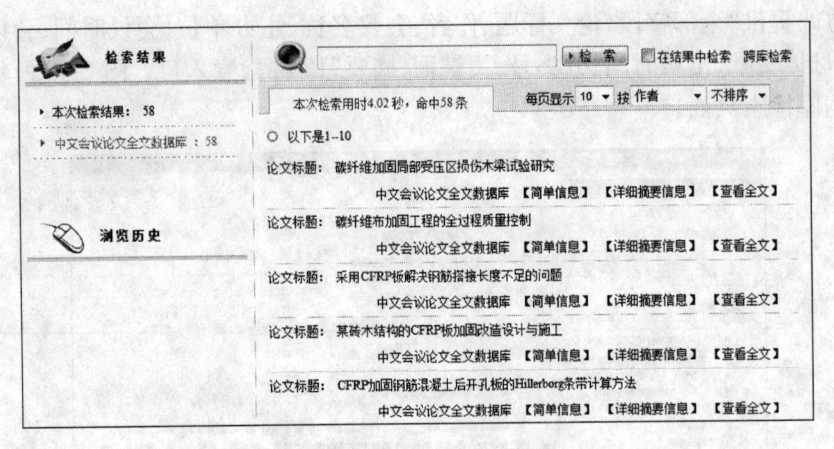

图 2-50　检索结果页面

(5) 选择感兴趣的记录打开全文(图 2-51)。

FRP 约束加固钢筋混凝土柱后的承载力计算方法

潘景龙　金熙男　徐　田

(哈尔滨工业大学 土木工程学院　哈尔滨 150090)

摘　要：本文根据作者多年从事 FRP 约束混凝土柱承载性能研究过程中的一些体会，介绍 FRP 加固混凝土受压构件的一些基本概念，阐述利用 FRP 约束原理加固后混凝土柱的轴压与偏压承载力计算方法，供参考。

关键词：FRP　约束混凝土　承载力

Calculation Method for the Carrying Capacity of FRP Confined Concrete Column

Pan Jinglong　Jin Xi'nan　Xu Tian

(Shandong Institute of Physical Education and Sports　Jinan 250014 China)

图 2-51　原文显示页面

2.3.3　WOSP 数据库

1. 数据库简介

美国科学情报研究所的 WOSP(Web of Science Proceedings)，由 ISTP(科学技术会议录索引)和 ISSHP(社会科学及人文科学会议录索引)两大会议录索引组成。

文献来源：包括一般会议、座谈会、研究会、讨论会、发表会等的会议文献，但无全文。

覆盖范围：ISTP 专门收录世界各种重要的自然科学及技术方面的会议。

目前在 Web of Science 中，会议录文献可通过 Conference Proceedings Citation Index 进行检索。使用强大的 Web of Science 功能检索、分析和共享会议录数据。图 2-52 所示为选择一个数据库页面。

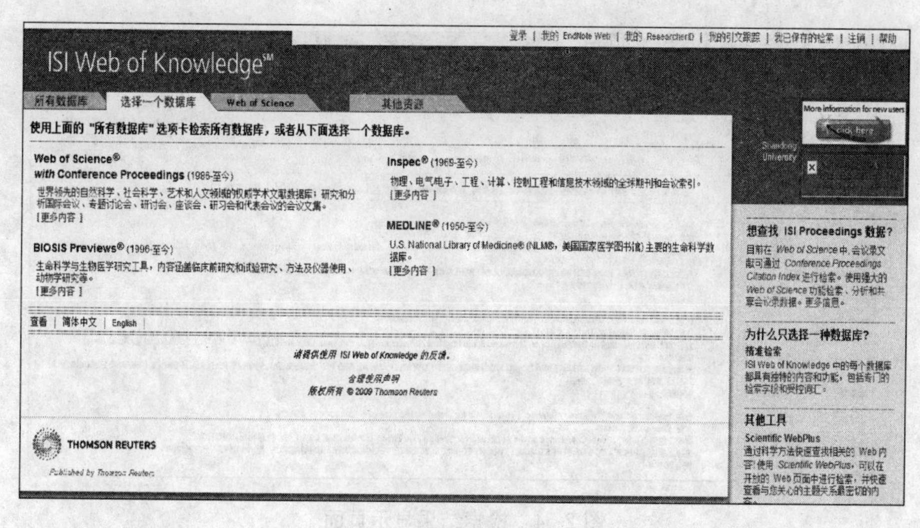

图 2-52　选择数据库页面

2. 检索体系

WOSP 数据库可提供普通检索和高级检索方式。

1) 普通检索

这是系统默认的检索方式，只要在最上方的检索框中输入检索词并确定词间关系，对当前限制条件选择，按"检索"按钮即可，图 2-53 和图 2-54 所示分别为检索和显示"concrete building"的界面。

ISI Web of Knowledge℠
所有数据库 | 选择一个数据库 | Web of Science | 其他资源
检索 | 被引参考文献检索 | 化学结构检索 | 高级检索 | 检索历史 | 标记结果列表
Web of Science® – 现在可以同时检索会议录文献
检索:
concrete　检索范围 主题
示例: oil spill* mediterranean
AND building　检索范围 主题
示例: oil spill* mediterranean
AND　检索范围 出版物名称
示例: Cancer* OR Journal of Cancer Research and Clinical Oncology
添加另一字段 >>
检索 清除 只能进行英文检索
当前限制: [隐藏限制和设置] (要永久保存这些设置，请登录或注册。)
入库时间:
所有年份 (更新时间 2010-01-16)
从 1986 至 2010 (默认为所有年份)

图 2-53　concrete building 的检索页面

选择感兴趣的记录，打开文摘(图 2-55)。

2) 高级检索(Advanced Search)

这是一种最复杂的适合专业人员的检索方式，必须使用字段和集合号进行组配检索(图 2-56)，具体使用方法略。

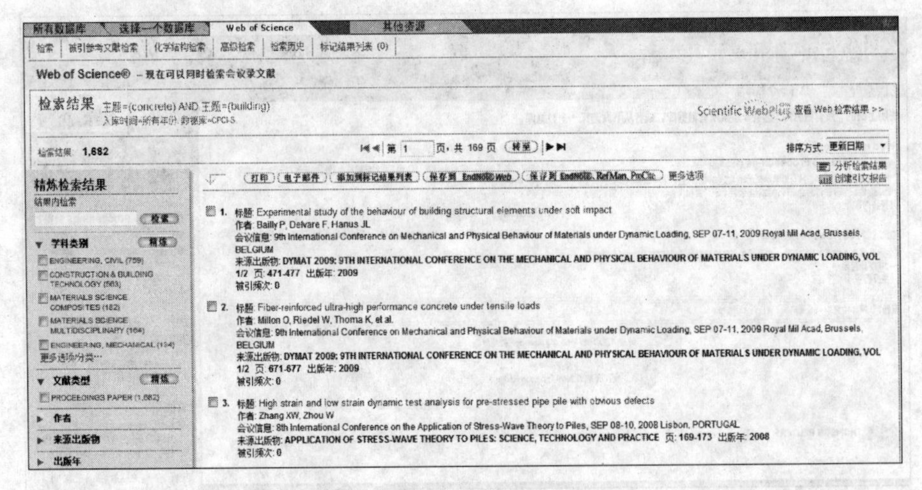

图 2-54　检索结果显示页面

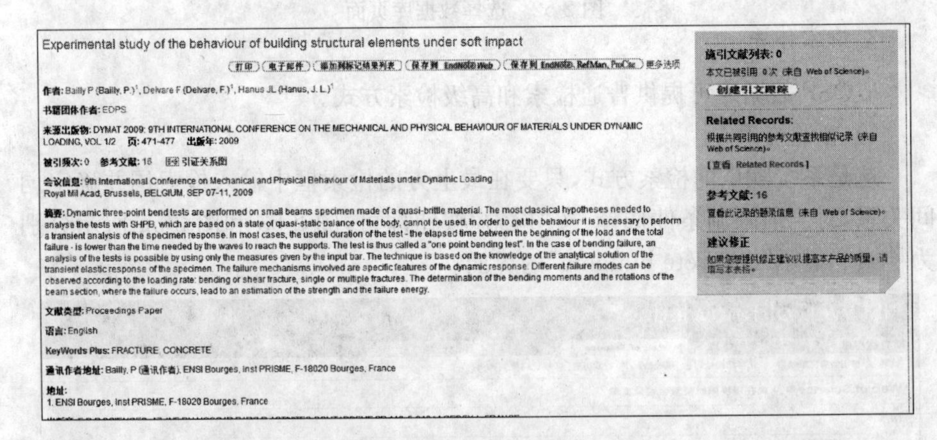

图 2-55　文摘显示页面

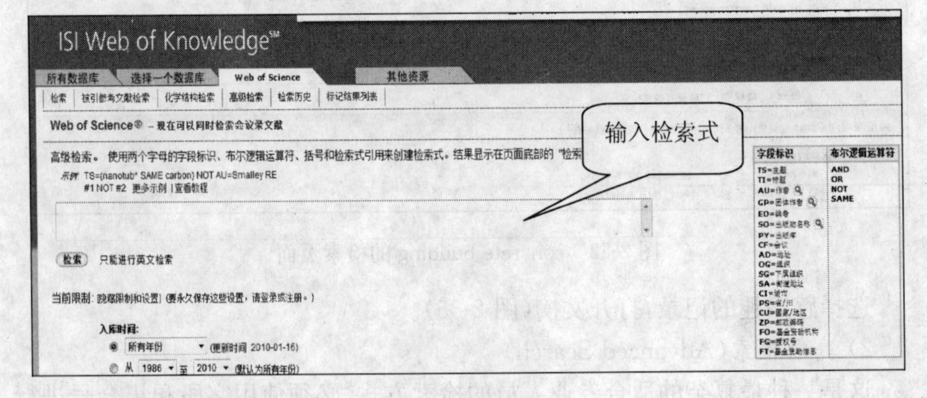

图 2-56　高级检索页面

2.4 学位论文数据库

本节重点 《中国学位论文全文数据库》的使用
主要内容 中文学位论文数据库介绍
教学目的 让学生掌握学位论文的检索方法

学位论文是一种重要的文献资源,可作为研究生确定论文选题的参考,也可作为教师从事研究生教育和本科生教育的教学参考资料,还可帮助科研人员了解有关课题的研究动态和借鉴有关的理论与方法。

目前国内的学位论文数据库并不多,有万方数据公司的《中国学位论文数据库》、中国知网的《中国优秀博硕士学位论文数据库》和中国高等教育文献保障系统的《高校学位论文数据库》等。

2.4.1 中国优秀博硕士学位论文全文数据库

1. 数据库简介

《中国优秀博硕士学位论文全文数据库》是CNKI的产品,是目前国内相关资源最完备、高质量、连续动态更新的学位论文全文数据库,至2009年11月1日,累积博士学位论文全文文献百万多篇。其主页面与中文期刊数据库类似(图2-57)。

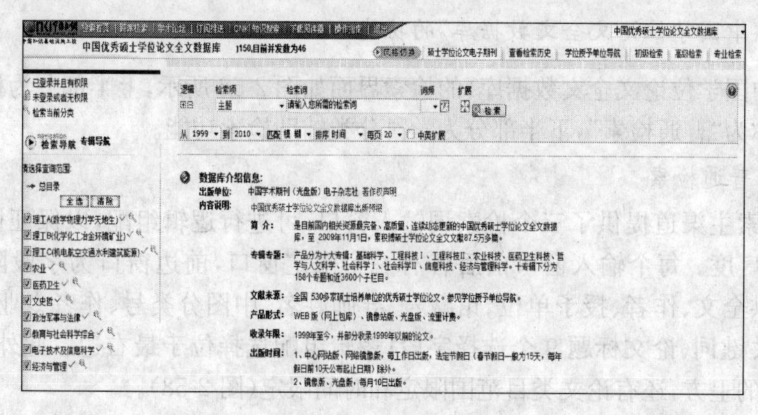

图2-57 中国优秀硕士学位论文数据库页面

知识来源:每年收录全国300家博硕士培养单位的优秀博/硕士学位论文。

覆盖范围:理工A(数理化天地生)、理工B(化学化工能源与材料)、理工C(工业技术)、农业、医药卫生、文史哲、经济政治与法律、教育与社会科学 、电子技术与信息科学。

收录年限:1999年至今。

更新频率:CNKI中心网站及数据库交换服务中心每日更新。

2. 数据库的功能

(1) 集题录、文摘、全文文献信息于一体，实现一站式文献信息检索。

(2) 提供 CNKI 知识分类导航与学科专业导航两套导航系统。

(3) 设有体现学位论文文献特点的众多检索入口，用户可以通过某个检索入口进行初级检索，也可以运用布尔算符等灵活组织检索提问式进行高级检索。

(4) 浏览器可实现学位论文原始版面结构与样式不失真的显示与打印。

(5) 提供 OCR 识别功能，可实现版面内容的随意选取与在线编辑。

具体检索方法见本章 2.1.1 小节内容。

2.4.2 万方数据学位论文数据库

1. 数据库简介

万方学位论文数据库包括《中国学位论文文摘数据库》和《中国学位论文全文数据库》。《中国学位论文文摘数据库》建于 1985 年，收录了我国自然科学和社会科学各领域的硕士、博士研究生论文的文摘 30 万余篇；《中国学位论文全文数据库》收录我国自然科学、数理化、天文、地球、生物、医药、卫生、工业技术、航空、环境、社会科学、人文地理等各学科领域的硕士、博士学位论文 16 万余篇，其中大部分是 2000 年以来的。

2.《中国学位论文全文数据库》的功能

《中国学位论文全文数据库》的检索界面如图 2-58 所示，上半部分为检索主渠道，称为“普通检索”，下半部分为学科分类辅助检索功能。

1) 普通检索

检索主渠道提供了三个检索词输入窗口，可进行逻辑组配，以保证检索的深度和广度。每个输入窗口前后各有一个限定窗口，前边窗口为字段限定窗口，提供全文、作者、授予单位、馆藏号、导师姓名、中图分类号、作者专业、授予学位、关键词、论文标题 9 个选择字段；逻辑组配选择位于最右边。此外，在检索窗口的上方，还有论文类目范围限定和时间限定(图 2-58)。

2) 分类检索

分类检索提供直接点击类目的方式浏览本类论文。图 2-59 所示为点击工业技术—建筑科学类的相关论文。

在分类浏览结果的基础上，还可以输入检索词，选择在结果中检索，进一步缩小范围，提高查准率。

在检索结果的记录中选择需要的文章，查看全文(图 2-60)。

可以打印存盘对论文进行处理。

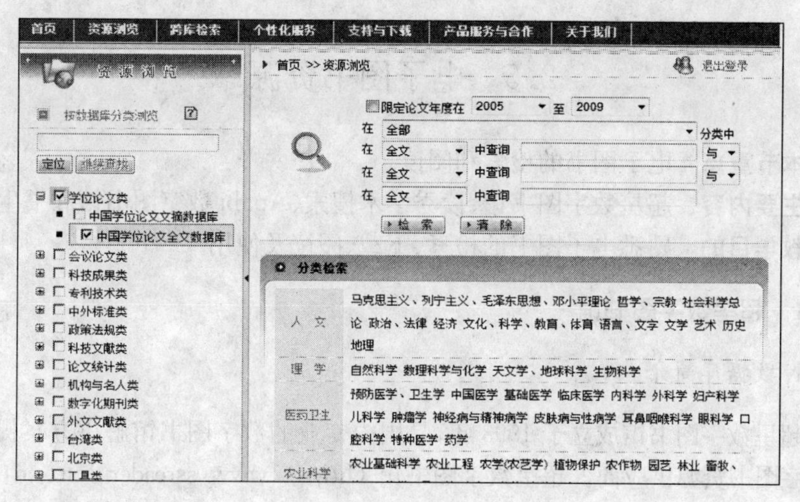

图 2-58 检索页面

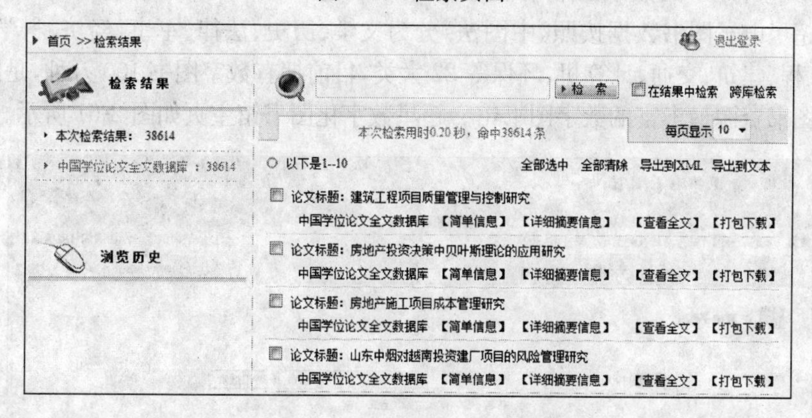

图 2-59 建筑科学类论文显示页面

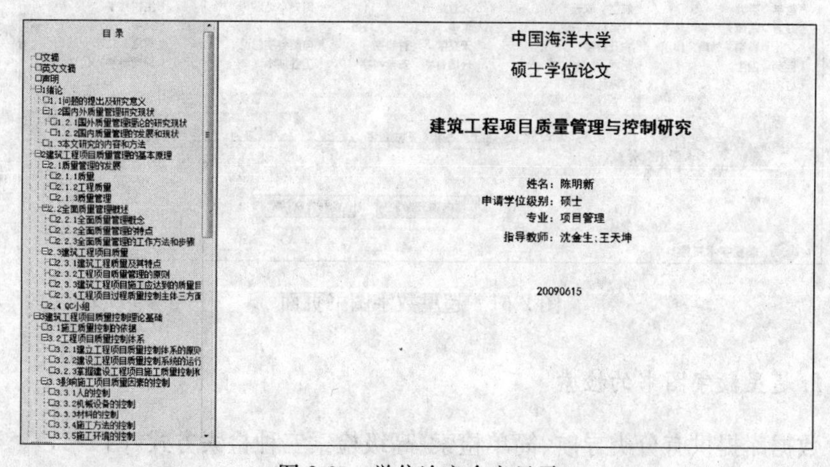

图 2-60 学位论文全文显示

2.5 电子图书资源

本节重点 电子图书的检索和阅读

主要内容 超星数字图书馆、读秀学术搜索、Apabi 数字图书馆和书生之家

教学目的 熟悉电子图书的检索、下载、阅读及使用

2.5.1 超星数字图书馆

1. 数据库简介

超星数字图书馆成立于 1993 年，是国内专业的数字图书馆解决方案提供商和数字图书资源供应商。超星数字图书馆（http://www.ssreader.com.cn）是国家“863”计划中国数字图书馆示范工程项目。2000 年 1 月，在互联网上正式开通。超星电子图书数据按照《中图法》分为文学、历史、法律、军事、经济、科学、医药、工程、建筑、交通、计算机、环保等 22 大类，目前拥有数字图书 100 万种，是国内数字图书资源最丰富的数字图书馆。超星数字化图书馆主页如图 2-61 所示。

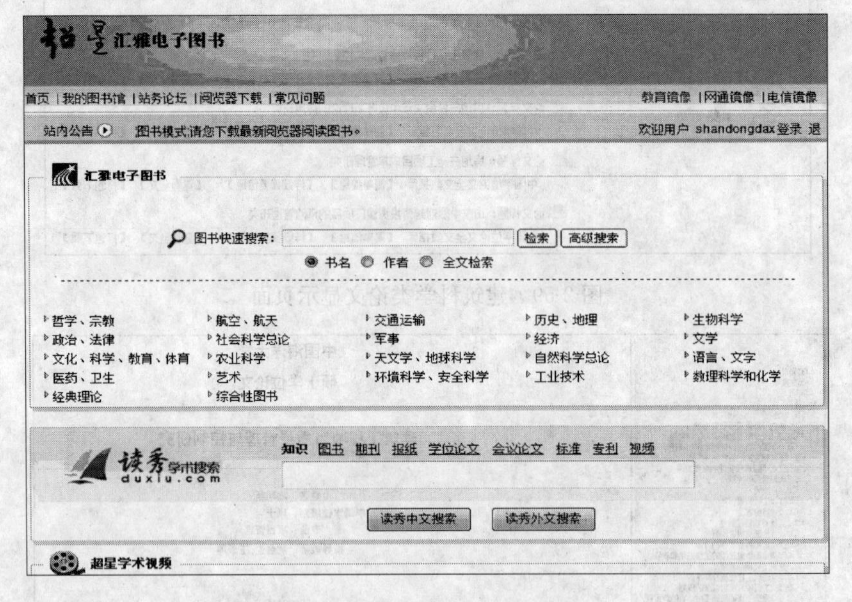

图 2-61 超星数字图书页面

2. 超星数字图书的检索

数据库提供有分类导航、简单检索、高级检索三种检索方式(图 2-61)。

1）简单检索

简单检索即图书快速搜索，能够实现按图书的书名、作者、全文进行单项模糊查询。

示例：查询关于“建筑设计”方面的图书，步骤如下：

(1) 在窗口输入“建筑设计”，下面的选项中选择“书名”，然后点击“检索”按钮。

(2) 选择感兴趣的图书，点击图书下面的“阅读”按钮即可进行阅读(图2-62，图2-63)。

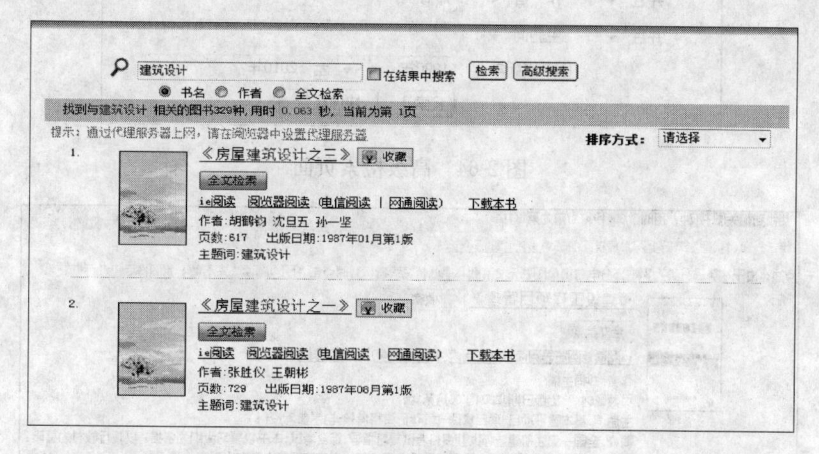

图 2-62　检索结果页面

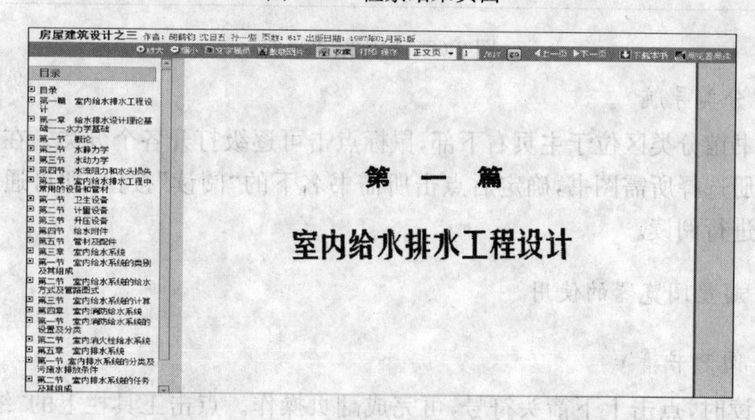

图 2-63　图书内容显示页面

2）高级检索

利用高级检索可以实现图书的多条件查询。对于目的性较强的读者建议使用该查询。

示例：要查询“郑梅编写的建设工程项目管理类图书”。

操作步骤如下：

(1) 点击“高级检索”(图 2-64)。

(2) 在书名一栏中键入“建设工程项目管理”,在“作者”对话框中输入“郑梅”,点击“检索”按钮(图 2-65)。

(3) 点击书名即可打开阅读。

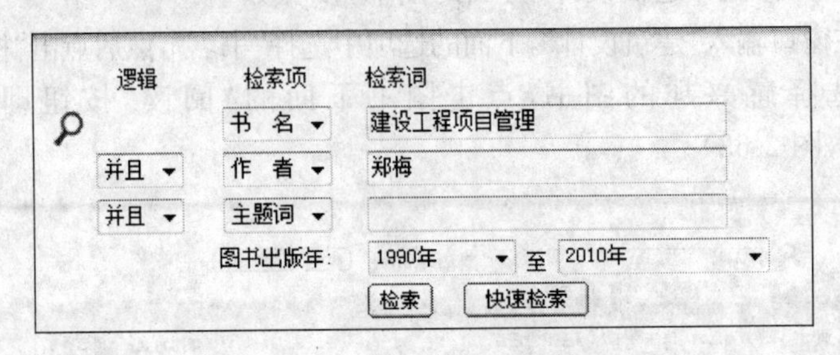

图 2-64　高级检索页面

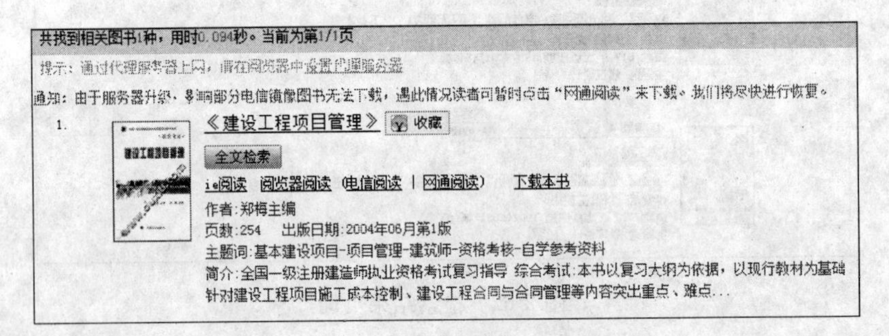

图 2-65　检索结果页面

3) 分类导航

图书馆分类区位于主页右下部,鼠标点击可逐级打开各个分类。在有关类目下逐册选择所需图书,确定后点击所需书名下的“阅读”按钮,即可通过超星阅览器进行阅读。

3. 超星阅览器的使用

1) 阅读书籍

阅读时,点击上下箭头符号,可完成翻页操作。点击工具栏上的“缩放”按钮,可提供按整宽、整高、指定百分比进行缩放。

2) 下载书籍

在线阅读时,翻页速度会受网络速度影响。如果想在离线状态下也能看书,可以用“下载”功能。

下载方法:在书籍阅读页面上点击鼠标右键选择“下载”,即会打开“下载选项”窗,选择要保存到的文件夹,点击“确定”即可开始下载。

3）使用技巧

(1) 文字摘录。阅读超星PDG图像格式的图书时,可以使用文字识别功能将PDG转换为TXT格式的文本保存,方便信息资料的使用。

摘录方法:在阅读书籍页面上方,点击 文字摘录 按钮,然后用鼠标选定部分文本,识别结果在弹出的窗口中显示(图2-66),可直接进行复制粘贴编辑或保存为TXT文本文件。

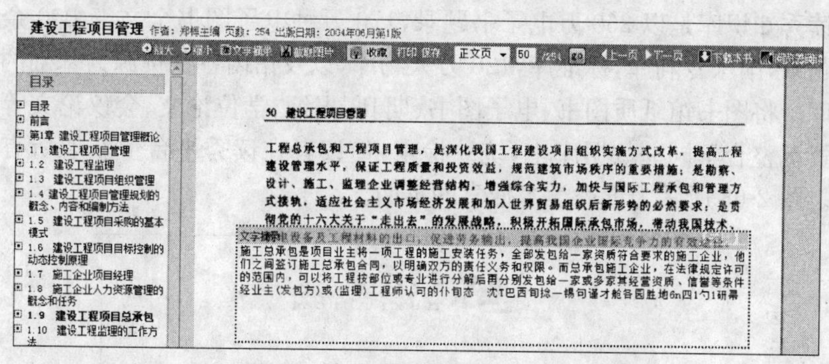

图2-66 文字摘录

(2) 截取图片。在阅读书籍时,对于数学公式或图表类不能用汉字识别的部分,可点击页面上方的 截取图片 按钮,然后用鼠标选择剪贴的图像(图2-67),在其他编辑器中粘贴即可保存。

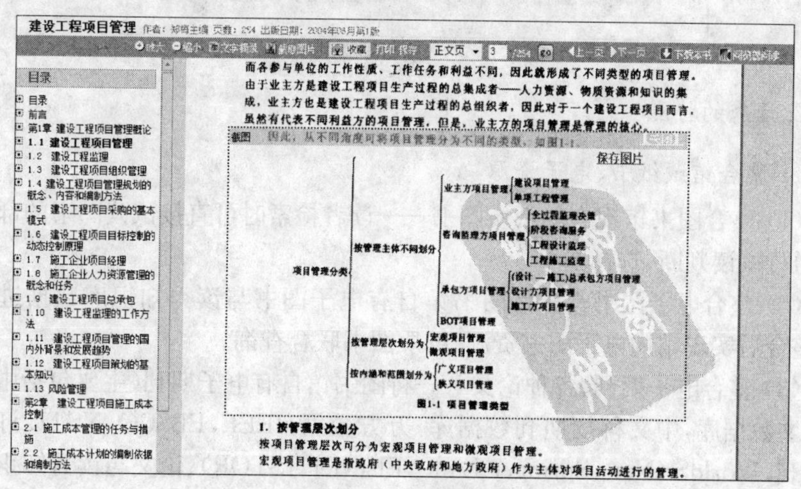

图2-67 截取图像

(3) 书签。书签可以为读者提供很大便利,利用书签可以方便地管理图书、网页。

(4) 自动滚屏。在阅读书籍时,可以使用自动滚屏功能阅读书籍。

(5) 更换阅读底色。可以使用“更换阅读底色”功能来改变书籍阅读效果。

2.5.2 读秀学术搜索

1. 数据库简介

读秀学术搜索是由海量全文数据及元数据组成的超大型数据库。为用户提供深入内容的章节和全文检索，部分文献的原文试读，以及参考咨询服务，是一个真正意义上的学术搜索及文献服务平台。

读秀知识库是以 260 万电子书题录，170 万种电子图书全文，5 000 余万篇期刊题录，国家专利库，标准库，120 万人物库，以及馆内各种资源为基础的大型数据库。将图书馆纸质图书、电子图书、期刊、报纸、学位论文、会议论文等各种学术资源整合于同一数据库中，统一检索，使读者在读秀平台上获取所有学术信息。图 2-68 所示为读秀学术搜索的页面。

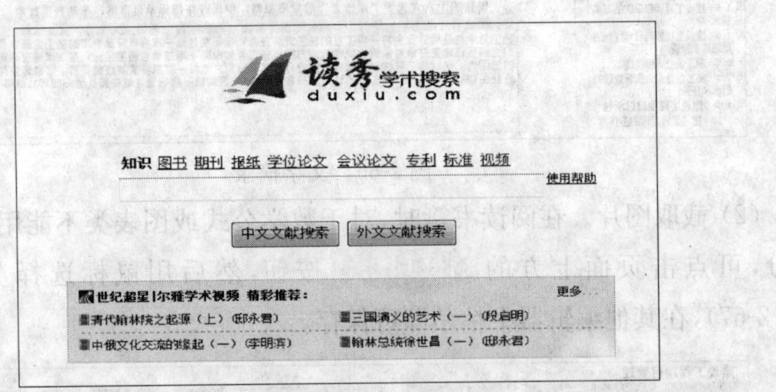

图 2-68 读秀学术搜索页面

2. 读秀的特点

1) 整合馆藏纸书、电子资源

(1) 整合图书馆现有的纸质图书——读者检索时可直接试读图书的部分原文，通过试读判断、选择图书。

(2) 整合电子图书——将图书馆自有电子图书与读秀知识库数据进行对接，整合后实现馆内电子图书资源、纸质图书联合查询。

(3) 整合电子期刊、各种论文——将图书馆自有电子期刊(主要包括中国期刊全文数据库，中文科技期刊数据库，万方数据，IEEE，EBSCO，NSTL 订购电子期刊，WorldSciNet ，Springer Link ，Elsevier，JSTOR)、论文与读秀知识库期刊、论文进行对接，读者在对一个检索词进行检索的同时，获得该知识点来源于期刊、论文的所有内容。

2) 深度、多面检索(全文检索、目录检索等)

不论读者搜索图书、期刊还是查找论文，读秀将显示与之相关的图书、期刊、报纸、论文、人物、工具书解释、网页等多维信息，真正实现多面、多角度的搜索功能。

3）阅读途径

读秀提供部分原文试读功能：封面页、版权页、前言页、正文部分页，全面揭示图书内容；其他途径：阅读馆内电子全文、借阅馆内纸质图书、文献传递获取资料、馆际互借图书。

4）读者互动

读秀提供用户交流平台，主要有：历史记录、我的收藏、网友收藏，利于读者学术交流。

5）图书推荐系统

为图书馆与读者间建立沟通的渠道，实现图书馆真正意义上的按需采购。

3. 读秀的检索功能

1）中文文献搜索

读秀学术搜索提供中文文献的搜索和外文文献的搜索，主要途径是主题词检索。

示例：检索有关“智能建筑”方面的相关资料。

(1) 在检索词输入框中输入“智能建筑”；在检索词的上方，选择检索范围“知识”；点击“中文文献搜索”。

(2) 得到检索结果(图 2-69)；页面中间部分显示含有检索词文献记录，页面右侧显示出不同文献类型的检索结果。

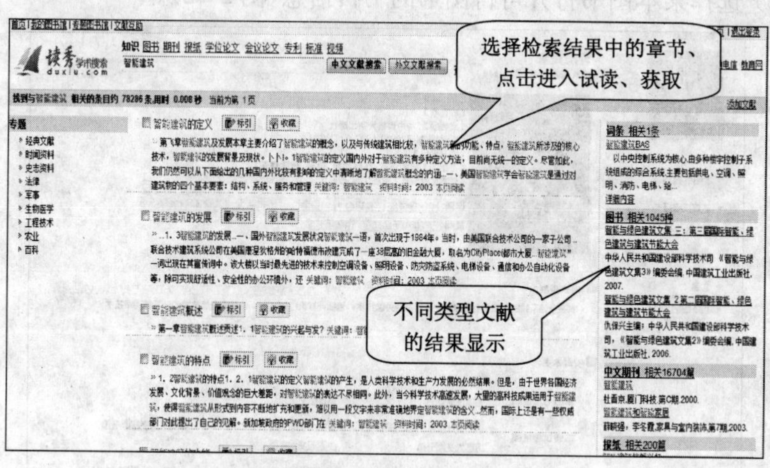

图 2-69　检索结果显示

(3) 选择需要的记录打开试读(图 2-70)。

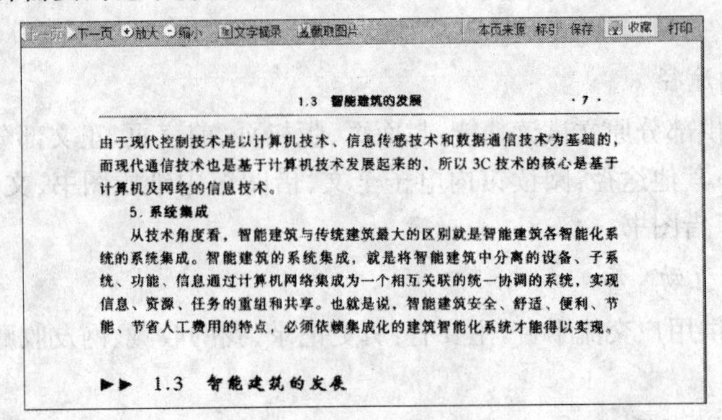

上一页 下一页 放大 缩小 文字摘录 截取图片 本页来源 标引 保存 收藏 打印

1.3 智能建筑的发展 ·7·

由于现代控制技术是以计算机技术、信息传感技术和数据通信技术为基础的，而现代通信技术也是基于计算机技术发展起来的，所以 3C 技术的核心是基于计算机及网络的信息技术。

5. 系统集成

从技术角度看，智能建筑与传统建筑最大的区别就是智能建筑各智能化系统的系统集成。智能建筑的系统集成，就是将智能建筑中分离的设备、子系统、功能、信息通过计算机网络集成为一个相互关联的统一协调的系统，实现信息、资源、任务的重组和共享。也就是说，智能建筑安全、舒适、便利、节能、节省人工费用的特点，必须依赖集成化的建筑智能化系统才能得以实现。

▶▶ 1.3 智能建筑的发展

图 2-70 文献试读内容显示

(4) 智能建筑图书类的检索结果显示(图 2-71)。

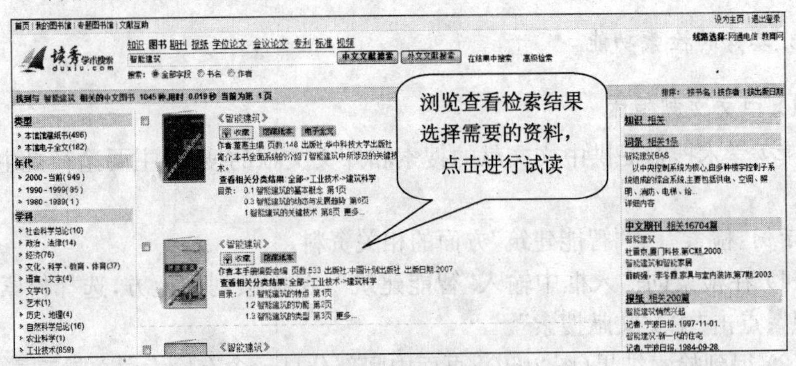

图 2-71 检索结果页面

(5) 选择某本图书打开可得图书的书目信息(图 2-72)。

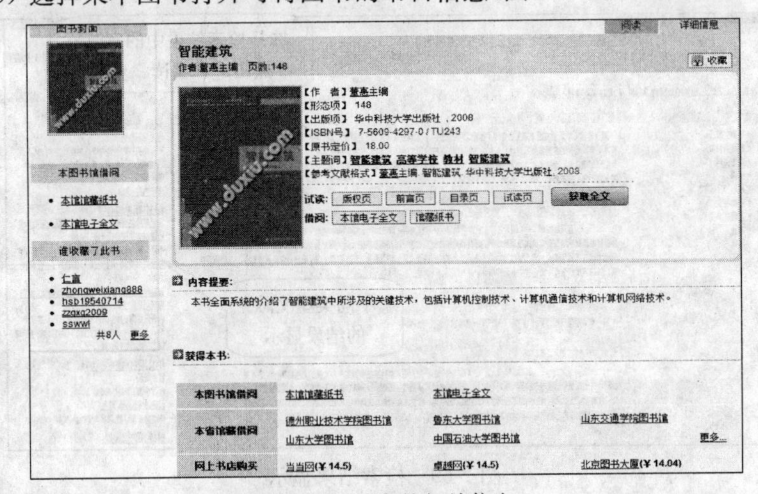

图 2-72 图书的相关信息

(6) 在"试读"栏中,选择要读的内容打开(图 2-73),试读页码一般在 20 页左右。

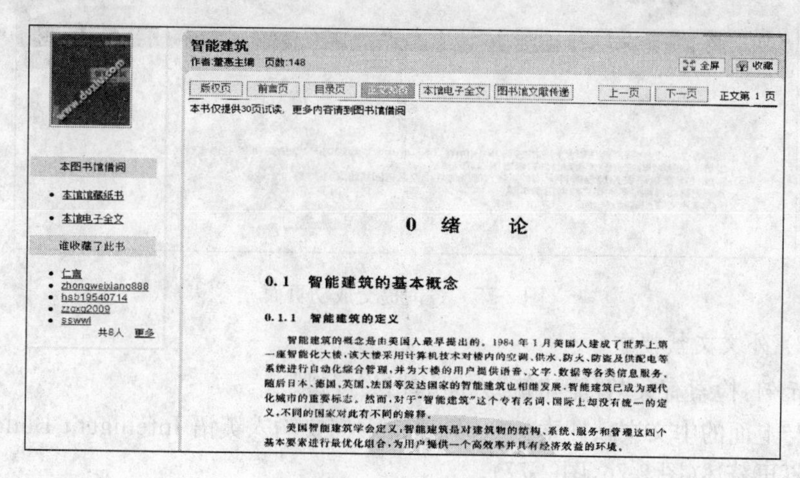

图 2-73 图书试读页面

(7) 若需要更多内容,点击页面上方的"图书馆文献传递",向图书馆申请文献传递(图 2-74);填写需要的页码(不超过 50 页)、信箱、验证码,确认提交,通过电子邮件获得文献(图 2-75)。

(8) 然后登陆信箱,查收咨询的内容。点击链接,打开图书的内容阅读即可。

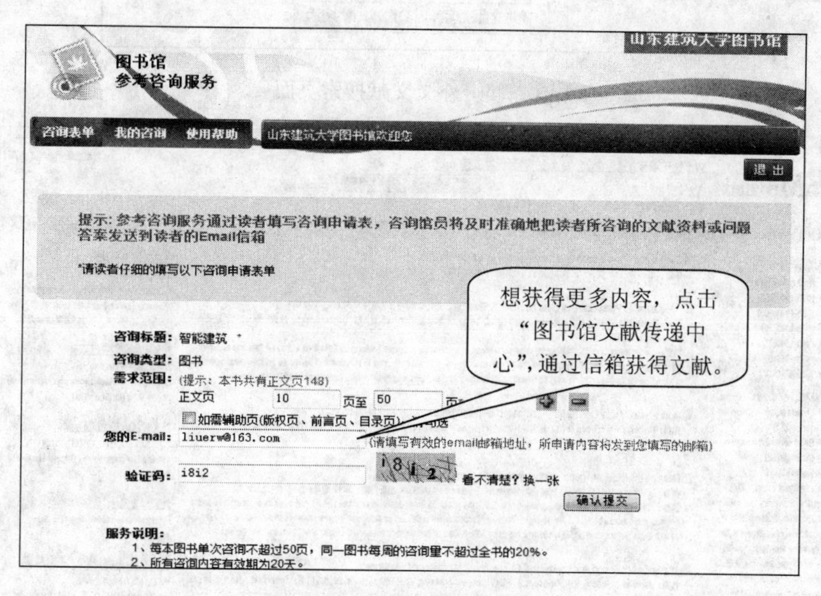

图 2-74 参考咨询服务表单

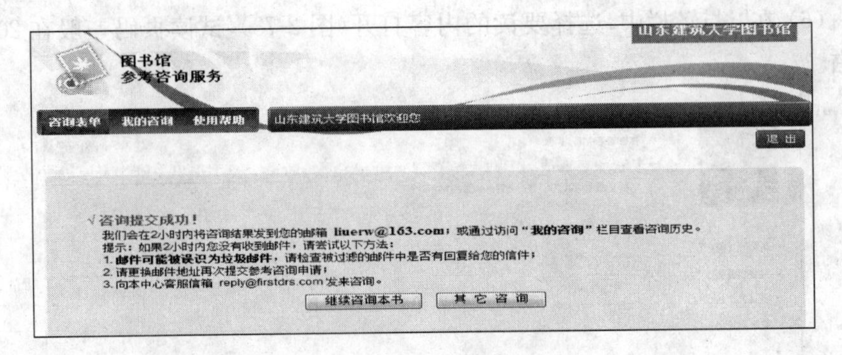

图 2-75　咨询提交成功页面

2）外文文献搜索

示例：检索有关"智能建筑"方面的相关资料。

与上面的中文文献搜索类似，只是检索词要输入英语 Intelligent Building，此处不再赘述（图 2-76，图 2-77）。

图 2-76　外文文献搜索页面

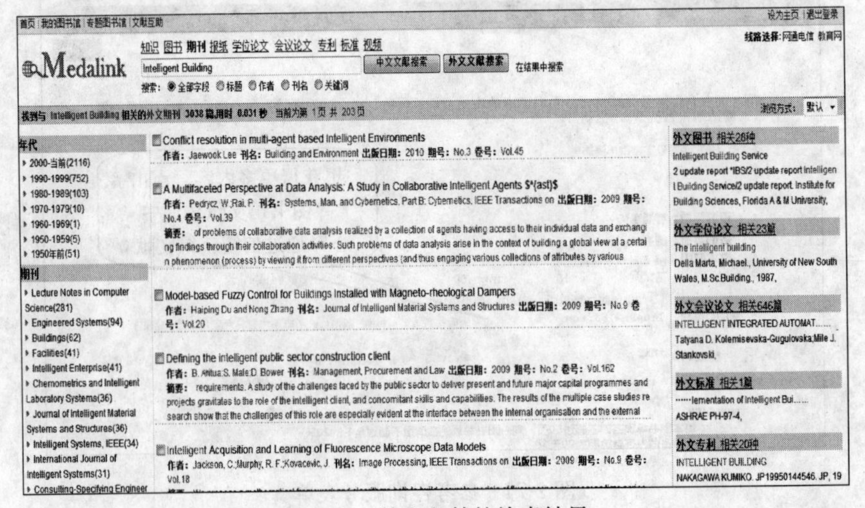

图 2-77　外文文献的检索结果

2.5.3 方正 Apabi 数字图书馆

1. 数据库简介

方正 Apabi 数字图书系统是北大方正集团网络传播事业部开发的产品，主页如图 2-78 所示。

图 2-78 Apabi 主页

2. 图书的检索

Apabi 数字图书馆提供了简单检索、中图法浏览、高级检索三种图书查询方式，查询结果以每页十条显示，如超出了十条则可通过点击“首页”、“上页”、“下页”、“末页”进行翻页，或输入页码然后点击“go”直接翻到指定页。要进行检索必须选用浏览器打开 Apabi 数字图书馆的网页，然后选择所需的检索方式。

1) 简单检索

简单检索方式提供了按单条件进行检索，提供的检索条件有：书号、书名、责任者、出版社、关键字、全面检索、全文检索。点击下拉菜单选择所检条件，输入检索词，然后点击“查询”即可查出符合条件的书。如果查询出的结果比较多，可以再次选择检索条件进行二次检索，输入检索值然后点击“结果中查”，则可以在上次的结果中查出符合新输入条件值的记录；如点击“新查询”则按新输入的条件值进行新查询。

2) 中图法浏览检索

在 Apabi 数字图书馆主页中点击“中图法浏览”（图 2-79）即可进入分类浏览检索状态，左边会显示“分类浏览”，右边显示当前选择分类的相应记录。可以按需要点击“分类浏览”中的分类，“分类浏览”会层层展开，右边的检索结果也会随着所选择的分类相应变化，直到找到所需的图书为止。

3）高级检索

在Apabi数字图书馆主页中点击“高级检索”即可进入高级检索界面(图2-80)，在该界面选择查询条件及查询值，如果输入了多个查询条件，则可以定义各查询条件之间的关系，包括“并且”、“或者”两种，“并且”指同时符合所有指定的条件，“或者”指只要符合所有指定的条件中的一个即可；输入完后点击“搜索”即可开始查询并返回查询结果。

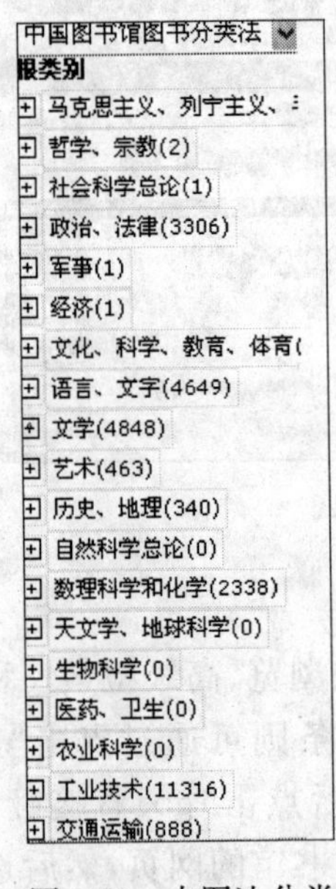

图2-79　中图法分类

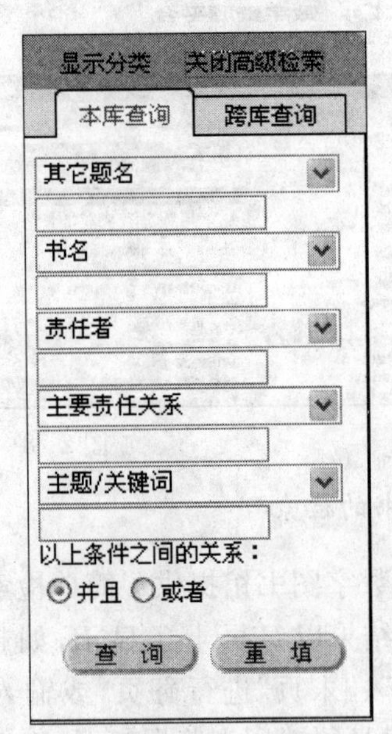

图2-80　高级检索表单

3. 下载阅读

找到所需的图书后，点击书名可显示该书的详细书目信息。如果该书显示“本书可借”，点击“下载”即会自动打开Apabi Reader，把所选择的图书加入下载列表进行下载，并在下载列表中显示下载的状态。下载完成后该书会加入Apabi Reader中的“藏书阁”。如要阅读下载的图书，运行Apabi Reader后，选择“藏书阁”，然后用鼠标双击所要阅读的图书即可进行阅读。

4. 操作说明

Apabi Reader启动后的界面，主要分为两个区域，左边是竖条式的工具条，右边是工作区。在工具条上提供了翻页、缩放、书签的功能图标，点击“阅读”可使工作区转到阅读状态阅读当前打开的图书，点击“藏书阁”可进入藏书阁进行选择阅读或藏书管理。

1）版面操作

版面操作包括翻页、放缩、全面翻/半页翻、书签、旋转、撤销与恢复等功能。

2）标注功能

Apabi Reader 对 CEB、PDF 格式的文件有标注功能。选中文字，在弹出的菜单中可选择划线、批注、查找、书签、加亮、圈注、复制文字几个功能。

2.5.4 书生之家数字图书馆

1. 数据库简介

北京书生公司成立于 1996 年 7 月，目前已获得 400 多家出版单位授权，生产制作了近十万本图书的数字信息资源。书生之家数字图书馆主要有镜像站点和包库用户两种使用方式，书生之家的主页如图 2-81 所示。

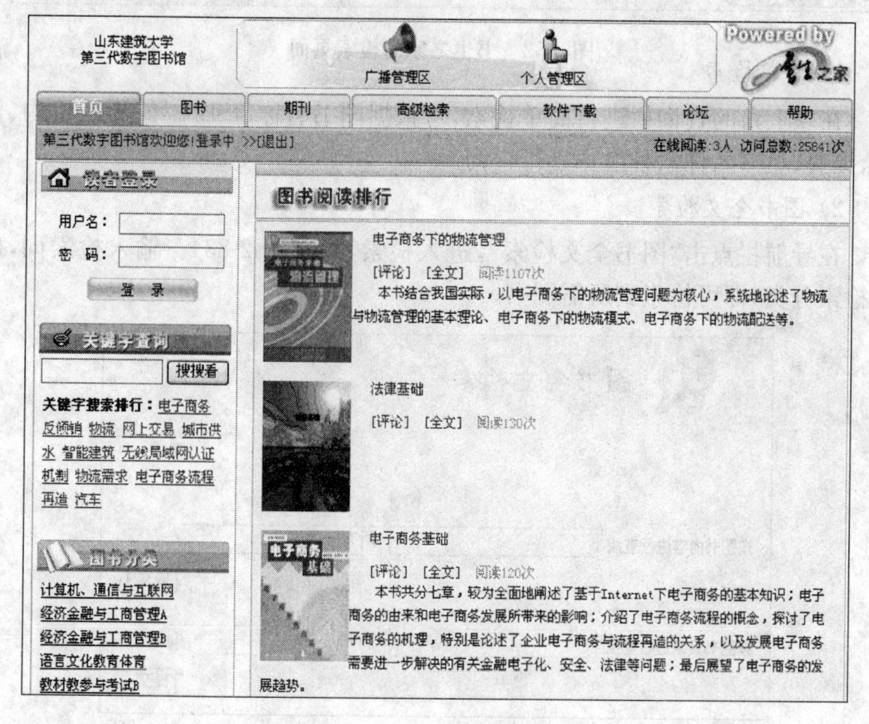

图 2-81 书生之家的主页

2. 检索方法

在书生之家查找图书可以有五种方法：简单检索、图书全文检索、分类检索、组合检索和全文高级检索。图 2-82 所示为检索界面。

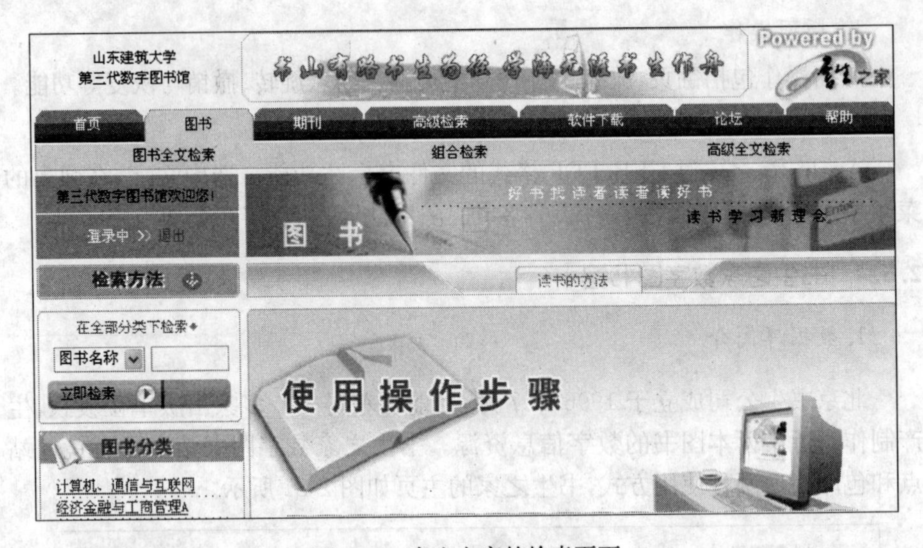

图 2-82　书生之家的检索页面

1) 简单检索

在左上角的查询栏进行简单检索,可根据图书名称、ISBN 号、出版机构、作者、提要、丛书名称六种途径进行查询。

2) 图书全文检索

在导航栏点击“图书全文检索”,进入检索界面(图 2-83)。输入检索词,确定检索分类,即可检索到所需图书。

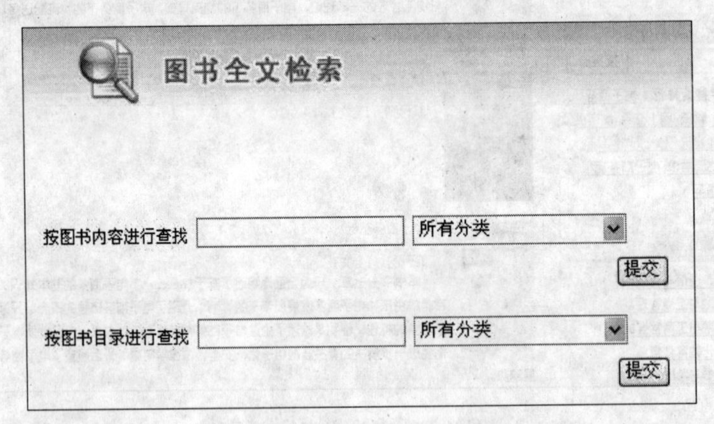

图 2-83　图书全文检索页面

3) 分类检索

中华图书网将全部电子图书按“中图法”分成 23 个大类,每一大类下又划分子类,子类又有子类的子类。共 4 级类目,可逐级检索。

4）组合检索

书生之家支持组合检索，可以对文章内容的多个字段进行检索，检索出相关图书，可以直接进行阅读，图 2-84 所示为组合检索界面。

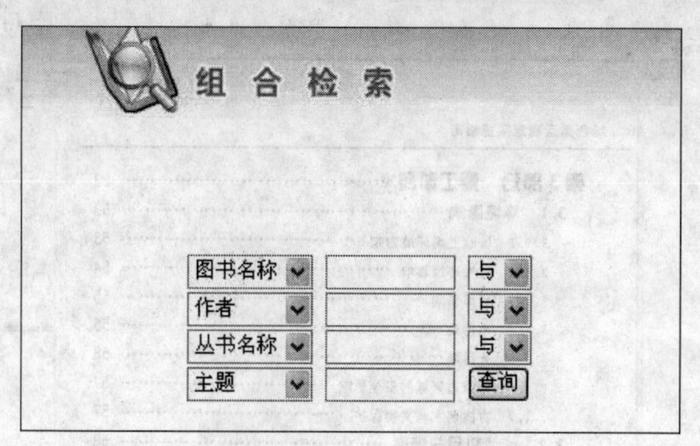

图 2-84　组合检索页面

5）高级全文检索

高级全文检索提供了多个选项进行检索，包括检索词位置和范围的限制，图 2-85 所示为高级全文检索界面。

高级全文检索
在 所有分类 专题中
在 全文 中进行：
单词检索： 对 自身 不进行分词处理
多词检索： 与
位置检索： 在 之后是
范围检索： 大于
对输入主题词中的字母、数字： 不做转换，直接检索
提交 重置

图 2-85　高级全文检索页面

3. 阅读器使用说明

书生阅读器用于阅读、打印书生电子出版物，包括电子图书、电子期刊、电子报纸等。书生电子浏览器能够显示、放大、缩小、拖动版面，提供栏目导航、顺

序阅读、热区跳转等高级功能,可以打印出黑白和彩色复印件。图 2-86 所示为书生阅读器界面。

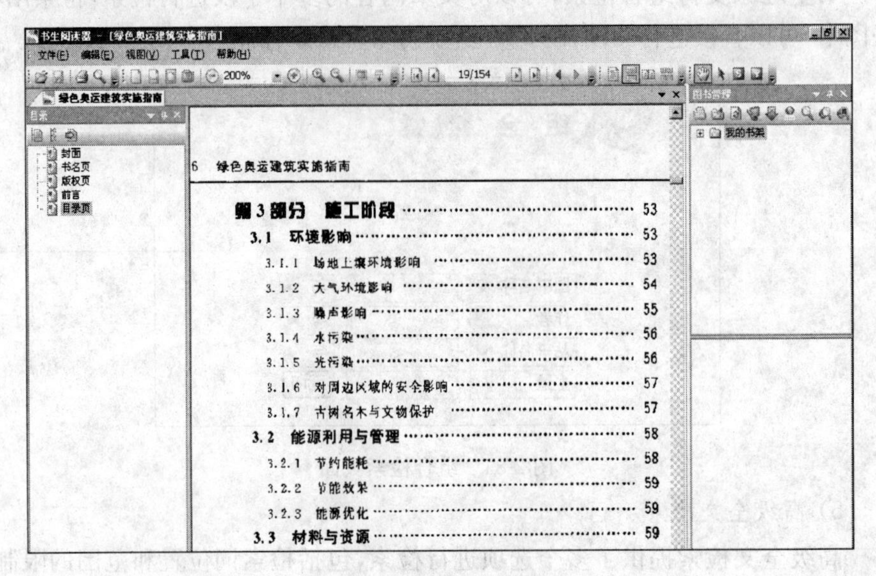

图 2-86 书生阅读器界面

书生阅读器界面从上到下依次为:

·菜单行:有文件、编辑、视图、工具、帮助五个项目。

·快捷工具行:直接点击可进行常用操作。

·读书界面:左边是书籍的目录,最多可分四级,点击相应目录,则在右侧显示该目录内容的起始页。

·读书状态行:显示当前所在图书的页数、总页数、显示比例。

·数据输入状态:最后一行显示页面数据输入情况,若数据输入完毕,则显示完成。

书生阅读器快捷工具条分 6 组,共 19 个按钮。主要功能如下:

(1) 翻页。需要进行翻页操作时,选择快捷工具条“第一页”、“下一页”、“最后一页”、“转到第…”即可进入所需页面。

(2) 缩放。选择快捷工具条中的“放大”、“缩小”相应按钮,此时鼠标指针变成放大镜或缩小镜形式,每单击版面一次,版面就会放大或缩小。

(3) 选择文本。当需要对某段文字进行摘录时,可选中快捷工具条中标有“T”字样的按钮,此时鼠标指针变为“+”形式,拖动光标选中的文字显示成黑色,其文本已被自动存入剪贴板,可粘贴到其他程序的文档中。

(4) 打印。选中快捷工具条上的“打印”按钮,即可将当前页输出。

(5) 全屏显示。选择快捷工具条的“全屏显示”按钮将以全屏显示版面。

(6) 微缩版面。选择快捷工具条上的对应按钮,选中之后,左侧窗口显示各页的微缩版面,可以根据版式特点或页号选择版面。在选中的版面上用鼠标点一下,右侧版面窗口将立刻显示该版面的信息。微缩版面上的绿框表示当前版面在该版的位置。可直接用鼠标拖动或缩放该框,此时右边版面窗口的内容也会相应更改。

本章小结

本章是本课程的重点,主要介绍当前高校图书馆购置的主要数据库。中文期刊数据库、外文期刊数据库、会议论文数据库、学位论文数据库、电子图书资源等,这些常用重要的文献资源,可作为大学生确定论文选题的参考,也可作为教师从事教学科研的参考资料,还可帮助科研人员了解有关课题的研究动态和借鉴有关的理论与方法。

思考题

1. 不同的中文期刊数据库能否使用统一的浏览器?
2. 期刊数据库能否先于印刷版期刊出版?
3. 比较两种中文期刊数据库的优缺点,查找某熟悉教师的发文情况。
4. 检索、阅读电子图书主要有哪几种渠道?
5. 为什么超星数字图书馆、书生之家和方正 Apabi 使用不同的浏览器?
6. 从超星数字图书馆检索感兴趣的图书,并使用浏览器识别文本内容。

第3章 网络信息资源的检索

第2章介绍的主要是各种类型的国内外文献数据库，它们的一个共同点是：单位花费大量资金向各个数据库商家订购，供所在单位的用户在其单位允许的IP地址范围内使用。尽管这类数据库都是通过网络访问的形式来利用的，原则上也属于网络资源的部分，但是根据相关的订购使用合同，一般非订购单位的用户是不能自由地在网上免费使用它们或使用它们所有的功能及数据(尤其是全文)。

事实上，网络资源是极其丰富的，包括可供免费利用的大量的学术资源。本章将着重介绍有关网络学术资源的分布情况及网络资源的检索工具——搜索引擎，向大家推荐一些优秀的、典型的网上免费学术资源。

3.1 网络信息资源特点及类型

本节重点 网络信息资源的类型
主要内容 网络信息资源的特点及类型
教学目的 认识网络信息资源

3.1.1 网络信息资源特点

网络信息资源与之前重点介绍的各种数据库相比具有以下显著特点：

1.信息数量增长迅猛

Internet环境的自由使得发布信息不受局限，任何政府、研究机构、大学、公司、社会团体、个人几乎都可以毫无限制地在网上发布信息。现在每隔半小时就有一个新网站与互联网相连，互联网的迅猛扩展导致网上信息也以涨潮般的速度发展。

2.信息质良莠不齐

印刷型文献信息一般要经过严格的筛选，才能正式出版。而向网络发布信息有很大的随意性和自由度，缺乏必要的过滤、质量控制和管理体制，这就导致网络信息内容非常繁杂，学术信息、商业信息与个人信息混为一体，信息资源与信息垃圾同处一网，使得信息价值不一，鱼龙混杂，良莠不齐。

3. 存在状态无序又不稳定

当前对网络信息资源的组织管理尚处于探索研究中，信息内容处于经常变动中，信息资源的更迭、消亡无法预测。

4. 具有高度开放性的标准和规范

信息链接、通过超文本技术链接起来的网络信息资源具有高度开放性，资源之间的链接关系使得资源之间的跳转变得更容易，通过一个点的链接可漫游所有网络资源。

5. 使用方便共享度高

网络信息资源的复制、分发更加容易，一份资源在不考虑版权的情况下可以以无限多个副本同时服务于无限多的用户。同时，网络打破了传递的时空界限，用户可以在任何时间、任何地点获取资源。

3.1.2 网络信息资源类型

网络信息资源包罗万象，广泛分布于整个网络之中，既没有统一的组织管理机构，也没有统一的目录。因此难以按照一个统一明确的标准对网络信息资源进行科学的分类。为了对网络信息资源从宏观上加以认识，我们根据不同的角度，将它们分为不同的类型。

1. 从信息资源的内容角度划分

(1) 新闻信息资源。互联网的出现改变了人们获取新闻信息的方式，互联网在同一时间向全世界范围内传播最新发生的新闻，人们可以不受地域限制获取世界上任何地区的新闻。世界各国主要的新闻网站是人们获取网络新闻信息的主要途径。

(2) 商业信息资源。这是互联网上的又一重要资源，即商情咨询机构或商业性公司为生产经营者、消费者提供的有偿或无偿的商用信息，包括产品信息、企业名录、商贸信息、金融信息和经济统计信息。

(3) 法律信息资源。互联网上具有大量免费的法律法规文献，人们可以通过互联网了解国家最新的立法，并可以通过互联网获取法律咨询服务。

(4)学术信息资源。主要指收录高质量学术期刊的网络全文数据库、网上免费的电子期刊等，这类信息资源主要针对大学及研究机构。

(5)娱乐信息资源。互联网上的休闲娱乐信息，包括电影、音乐、足球、游戏、购物信息和旅游信息等。这类信息已成为人们日常生活的一部分。

除此以外，还有许多重要的网络信息资源，如政府信息资源(各种来自各级政府的新闻报道、统计信息、政策法规文件、政府档案、政府部门介绍、政府取得成就等)、教育信息资源、就业信息资源、广告信息资源等。总之人们可以从包罗万象的互联网资源中发现自己需要的各种信息与知识,促进自我能力的不断提高和完善,促进各类活动更加高效和完美。

2. 从所采用的网络传输协议角度划分

1) WWW 信息资源

WWW(Word Wide Web,或称 3W,Web 万维网)起源于 20 世纪 90 年代初期,在 20 世纪 90 年代的中后期得到迅速发展。Web 信息资源是采用超文本传输协议(HTTP)在 WWW 客户端和服务器端之间传输,建立在超文本、超媒体等技术的基础上,集文字、图像、声音等为一体,以网页的形式存在互联网上,是网络信息资源的主流。

2) FTP 信息资源

FTP(File Transfer Protocol,文件传输协议),是互联网上历史最为悠久、应用非常广泛的网络工具。它用来实现用户与文件服务器之间相互传输文件。用户可以直接在 WWW 浏览器中实现 FTP 文件的读取和传递,也可以借助一些客户端软件工具,如 CuteFTP、FlashFTP 等快速实现 FTP 文件的上传和下载。

3) Telnet 信息资源

Telnet 信息资源是指在远程登录协议(Telecommunication Network Protocol)的支持下,用户计算机作为一个远程主机的终端与该主机相连,并在权限允许的范围内检索和使用该主机的硬件、软件和信息资源。

4) 用户服务组信息资源

用户通信或服务组是互联网上颇受欢迎的信息交流形式。其中包括新闻组(Usenet Newsgroup)、邮件列表(Mailing list)、专题讨论组(Discussion Group)、电子公告板或论坛(Bulletin Board System,BBS)等。它们都是由一组对某一特定主题有共同兴趣的网络用户组成的电子论坛,是互联网上进行交流和讨论的主要工具。它们的工作原理与使用方法也非常相似,均用于网络用户间的信息交流,但又各具特色和用途。

3.2 网络信息资源检索工具——搜索引擎

本节重点 搜索引擎的使用

主要内容 搜索引擎原理及使用技巧

教学目的 掌握常用搜索引擎的使用技巧

3.2.1 搜索引擎的原理及类型

Internet是一个广阔的信息海洋,如何快速准确地在网上找到需要的信息已变得越来越重要。搜索引擎(Search Engine)是一种网上信息检索工具,在浩瀚的网络资源中,它能帮助你迅速而全面地找到所需要的信息。

1. 搜索引擎

搜索引擎是一种能够通过Internet接受用户的查询指令,并向用户提供符合其查询要求的信息资源网址的系统。它是一些在Web中主动搜索信息(网页上的单词和特定的描述内容)并将其自动索引的Web网站,其索引内容存储在可供检索的大型数据库中,建立索引和目录服务。一些搜索引擎搜索网页的每一个单词,而另一些搜索引擎则只搜索网页的前200～500个单词。当用户输入关键词(Keyword)查询时,该搜索引擎会告诉用户包含该关键词信息的所有网址,并提供通向该网络的链接。

2. 搜索引擎的主要任务

(1)信息搜集。各个搜索引擎都派出绰号为蜘蛛(Spider)或机器人(Robots)的"网页搜索软件",在各网页中爬行,访问网络中公开区域的每一个站点并记录其网址,将它们带回搜索引擎,从而创建出一个详尽的网络目录。由于网络文档的不断变化,机器人也不断地把以前已经分类组织的目录更新。

(2)信息处理。将"网页搜索软件"带回的信息进行分类整理,建立搜索引擎数据库,并定时更新数据库内容。在进行信息分类整理阶段,不同的搜索引擎会在搜索结果的数量和质量上产生明显的差异。有的搜索引擎把"网页搜索软件"发往每一个站点,记录下每一页的所有文本内容并收录到数据库中,从而形成全文搜索引擎;而另一些搜索引擎只记录网页的地址、篇名、特殊的段落和重要的词。故有的搜索引擎数据库很大,而有的则较小。当然,最重要的是数据库的内容必须经常更新、重建,以保持与信息世界的同步发展。

(3)信息查询。每个搜索引擎都必须向用户提供一个良好的信息查询界面,一般包括分类目录及关键词两种信息查询途径。分类目录查询以资源结构为线索,将网上的信息资源按内容进行层次分类,使用户能依线性结构逐层逐类检索信息。关键词查询是利用建立的网络资源索引数据库向网上用户提供查询"引擎"。用户只要把想要查找的关键词或短语输入查询框中,并按"Search"按钮,搜索引擎就会根据输入的提问,在索引数据库中查找相应的词语,并进行必要的逻辑运算,最后给出查询的命中结果(均为超文本链接形式)。用户只要通过搜索引擎提供的链接,就可以立刻访问到相关信息。

3. 搜索引擎的类型

随着搜索引擎的数量剧增，其种类也越来越多。它们可以按照工作机制、搜索范围等方式加以区分。

1）按搜索引擎所包含检索工具的数量区分

搜索引擎按所包含检索工具的数量可以区分为独立搜索引擎和多元搜索引擎。

（1）独立搜索引擎检索时只在自己的数据库内进行，由其反馈出相应的查询信息，或者是相链接的站点指向。Google、Yahoo！、百度都属于独立搜索引擎。

（2）多元搜索引擎又称集成搜索引擎，它是将多个独立搜索引擎集合在一起，提供一个统一的检索界面，当用户提出检索提问后，它会将其发送给多个搜索引擎，同时检索多个数据库，并进行相关度排序后，将结果显示给用户。利用这类搜索引擎能够获得更大范围的信息源，检索的综合性、全面性也有所提高。

典型的代表如 Dogpile（http://www.dogpile.com）、Vivisimo（http://vivisimo.com）、MetaCrawler（http://www.metacrawler.com），国内有元搜索 XISOSO（http://www.xisoso.com）、万维搜索（http://www.widewaysearch.com）、知合网（http://www.zhihere.com/search/index.html）以及聚合了Google、百度的狠搜（http://www.hensou.com）等。

2）按搜索引擎搜索收录内容区分

（1）综合型搜索引擎：是指搜索各种主题、类型资源的搜索引擎，典型的如Google、百度。

（2）专题型搜索引擎：专题型搜索引擎又称垂直搜索引擎，是专门用来检索某一主题范围或某一类型资源的，专业性与服务深度是它的特点。

专题型搜索引擎不但可保证此领域信息的收录齐全与更新及时，而且检索深度和分类细化远远优于综合型搜索引擎。专题搜索引擎的检出结果虽可能较综合搜索引擎少，但检出结果重复率低、相关性强、查准率高，适合于满足较具体的、针对性强的检索要求。目前已经涉及购物、旅游、汽车、房产、交友等行业及多媒体等专业信息的检索。

（3）典型专题型搜索引擎：音乐搜索引擎（http://www.music-finder.net）——音乐专题网；爱帮网（http://www.aibang.com）——专注于生活搜索；深度搜索（http://www.deepdo.com）——找工作的专题搜索引擎……

以下将选取代表性的搜索引擎介绍其功能及使用技巧。

3.2.2 综合性的搜索引擎

1. 百度(http://www.baidu.com)

它是世界上规模最大的中文搜索引擎,拥有全球最大的中文网页库,是1999年李彦宏与好友徐勇共同创建的。图3-1所示为百度首页。

图3-1 百度首页

百度搜索简单方便,只要在搜索框内输入需要查询的内容,敲回车键或者鼠标点击搜索框右侧的"百度一下"按钮,就可以得到最符合查询需求的网页内容。百度还支持命令式高级检索。

1) 百度常用的检索命令

(1) 把搜索范围限定在网页标题中——intitle,网页标题通常是对网页内容提纲挈领式的归纳。把查询内容范围限定在网页标题中,有时能获得良好的效果。使用时是把查询内容中特别关键的部分,用"intitle:"限定。例如,大学生就业,就可以这样查询:就业 intitle:大学生。

(2) 把搜索范围限定在特定站点中—— site。有时候,你如果知道某个站点中有自己需要找的东西,就可以把搜索范围限定在这个站点中,提高查询效率。使用时是在查询内容的后面加上"site:站点域名"。例如,天空网下载软件不错,就可以这样查询:msn site:skycn.com。

(3) 专门文档搜索——filetype。很多有价值的资料,在互联网上并非是普通的网页,而是以Word、PowerPoint、PDF等格式存在。百度支持对Office文档(包括Word、Excel、PowerPoint)、Adobe PDF文档、RTF文档进行全文搜索。要搜索这类文档,很简单,在普通的查询词后面加一个"filetype:"文档类型限定。"filetype:"后可以跟以下文件格式:DOC、XLS、PPT、PDF、RTF、ALL。其中,ALL表示搜索所有这些文件类型。

例如,查找张五常关于交易费用方面的经济学论文可以用"交易费用 张五常 filetype:doc"来查询。也可以通过百度文档搜索界面(http://file.baidu.com),直接使用专业文档搜索功能。

(4) 把搜索范围限定在url链接中——inurl。网页url中的某些信息,常常有某种有价值的含义。如果对搜索结果的url作某种限定,就可以获得良好的效果。实现的方式是用"inurl:"后跟需要在url中出现的关键词。

例如,找关于 Photoshop 的使用技巧,可以这样查询:photoshop inurl:jiqiao,上面这个查询串中的"photoshop",是可以出现在网页的任何位置,而"jiqiao"则必须出现在网页url中。

(5) 精确匹配——双引号和书名号("",《》) 如果输入的查询词很长,百度在经过分析后,给出的搜索结果中的查询词可能是拆分的。给查询词加上双引号,百度就可以不拆分查询词。

书名号是百度独有的一个特殊查询语法。在其他搜索引擎中,书名号会被忽略,而在百度,中文书名号可被查询。加上书名号的查询词,有两层特殊功能,一是书名号会出现在搜索结果中;二是被书名号括起来的内容,不会被拆分。书名号在某些情况下特别有效果,例如,查名字很通俗和常用的那些电影或者小说。比如,查电影"手机",如果不加书名号,很多情况下出来的是通信工具——手机,而加上书名号后,《手机》结果就都是关于电影方面的了。

2) 百度其他功能

(1) 百度快照——如果无法打开某个搜索结果,或者打开速度特别慢就可以使用"百度快照"解决。每个未被禁止搜索的网页,在百度上都会自动生成临时缓存页面,称为"百度快照"。当遇到网站服务器暂时故障或网络传输堵塞时,可以通过"快照"快速浏览页面文本内容。百度快照只会临时缓存网页的文本内容,所以那些图片、音乐等非文本信息,仍存储于原网页。当原网页进行了修改、删除或者屏蔽后,百度搜索引擎会根据技术安排自动修改、删除或者屏蔽相应的网页快照。

(2) 百度百科(http://baike.baidu.com)(图 3-2),始于 2006 年 4 月,是一部开放的网络百科全书,每个人都可以自由访问并参与撰写和编辑,分享及奉献自己所知的知识,所有人共同编写成一部完整的百科全书,并使其不断更新完善。百度百科为用户提供了一个创造性的网络平台,强调用户的参与和奉献精神,充分调动草根大众的力量,汇聚上亿网民的头脑智慧,积极进行交流和分享,同时实现与搜索引擎的完美结合,从不同的层次上满足用户对信息的需求。

(3) 百度知道(http://zhidao.baidu.com)(图 3-3),是一个基于搜索的互动式知识问答分享平台,于 2005 年发布,"百度知道"并非是直接查询那些已经存在于互联网上的内容,而是用户自己根据具体需求有针对性地提出问题,通过积分奖励机制发动其他用户,来给出该问题的答案。同时,这些问题的答案又会进一步作为搜索结果，提供给其他有类似疑问的用户，达到分享知识的效果。

图 3-2 百度百科页面

图 3-3 百度知道页面

百度知道的最大特点，就在于与搜索引擎的完美结合，让用户所拥有的隐性知识转化成显性知识，用户既是百度知道内容的使用者，同时又是百度知道内容的创造者，在这里累积的知识数据可以反映到搜索结果中。通过用户和搜索引擎的相互作用，实现搜索引擎的社区化。同时，我们可以把百度知道看作是对搜索引擎功能的一种补充，让用户头脑中的隐性知识变成显性知识，通过对回答的沉淀和组织形成新的信息库，其中信息可被用户进一步检索和利用。

另外，百度还提供了图片搜索、MP3 搜索、图书搜索、国学搜索等，用户可以通过百度主页试用。

2. Google(http://www.google.com.hk)

斯坦福大学计算机专业的博士研究生拉里·佩奇和谢尔盖·布林，1998 年 8 月创立了 Google(谷歌)。目前，它已经提供了 100 余种语言的检索界面，中文版包括简体中文和繁体中文两种版本。通过对多种语言 80 多亿网页进行整理，Google 可为世界各地的用户提供适需的搜索服务。图 3-4 所示为 Google 首页。

图 3-4　Google 首页

Google 提供的搜索服务与百度相似，此处不再作详细介绍，仅在表 3-1 中列出其常用的检索算符与规则。

表 3-1　Google 常用语法一览表

名称	符号	说明
逻辑运算符	空格	逻辑与，各检索词之间用空格
	OR	逻辑或
	—	逻辑非
全词通配符	*	代表一个英文词(而不是几个字母)或一个汉字
词组检索	双引号“”	严格按照引号中的内容检索
	Inanchor:	限定在网页的 Inanchor(锚，超链接标记)中检索
	Inurl:	限定在网页的 URL 链接中检索
	Intitle:	限定在网页标题中检索
	Filetype:	限定检索文件类型
	Link:	检索指向某网页的网页(在 Google 的网页库中检索)
	Site:	限定在特定的站点内检索
备注	系统不区分大小写，所有字母和符号为英文半角字符	

除此以外，Google 还有一些特殊的功能。

1）学术搜索(Google Scholar)(http://scholar.google.cn)

学术搜索是Google于2004年底推出的专门面向学术资源的免费搜索工具，能够帮助用户查找包括期刊论文、学位论文、书籍、预印本、文摘和技术报告在内的学术文献。内容涵盖自然科学、人文科学、社会科学等多种学科。Google Scholar的资料来源主要有以下几方面：

(1) 网络免费的学术资源。随着开放获取信息(Open Access)的开展，有许多机构网站，特别是大学网站汇聚了大量本机构研究人员的学术成果，包括已经发表的论文，论文的预印本、工作报告、会议论文、调研报告等，并向所有人提供免费公开获取。同时，有许多个人网站也是学者个人成果的发布网站，有许多有价值的学术文献。这些资源有很多在普通Google搜索中可以搜索到，现在Google将这部分资源集中到Google Scholar中，以提供更加专指的搜索结果。

(2) 开放获取的期刊网站。许多传统的期刊出版商也加入开放获取期刊行列，例如，英国牛津大学出版社允许全球科研人员在线免费搜索、访问2002年以来牛津大学作者出版的学术论文。斯坦福大学的High wire出版社将其出版的期刊提供全文免费网络服务，被称为全球最大的免费全文学术论文数据库。这些开放获取的期刊网站的内容已基本为Google Scholar所包括，可以通过Google Scholar检索并提供全文的链接。例如，Google Scholar已覆盖了High Wire的94%内容。

(3) 付费电子资源提供商。有许多电子资源提供商也与Google合作，将其电子数据库的索引或文摘提供给Google Scholar。据研究表明：Google已覆盖了JSORE的30%，Springer Link的68%，Cambridge Journals Online的94%，Sociological Abstracts的44%等。当然，这个来源的大多数只能查到这些期刊数据库的文章题录信息，偶尔这些数据库有免费原文提供。中文的维普数据库和万方数据库也与Google合作，提供了中文期刊文章的题录信息。

(4) 图书馆链接。Google向图书馆发出免费链接邀请，可以提供面向这些图书馆资源的链接和查询。目前，国外已有多家图书馆与Google合作，如斯坦福大学等，这样在校外的用户能够通过Google Scholar进行检索，如果是斯坦福大学图书馆订购的资源，则可以通过身份认证后直接获得原文。国内也有一些图书馆与Google合作，如清华大学图书馆等。此外，国外最大的图书情报机构OCLC将来自世界各国图书馆的图书联合目录交给Google，也就是说从Google Scholar可以查到这些图书馆的图书目录信息，对于国外的用户有更实际的作用，即可以通过“Find a library”找到距离自己最近的图书馆，以获得图书。

2006年1月11日，Google学术搜索(Google Scholar)扩展至中文学术文献领域。中文Google学术搜索在索引中涵盖了来自多方面的信息，信息来源包括万方数据资源系统，维普资讯，主要大学发表的学术期刊、公开的学术期刊、中国大学的论文及网上可以搜索到的各类文章。Google Scholar 的中文版界面,供中国用户更方便地搜索全球的学术科研信息。

如图 3-5 所示,利用关键词“泡沫经济与金融危机”进行检索,可以得到 4 000 多条检索结果,每一搜索结果都提供了文章标题、作者及出版信息、被引用情况等。通过学术搜索将这些文章组合在一起,可以更为准确地衡量研究工作的影响力,并且更好地展现某一领域内的各项研究成果。

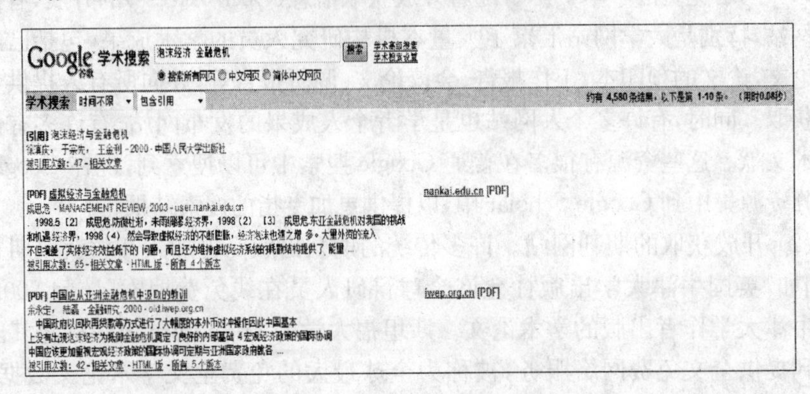

图 3-5　Google 学术搜索页面

2) 在线翻译(http://translate.google.cn/translate)

这是 Google 提供的一项免费在线翻译服务,该服务的宗旨是“让 Google 说你的语言”。在翻译的时候,用户可以在“翻译文字”、“翻译网页”两种方式中任选其一。除了中英文互译之外,Google 还提供了英文与其他数十种主要语言的互译服务。

3) Google Earth

这是 Google 基于三维地图定位技术推出的一项个性化服务。利用 Google Earth 客户端软件下载地址(http://earth.google.com/download-earth.html),用户几乎可以浏览到全世界的任何角落,图片的分辨率高低不等,低的可以看到城市轮廓、河流、山脉、机场,高的可以看到街道、汽车,甚至行人。

4) 开设网上论坛(http://groups.google.com)

利用 Google 网上论坛服务,用户可以创建属于自己的个性化论坛。Google 网上论坛按照主题、区域、语言、使用频率、会员人数划分为五大版块,每个版块又细分为若干小类。通过该项服务,用户不仅可以管理并归档邮寄列表,还可以与其他论坛成员进行交流与合作。Google 网上论坛提供了更加宽松的存储限制,可自定义的网页风格及独特的管理选项。

5) Picasa 网络相册(http://picasa.google.com/intl/zh-cn)

Picasa 是 Google 推出的一款免费图片管理软件,需要下载安装客户端才能正常使用。用户可以按日期将硬盘上的所有图片整理到“磁盘上的文件夹”图片集中。Picasa网络相册是Google提供的新功能。运行Picasa软件，点击界面右上角的“登录网络相册”按钮，输入Google账户名和密码后，就可以拥有自己的网络相册，可以将照片张贴在网上，与他人一起分享。

3.其他综合型搜索引擎

1）常用中文搜索引擎

（1）网易有道搜索（http://www.yodao.com）。国内知名门户网站网易旗下自主研发的搜索引擎，“有道”正式版于2007年12月问世（图3-6）。主要包括网页搜索、图片搜索、热闻搜索、购物、音乐、视频、词典等产品，同时推出了“有道阅读”在线R5S阅读器。

图3-6 网易有道搜索页面

（2）新浪爱问搜索（http://iask.com）。新浪完全自主研发的搜索产品，采用了目前最为领先的智慧型互动搜索技术，搜索范围包括网页、新闻、博客、音乐、图片、地图、知识人等方面。图3-7所示为新浪爱问搜索页面。

图3-7 新浪爱问搜索页面

(3) 搜狗搜索(http://www. sogou. com)。2004 年 8 月 3 日搜狐正式推出全新独立域名专业搜索网站“搜狗”,成为全球首家第三代中文互动式搜索引擎服务提供商。搜狗的音乐搜索小于 2%的死链率,图片搜索具有独特的组图浏览功能,新闻搜索能及时反映互联网热点事件,地图搜索有全国无缝漫游功能,使得搜狗的搜索产品极大地满足了用户的需求。图 3-8 所示为搜狗首页。

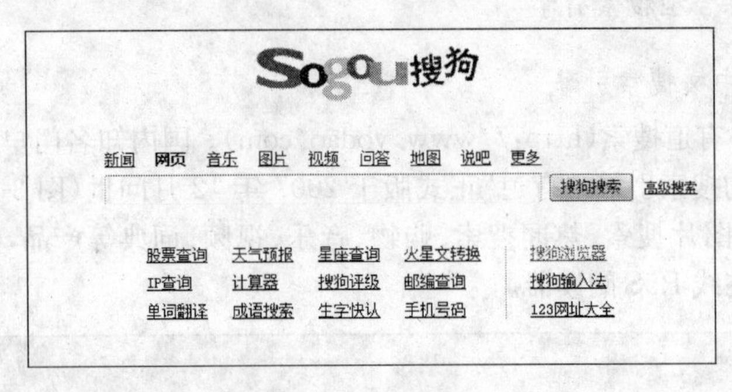

图 3-8　搜狗首页

(4) 易搜(http://www. yisou. com)。“易搜”是雅虎中国推出的一个中文搜索网站。目前设立了网页、资讯、音乐、图片、知识堂频道。“易搜”采用雅虎花费数十亿美元打造出的搜索技术(YST),用户可以抓取到全球 50 亿个网页(其中 3 亿个中文网页)、9 000 万张图片、100 多万个免费音乐的海量资料。图 3-9 所示为易搜首页。

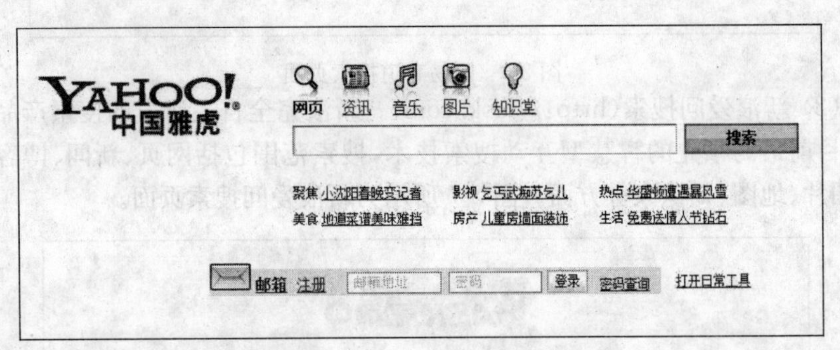

图 3-9　易搜首页

2) 常用外文搜索引擎

(1) Alltheweb (http://www. alltheweb. com)。目前收录了 31 亿个网页,是除 Google 之外最大、使用率最高的搜索引擎之一。支持几十种语言搜索,也支持特殊文件类型,如 PDF、Word 等搜索。搜索速度快,网页更新快。图 3-10 所示为 Alltheweb 的首页。

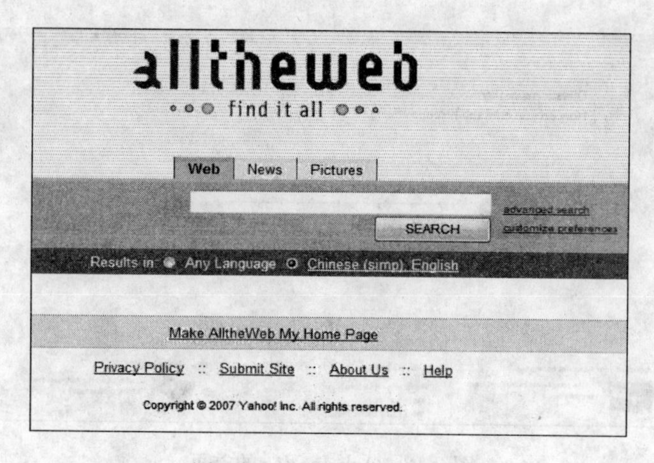

图 3-10 Alltheweb 的首页

(2) AltaVista (http://www.altavista.com)。搜索引擎的巨人,曾是功能最完善、搜索精度最好的全文搜索引擎之一,目前其地位已被 Google 取代,但仍然是常用的搜索引擎之一。允许以 28 种语言进行搜索,并提供英、法、德、意、葡萄牙、西班牙语双向翻译。图 3-11 所示为 AltaVista 的首页。

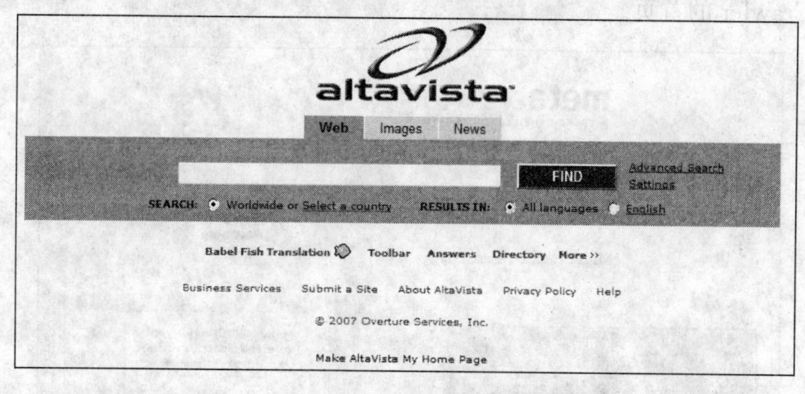

图 3-11 AltaVista 的首页

(3) Ask JeeVes (http://www.ask.com)。著名的自然语言、提问式搜索引擎。Ask 是一个支持自然提问的搜索引擎,它的数据库里储存了超过 1 000 万个问题的答案。只要你用英文直接输入一个问题,它就会给出问题答案,如果你的问题答案不在它的数据库中,那么它会列出一串跟你的问题类似的问题和含有答案的链接,供你选择。当遇到一些属于事实型、原理型的问题时,使用 Ask 是最方便的。例如,"美国历任总统中就任时年纪最轻的是谁?"、"阿富汗的首都叫什么?"它都会给你答案。图 3-12 所示为 Ask JeeVes 的首页。

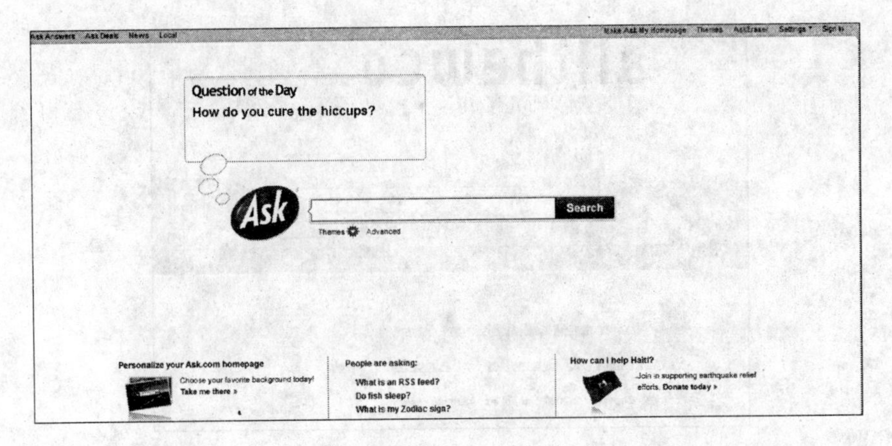

图 3-12　Ask JeeVes 的首页

(4)MetaCrawler（http://www.metacrawler.com）。最早的元搜索引擎之一，它是一个并行式元搜索引擎，可以同时调用 Google、Yahoo! Search、MSN Search、Ask JeeVes、About、MIVA、LookSmart 等目标搜索引擎。可检索 Web 页面、图像、音频、多媒体、黄页信息、白页信息等。图 3-13 所示为 MetaCrawler 的首页。

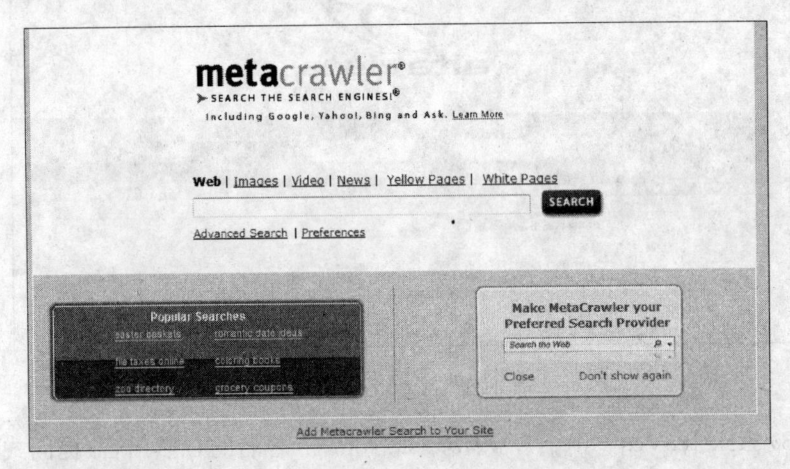

图 3-13　MetaCrawler 的首页

当显示检索结果时，MetaCrawler 在其结果页面提供关键词提示——“Are You Looking For”。其工作原理是按照一定规则从结果中抽取部分关键词，用户可以选择这些关键词加入到检索式中，进一步缩小检索结果范围。

(5)Dogpile（http://www.dogpile.com）。1996 年 12 月由美国人 Aaron Flin 创制的杰出的并行式和串行式相结合的混合式元搜索引擎。Dogpile 可以调用 Google、Yahoo、MSN、Ask Jeeves、LookSmart 等 20 多个独立的 Web

Search Engine(万维网搜索引擎)、Usenet Search Engine(新闻组搜索引擎)和FTP Search Engine(FTP 搜索引擎)元搜索引擎。在收到查询提问时,它首先并行地调用 Google、Yahoo、MSN、Ask JeeVes 4 个元搜索引擎,如果没有得到10 个以上的结果,再调用另外的搜索引擎。对来自元搜索引擎的结果进行相关性比较,聚合生成并提供最符合查询提问的无重复的结果列表。图 3-14 所示为Dogpile 的首页。

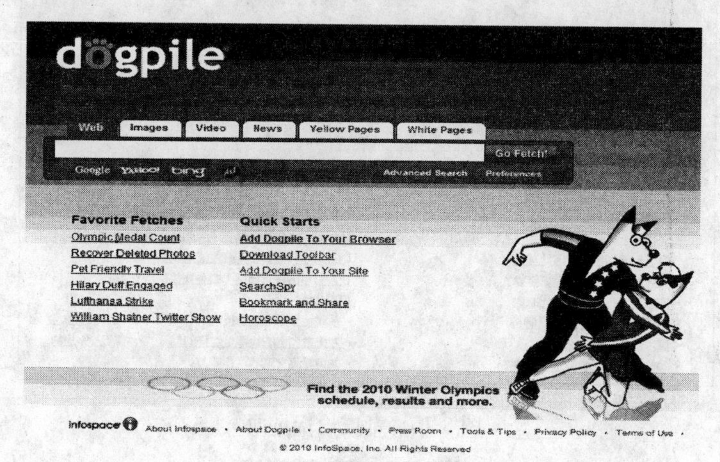

图 3-14 Dogpile 的首页

3.2.3 垂直搜索引擎

垂直搜索引擎是相对通用搜索引擎的信息量大、查询不准确、深度不够等缺点提出来的新的搜索引擎服务模式,通过针对某一特定领域、某一特定人群或某一特定需求提供的有一定价值的信息和相关服务。其特点就是“专、精、深”,且具有行业色彩,相比较通用搜索引擎的海量信息无序化,垂直搜索引擎则显得更加专注、具体和深入。垂直搜索引擎概念可以说是搜索引擎领域的行业化分工。Google、百度、雅虎等通用搜索引擎的性质,决定了其不能满足特殊领域、特殊人群的精准化信息需求服务。市场需求多元化决定了搜索引擎的服务模式必将出现细分。针对不同行业提供更加精确的行业服务模式。

垂直搜索引擎抓取的数据来源于垂直搜索引擎关注的行业站点。例如,找工作的搜索引擎 www. deepdo. com 的数据来源于:www. 51job. com,www. zhaopin. com,www. chinahr. com 等;股票搜索引擎 www. macd. cn 的数据来源于www. jrj. com. cn,www. gutx. com 等股票站点。以下列举的是国内七大垂直搜索引擎。

1) 论坛搜索——奇虎(http://bbs.qihoo.com)

创建于2005年9月。由原雅虎中国3721研发主力团队为技术核心,号称中文论坛第一门户,以收集整理BBS存储着的大量信息为主。加入者一旦成为奇虎论坛联盟的一员,会被纳入奇虎索引程序的自动搜索范围。图3-15所示为奇虎论坛页面。

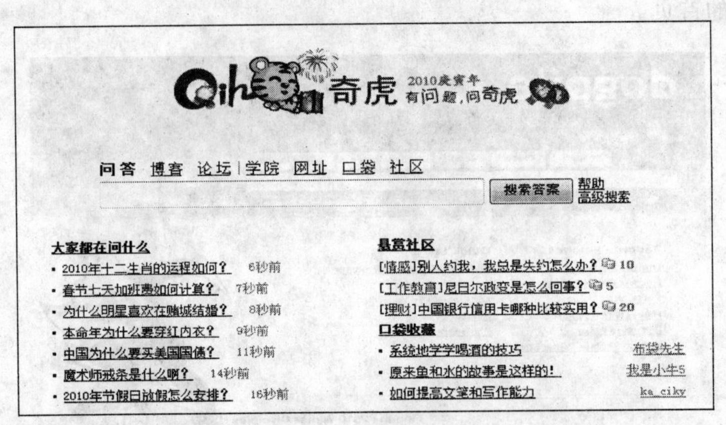

图3-15 奇虎论坛页面

2) 生活搜索——酷讯(http://www.kuxun.cn)

创建于2005年底,是一款以即时的生活信息为检索对象的专业搜索引擎。它提供找工作、租买房、买火车票等服务,涵盖衣、食、住、行和工作、交友、购物等生活各个方面。酷讯具有自动更新功能,能够将符合检索需求的最新信息自动推到用户面前。这种技术为酷讯赢得"世界上第一款会'冒泡'的搜索引擎"称号。图3-16所示为酷讯首页。

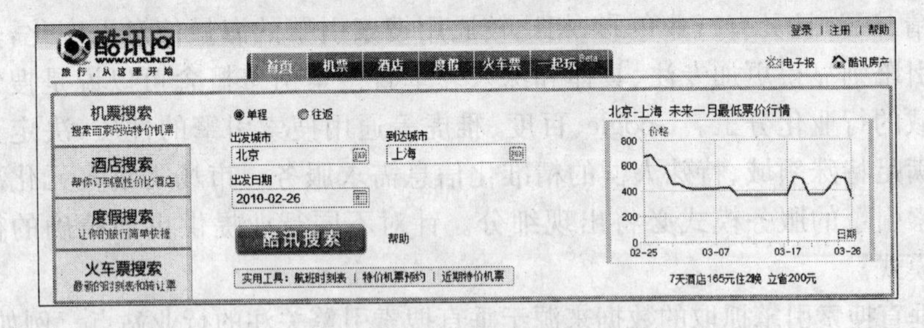

图3-16 酷讯首页

3) 电子商务搜索——亨者(http://www.hengzhe.com)

被称为最具竞争力的中国本土信息化垂直综合搜索,以先进的在线搜索技术整合商业机会/人才招聘/房产/购物/黄页/资讯信息,以优质的诚信服务促进电子商务的发展。图3-17所示为亨者首页。

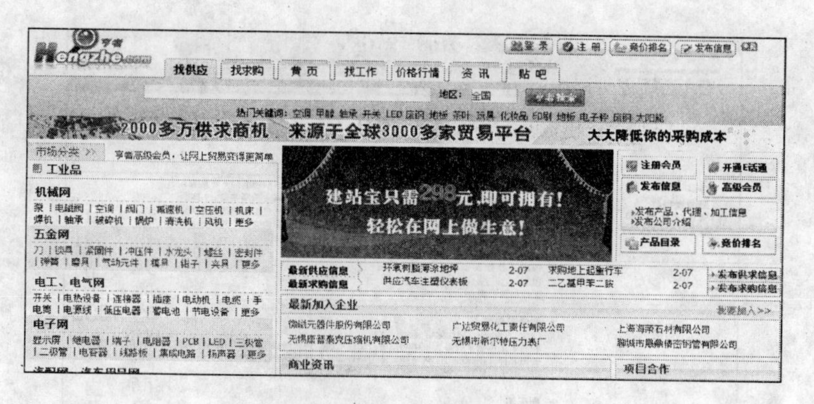

图 3-17 亨者首页

4) 旅游搜索——去哪儿(http://www.qunar.com)

作为全球最大的中文旅游搜索引擎,成立于 2005 年 5 月。将“Think search travel”的期待转化为便捷、灵性的互联网应用方式,通过对整个在线旅游产品资源的整合与发布,提供实时、可信的旅游产品比价与服务比较系统,帮助消费者轻松进行充分选择,找到最适合自己的在线旅游产品,成就完美旅程。图 3-18 所示为去哪儿的首页。

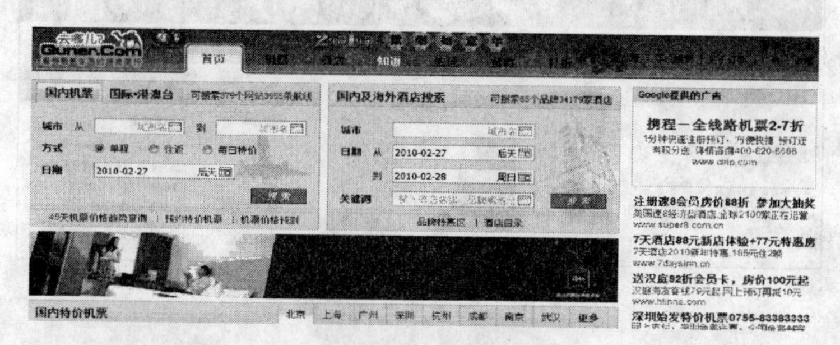

图 3-18 去哪儿首页

5) 职位搜索——搜王(http://www.sowang.com/search/job_search.htm)

求职者可根据自身需求简单设定职位搜索条件,搜索工具将会依照全国知名专业招聘网站→全国综合门户网站求职栏目→各地企业招聘主页→地方招聘网站的搜索顺序,短时间内,让用户花费最少的时间,搜到来自全国各大人才网站的最新匹配职位,并同时发出多份简历。图 3-19 所示为搜王网首页。

6) 比价搜索——顶九(http://www.ding9.com)

2005 年底成立,顶九网致力于为消费者提供与购物相关的各方面信息。如商品信息、商家信息、用户评论、专家评论、折扣促销等,为消费者提供全方位的导购服务,从而引导消费者做出明智的购买选择。图 3-20 所示为顶九网首页。

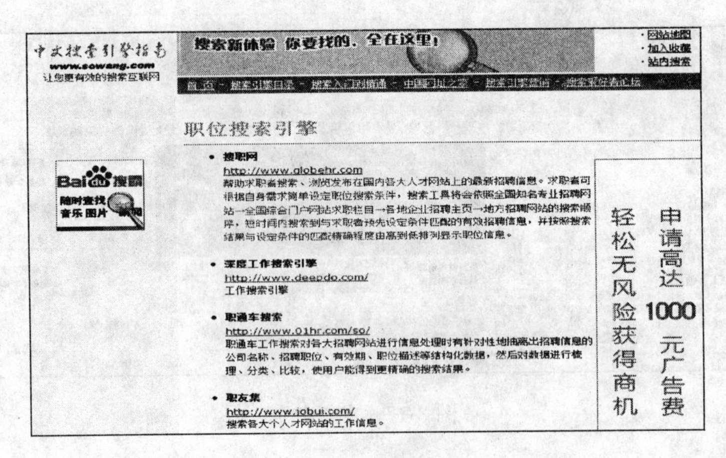

图 3-19　搜王网首页

图 3-20　顶九网首页

7）娱乐搜索——视频搜索（http://www.openv.tv）

2006 年 4 月正式上线，目前是国内最大的视频索引库。Openv tv 采用世界上最先进的 Autonomy 智能信息处理技术，被美国专业网络杂志 Webuser 评为“视频搜索金奖”。图 3-21 所示为视频搜索首页。

图 3-21　视频搜索首页

垂直搜索引擎一般都提供了比较精准或名细化的搜索服务,因此使用垂直搜索引擎有时候能取得更精准的搜索结果。垂直搜索引擎索引(http://www.ssoooo.com)发布有国内外高质量的垂直搜索引擎。

3.3 免费网络学术资源搜索

本节重点 网上免费图书、学术期刊检索

主要内容 网上免费图书、报刊检索

教学目的 掌握网上免费学术期刊的获取

3.3.1 免费图书资源检索

除了前面章节讲到的收费电子期刊数据库,互联网上还有一些免费的电子图书网站,收集了大量有价值的图书。免费电子图书具有以下特点。

(1)内容方面。由于古典作品已经超出了版权保护年限,不存在版权限制,因此网上免费图书中古典作品占较大比例,如全唐诗等。其次,网络为普通人发表作品提供了便利,因此网络上也聚集了大量的优秀原创作品。此外,更多的图书网站是以个人或机构收藏、公益方式提供电子图书的阅读服务。从学科分布上来看,网上图书内容集中在文学、历史、经济、管理、英语、计算机等领域,其他专业深入性的书籍较为缺乏。

(2)时效性和便利性。较之传统图书出版周期长的缺点,网上图书可以即时出版,在发布的第一时间和读者见面,而且网上图书没有书店营业时间和图书馆开放时间的限制,可以随时上网查阅,非常方便。

(3)交流性。图书网站不仅为用户提供了丰富的图书,还提供了一个交流思想的场所,可以畅谈读书心得,交换各种信息,形成了一个虚拟的读书社区。

下面介绍有代表性的几个免费电子图书网站,通过这些站点可以获得全文。

1. 外文图书网站举例

1) 古腾堡项目(http://promo.net/pg)

古腾堡项目是互联网上一个历史最久的免费电子图书项目,可以说是电子图书之父,对电子图书的发展有着深远的影响。

该项目由迈克尔·斯特恩·哈特于1971年发起,目的是为用户提供权威著作的电子文本,古腾堡项目收藏的作品99%都属于公共知识范畴,只有极少部分是受著作权法限制的作品。

古腾堡项目除了http://promo.net/pg网址外(图3-22),在全球还有很多镜像站,在这些网站上,可以找到超过2万部的书籍,其中主要是西方传统文化

中的文学作品，如小说、诗歌、戏剧；除此之外，也收录食谱、书目及期刊。另外还包括一些非文本内容，如音频文件、乐谱文件等。收录中主要是英文作品，但也有相当数量的德语、法语、意大利语、西班牙语、荷兰语、芬兰语及中文等不同语言的著作，中国的四大名著和诸子百家都可以在这里找到。

在古腾堡项目的网站上查找电子文本非常容易，其主页上提供各种检索选项：作者检索、题名检索、高级检索等。

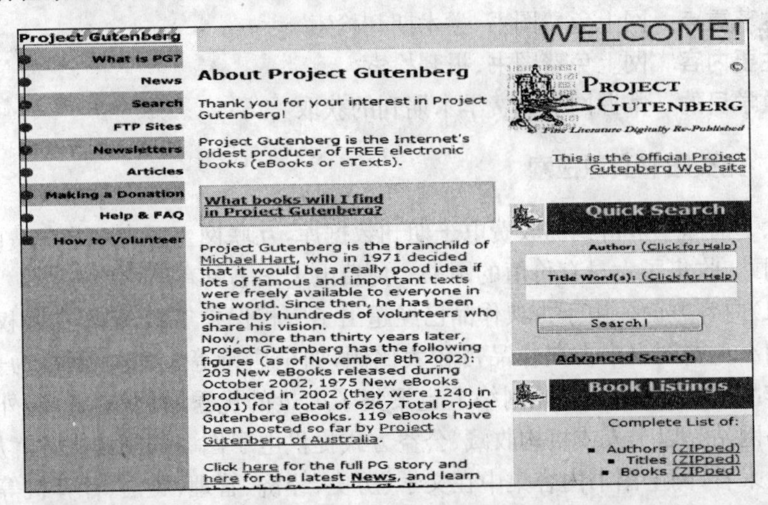

图 3-22　古腾堡项目首页

2) Bartleby 免费电子图书(http://www.bartleby.com)

Bartleby.com 的总部设在纽约，1993 年 1 月创建，自称为“新一代互联网出版者，旨在帮助学生、教育人士和渴望获取知识的人不受限制地获得网上的免费图书和信息。”它收藏有《哈佛经典》的全文(一套 70 卷本的小说和非小说集)，亨利·格雷的经典之作《人体解剖学》，该书包括 1247 幅精美的插图，另外还包括一些有版权限制的书籍，这些全部都是免费的，图 3-23 所示为其首页。

另外，网站上还有大量的参考工具书，如《哥伦比亚百科全书》(Columbia Encyclopedia)、《美国传统英语词典》(American Heritage Dictionary of the EngLish Language)等。

Bartleby 还提供多种途径访问其收藏。既可从简单检索入手搜索整个 Bartleby 站点，也可从特定的书名或作者出发进行搜索。除了提供检索功能之外，还提供导航功能，可利用作者、主题或题名索引进行浏览。

2. 中文图书网站举例

1) 新浪读书频道(http://book.sina.com.cn)

新浪网的读书专栏收集了大量作者授权、出版社签约的作品。图书类目包

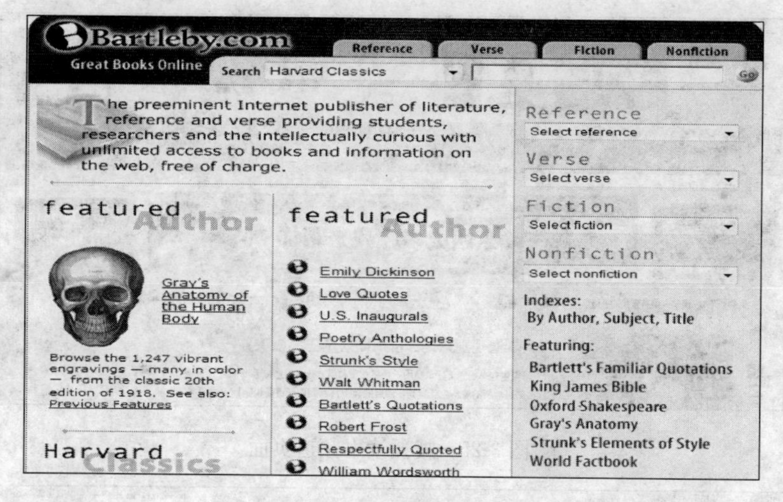

图 3-23　Bartleby 免费电子图书首页

括流行小说、名家经典、人文历史、影视娱乐、教育励志、财经时政等类别，有不少是畅销作品，同时也有网友创作的作品。还提供书讯、书摘、书评、排行榜、读书论坛等服务，可以说是一个完善的读书社区和网上导读平台，图 3-24 所示为其首页。

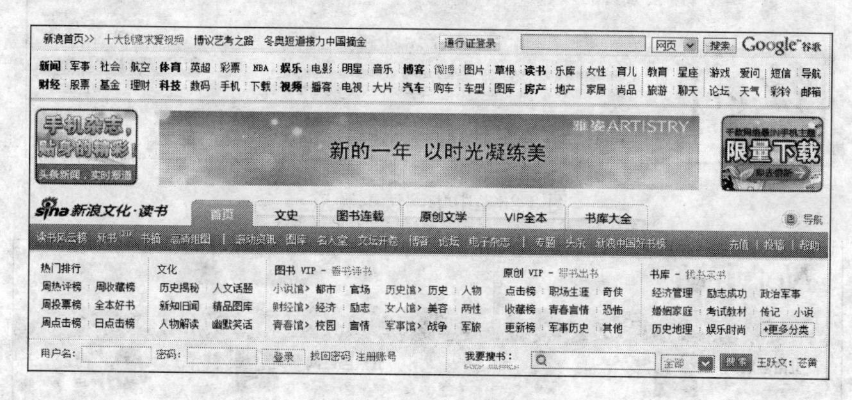

图 3-24　新浪读书频道页面

其他相类似的读书频道还有搜狐的读书频道(图 3-25)(http://book. sohu. com)、中华网读书频道(图 3-26)(http://culture. china. com/reading)等。

2) 得益网(http://www. netyi. net)

国内最大的免费电子图书交流分享网站，提供大量计算机类、经济管理类、外语类及社会哲学类电子书籍的分享、下载及在线学习，图 3-27 所示为其主页。

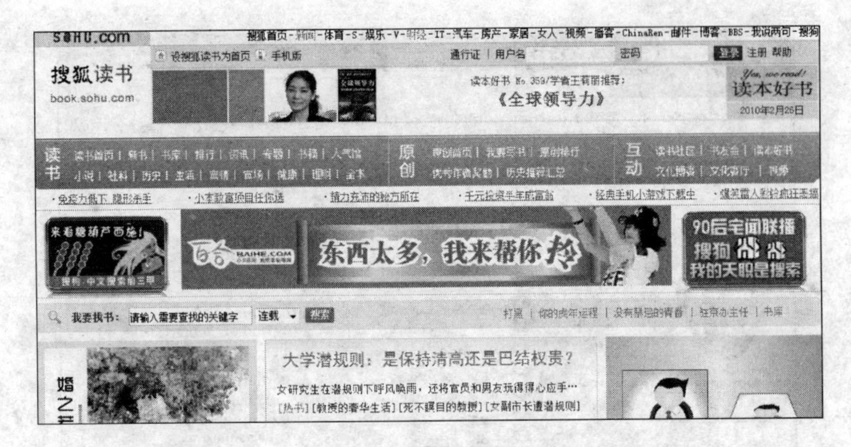

图 3-25　搜狐读书频道页面

图 3-26　中华网读书频道

图 3-27　得益网主页

3）书吧（http://www.book8.com）

该网站收录的图书内容包括各类文学作品、历史资料、哲学宗教、政治经济等，其网络文学栏目有大量的网络原创作品，大量图书格式为html，可以在线阅读，图3-28所示为书吧主页。

图3-28 书吧主页

3.3.2 免费报刊资源检索

1. 网上免费报纸资源

作为主要的传统媒体之一，新闻报纸业普遍都建立了自己的网站，纸质版报纸的网络发行，已成为一种发展趋势。电子报纸具有比母版静态报纸信息量大、信息及时、滚动更新、与读者互动性好的特点，是目前了解新闻动态的最佳渠道。而且网络报纸还具有集团化的特点，使得用户在同一站点下就可以查阅同一报业集团所属的不同系列的多种报纸，而且这些报纸大多是免费供用户自由阅览和下载的。

1）人民网（http://www.people.com.cn）

人民日报社主办的"人民网"（图3-29），是世界十大报纸之一——《人民日报》建设的以新闻为主的大型网上信息发布平台，是国家重点新闻网站，也是互联网上最大的中文新闻网站之一，于1997年创立。除《人民日报》外，用户还可以查阅《人民日报海外版》、《环球时报》、《国际金融报》、《市场报》等17种报纸，内容丰富、及时、权威，信息量大（图3-30）。

2）光明网（http://www.gmw.cn）

光明日报社的"光明网"（图3-31），依托《光明日报》报业集团的丰富信息资源建立，除《光明日报》外，还有《生活时报》、《中华读书报》、《文摘报》等，是国内知名文化网站，以人文社科类信息资源见长。

图 3-29　人民网

图 3-30　《人民日报海外版》网络版

图 3-31　光明网

2. 网上免费学术期刊——开放获取期刊

“开放获取”一词的原型是英语“Open Access”。Open Access(OA)是于20世纪90年代兴起的一种新型的学术信息共享的自由理念和出版机制。开放获取采取“发表付费、阅读免费”的出版模式，是当前全球学术出版界出现的一种现象并正成为一种趋势，被越来越多的研究人员所推崇。

开放获取包括两层含义：① 学术信息免费向公众开放，它打破了价格障碍；② 学术信息的可获得性，它打破了使用权限障碍。

开放获取资源出版的形式有：OA期刊、OA仓储、OA图书、个人主页、博客(blogs)、聚合新闻(RSSfeeds)、对等式(P2P)文件共享网络等，而其中OA期刊和OA仓储是主要的两种出版形式。

(1) OA期刊(OA Journals)。是指以电子文献形式通过网络出版的期刊。与传统期刊的区别在于访问方式和访问权限的差异，传统期刊采用用户付费的商业模式，OA期刊采用作者付费、用户免费的模式，用户可以通过网络不受限制地访问期刊全文。OA期刊发展迅速，全球24 000种同行评议期刊中已有1 600多种是OA期刊。

(2)OA仓储(OA archives)。也称OA文档库，是指某组织(如研究机构、学校、学会)将用于共享的学术信息存放在服务器中供用户免费访问和使用。一般来讲，OA仓储分为学科OA仓储(按学科创建的学科资料库)和机构OA仓储(由机构创建的机构资料库)。

对开放获取的定义和交流过程进行分析，一股认为开放获取具有以下基本特征：

(1) 在信息交流内容方面，开放获取提供学术交流平台，对具体交流的信息只有质量上的控制，而没有内容和形式方面的严格限制，可以是期刊论文、会议论文、图书，也可以是专利文献、研究报告；可以是文本文件，也可以是多媒体文件。

(2) 获取途径方面，强调开放传播，为此要使同一文献以多种途径检索与阅览，交流范围覆盖整个互联网，各系统间具有良好的互操作性，以免费或收取少量费用方式减少获取障碍。

(3) 对文献的使用权限方面，读者对学术文献的使用权利大大扩充，可以为教学、研究、学习等目的而公开复制、打印、利用、扩散、传递和演示。

(4) 交流方式与交流效率方面，重视提高信源、信宿交流的直接性和交互性，可以实现作者、读者、编辑之间一对一、一对多、多对多的交互模式，重视提高学术交流的时效性，增进文献处理自动化程度，缩短出版周期。

1) 国内免费学术期刊资源举要

(1)中国预印本服务系统(http://prep.istic.ac.cn)。用户在注册后可自由提交、检索、浏览预印本文章全文、发表评论等(图 3-32)。

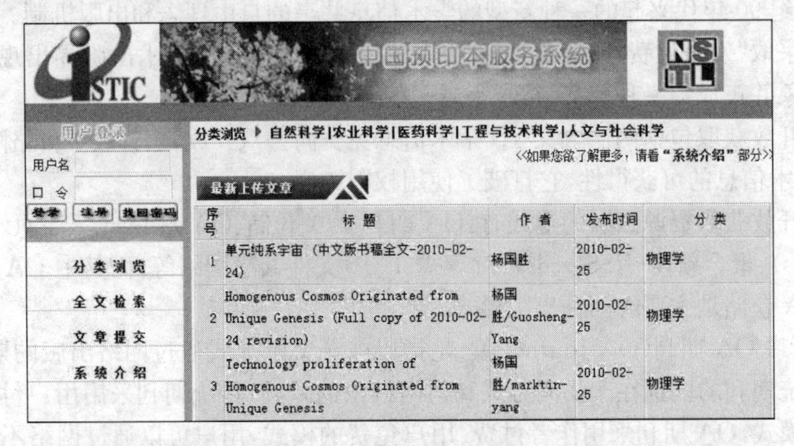

图 3-32　中国预印本服务系统主页

(2) 中国科技论文在线(http://www.paper.edu.cn)。由教育部科技发展中心主办的科技论文发表、交流和检索平台,可阅读全文(图 3-33)。

图 3-33　中国科技论文在线主页

(3) 奇迹文库(http://www.qiji.cn)。中国第一个中文论文开放获取仓库,由一群中国年轻的科学、教育与技术工作者效仿 arxiv.org 等模式创办的非营利性质网站,目的是为中国研究者提供免费、方便、稳定的 eprint 平台。该文库发表的内容包括各种形式:预印本、期刊、报纸、笔记、幻灯片、报告、书的章节等,学科涉及自然科学、工程科学与技术、人文与社会科学中的各个学科(图 3-34)。

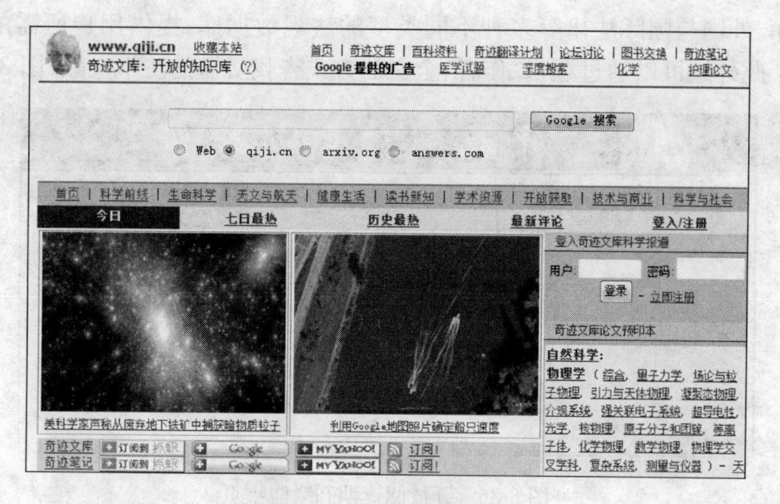

图 3-34　奇迹文库主页

(4)香港科技大学科研成果全文仓储(http://repository. ust. hk/dspace)。HKUST Institutional Repository 是由香港科技大学图书馆开发的一个数字化学术成果存储与交流知识库，收有该学校教学科研人员和博士生提交的论文(包括已发表和待发表)、会议论文、预印本、博士学位论文、研究与技术报告、工作论文和演示文稿(图 3-35)。

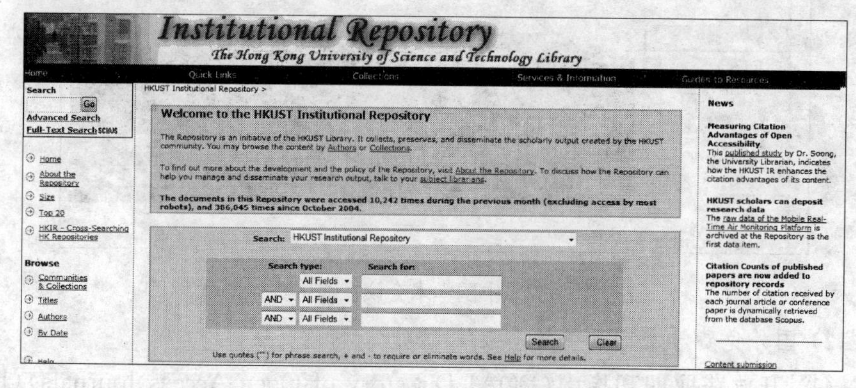

图 3-35　香港科技大学科研成果全文仓储页面

(5) 开放阅读期刊联盟(http://www. cajs. com/oajs)。目录有理工类期刊列表、综合师范类期刊列表、医学类期刊列表、农林类期刊列表(图 3-36)。

(6)中国学术会议在线(http://www. meeting. edu. cn)。栏目主要有会议新闻、最新报告视频专题、会议预告、会议检索、精品会议等(图 3-37)。

(7)北大法律信息网(http://www. chinalawinfo. com)。北大法律信息网法规中心提供包括法律法规司法解释全库、中国地方法规库、中华人民共和国条约库、外国与国际法律等多种不同类型的法规数据库，提供用户所需的法规文献。此外还可以通过题目、作者、全文的方式查找所需的法学文献(图 3-38)。

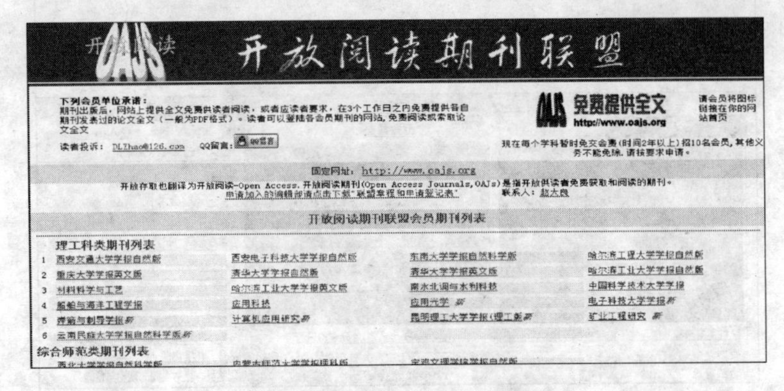

图 3-36　开放阅读期刊联盟主页

图 3-37　中国学术会议在线主页

2) 国外免费学术期刊资源举要

(1) 开放获取期刊指南(DOAJ Directory of Open Access Journals)(http://www.doaj.org)。开放获取期刊列表(名录)是由英国的诺丁汉大学与瑞典的 Lund 大学合作创建和维护的开放获取期刊列表，旨在覆盖所有学科、所有语种、高质量的开放获取同行评审刊。目前可查到涵盖自然科学中的农业、生物和生命科学、化学、建筑学等，人文和社会科学中的法律和政治学、商业与经济学、语言和文献学、历史考古学、宗教与哲学共 17 大类，2 722 种期刊，135 760 篇学术论文，此列表将不断更新(图 3-39)。

图 3-38 北大法律信息网主页

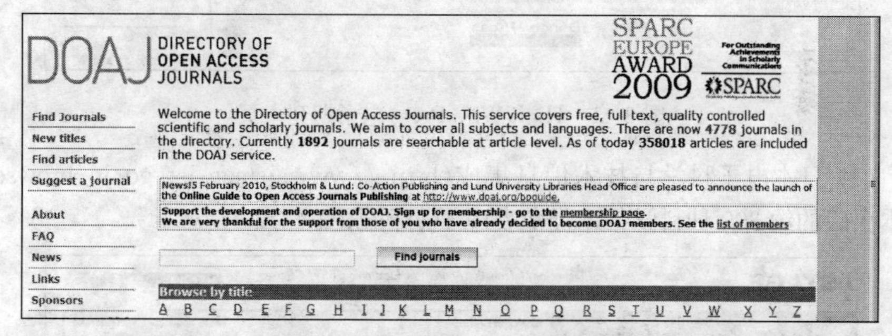

图 3-39 开放获取期刊指南页面

(2) ArXiv. org(http://www. arxiv. org)。美国洛斯阿拉莫斯核物理实验室论文预印本服务器,全世界物理学研究者最重要的交流工具,覆盖几乎全部的物理学、大部分计算机科学和一部分数学(图 3-40)。

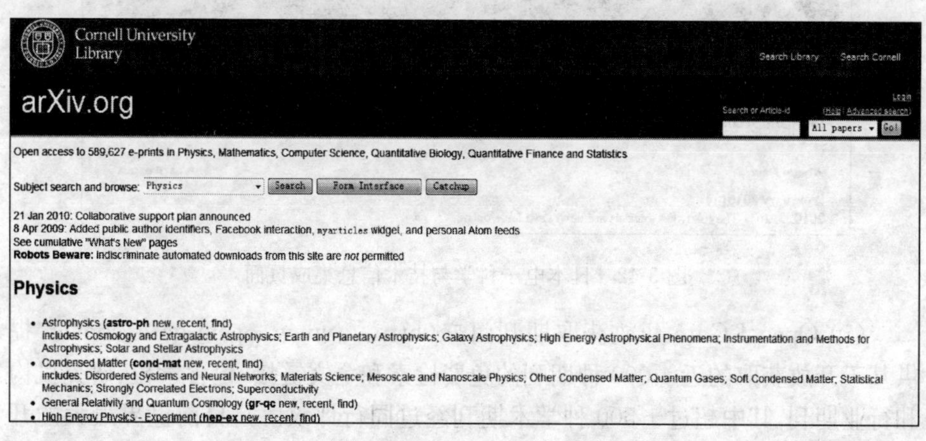

图 3-40 ArXiv. org 的主页

(3) High Wire Press 电子期刊(http://highwire. stanford. edu)。全球最大的提供免费全文的学术文献出版商,于 1995 年由美国斯坦福大学图书馆创立。目前已收录电子期刊 710 多种,文章总数已达 230 多万篇,其中超过 77 万篇文章可免费获得全文,这些数据仍在不断增加。High Wire Press 收录的期刊包括:生命科学、医学、物理学、社会科学(图 3-41)。

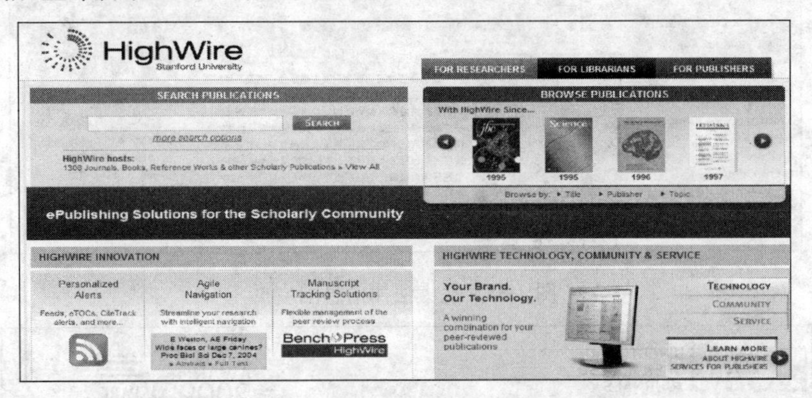

图 3-41　High Wire Press 电子期刊主页

(4) 日本电子科学与技术信息集成(http://www. jstage. jst. go. jp/browse)。日本出版的约 300 种科学技术类免费电子期刊(图 3-42)。

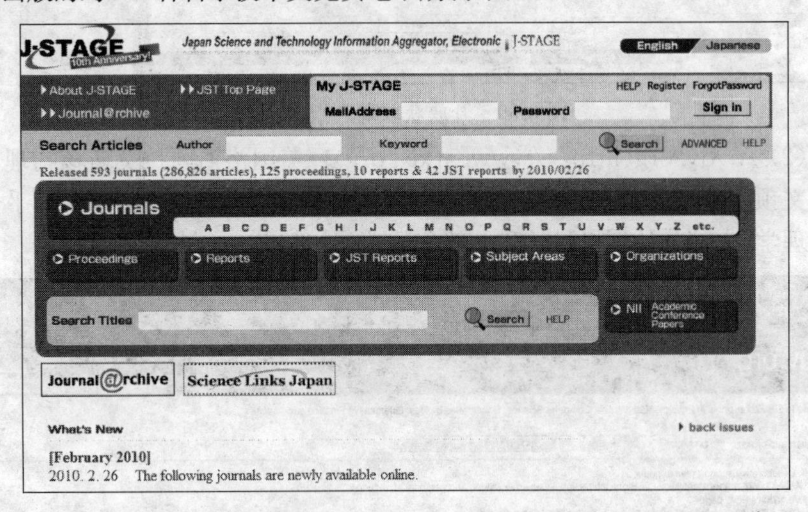

图 3-42　日本电子科学与技术信息集成页面

(5) Open J-Gate 开放获取期刊门户(http://www. openj-gate. com)。提供基于开放获取的近 4 000 种期刊的免费检索和全文链接,包含学校、研究机构和行业期刊,其中超过 1 500 种学术期刊经过同行评议。是目前世界最大的开放获取期刊门户(图 3-43)。

图 3-43 Open J-Gate 开放获取期刊门户

(6) 布达佩斯开放获取资源(http://www.soros.org/openaccess)。布达佩斯开放获取项目(Budapest Open Access Initiative)提供免费学术期刊论文的利用(图 3-44)。

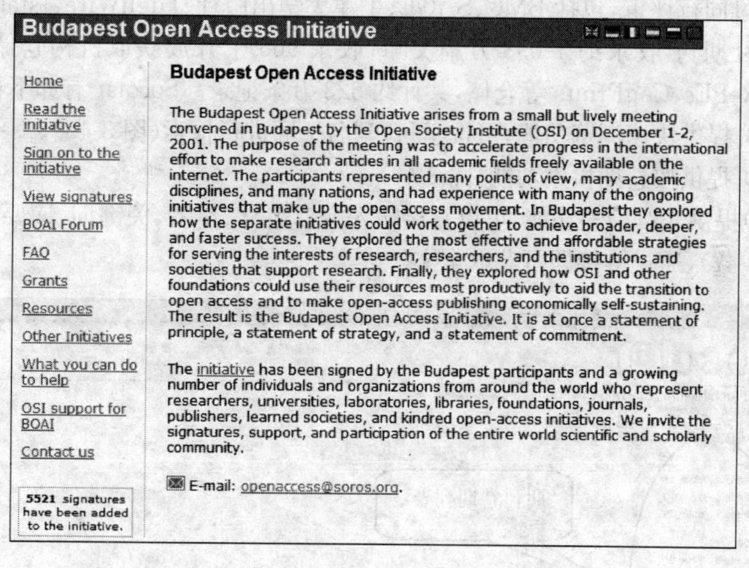

图 3-44 布达佩斯开放获取资源主页

以上这些开放获取免费资源为研究人员获取学术资源提供了一条新途径。但是,这些资源是分散存放在世界各地不同的服务器和网站上的,因此用户很难直接全面地检索到。所以,国内一些高等院校、机构相继对这些资源在不同层面上做了整理和揭示工作。例如,中国教育图书进出口公司开发了开放获取资源一站式检索服务平台 Socolar（http://www. socolar. com），提供基于开放获取期刊和开放获取机构仓储的导航、免费文章检索和全文链接服务(图 3-45)。

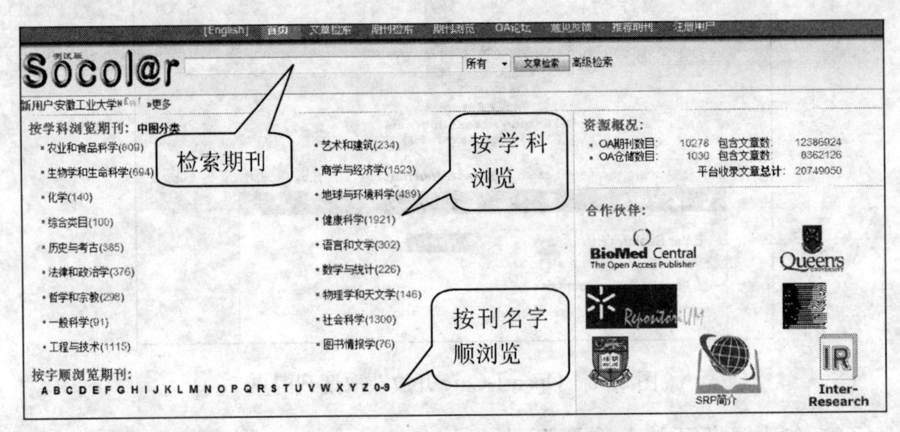

图 3-45 开放获取资源一站式检索服务平台

该平台迄今为止(2008 年统计)收录 7 072 种开放获取期刊，其中 90%以上期刊经过同行评审，包括 BMC、SAGE、牛津大学出版社、HighWire、Jstage 等重要出版社期刊，收录约 1 098 万篇文章；收录 965 个开放获取机构仓储，包括 arXiv、RePEc、CogPrints 等仓储，共计约 323 万条记录。Socolar 有如下特点：

(1) 提供快速浏览功能，可按学科\刊名子顺进行检索(图 3-45)。

(2) 提供按卷期检索功能(图 3-46)。

(3)提供文章检索功能，可以直接输入文章名称、作者、关键词、摘要进行检索(图 3-47)，通过链接即可获取全文。

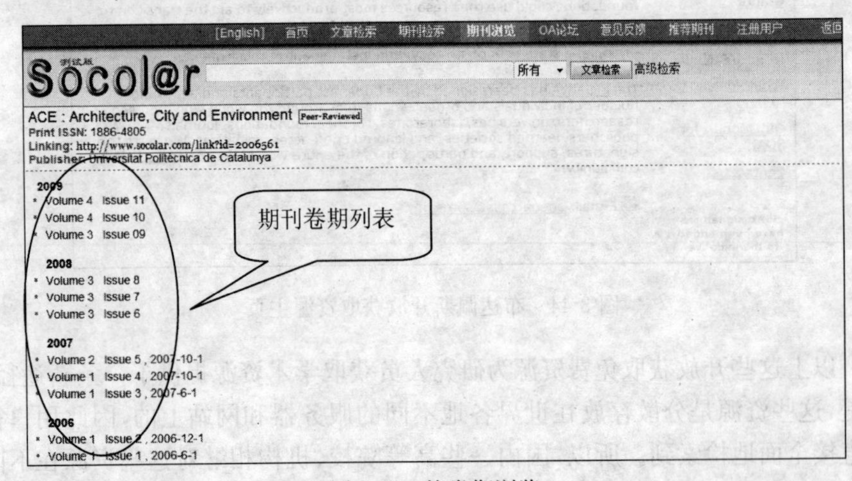

图 3-46 按卷期浏览

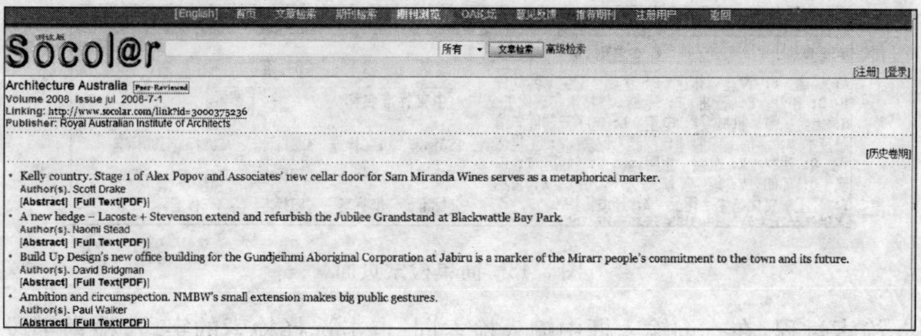

图 3-47 论文检索

Socolar 平台学科覆盖全面，并提供一站式检索和链接服务，所揭示的资源可获取性强，文章链接变化的修改和新资源的增加及时，为用户利用开放获取资源提供了极大便利。

开放获取除具有投稿方便、出版快捷、出版费用少、检索方便、便于传递或刊载大量的信息优势外，还具有其他好处，例如：① 高质量的期刊资源的开放获取提供了原文获取的渠道，将有助于解决图书情报机构目前所面临的资源相对短缺问题。② 文献资源面向所有互联网用户免费开放访问，将从根本上摆脱时间、地点的限制。

3.4 网上标准文献资源检索

本节重点 网上免费国内标准检索
主要内容 网上免费中外标准的检索
教学目的 掌握网上免费标准的获取

3.4.1 网上提供国内标准服务的站点

1. 国内标准检索——国家标准咨询网(http://www.chinastandard.com.cn)

国家标准咨询网是国内首家标准全文网站，收录的标准比较丰富，包括中国标准、国际标准(ISO)、国际电工标准(IEC)、美国标准(ANSI)、美国材料与试验学会标准(ASTM)、美国机械工程师学会标准(ASME)、美国电气与电子工程师学会标准(IEEE)、美国保险商实验室标准(UL)、英国标准(BS)、德国标准(DIN)和日本标准(JIS)等。

该网站提供简单检索与高级检索两种方法，简单检索的页面如图 3-48 所示。

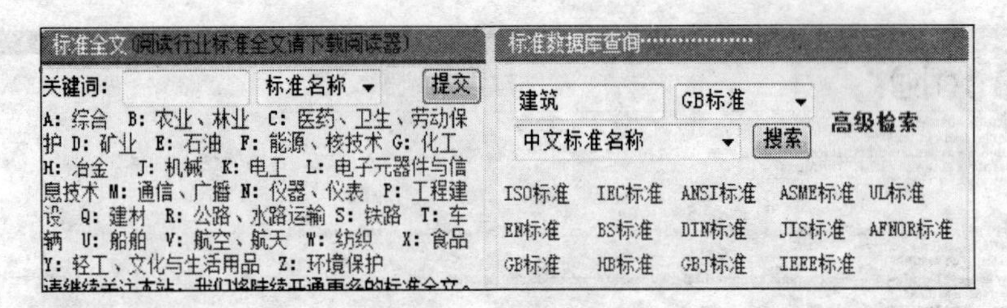

图 3-48　简单检索页面

检索过程:在查询输入框中输入检索词;点击选择检索的字段,检索字段可以是中文标准名称、发布日期、发布单位、实施日期、英文标准名称、采用关系、标准号、中国标准文献分类号,也可以在所有字段内检索(全部),点击“搜索”即可。对于正式用户,点击检索结果页面中的标准名称,即可得到全文。图 3-49 所示为高级检索页面。

高级检索

请输入检索信息:

标准选择	GB标准	
字段关系	◉同时 ◯或者	
中文标准名称	包含	
发布日期	包含	
发布单位	包含	
实施日期	包含	
英文标准名称	包含	
采用关系	包含	
中国标准文献分类号	包含	
标准号	包含	

提　交　　清　除

图 3-49　高级检索页面

2. 国内标准检索——中国标准化信息网(http://www.chinaios.com/html/BZ-XinXi)

中国标准信息网馆藏数百万条标准数据库,国内、国外标准查询、标准下载,提供标准的最新电子版、纸质版和光盘版销售价格,各行业图书及在线标准购买服务,国内外标准询价,在线订购标准,标准下载,作废/替代标准查询。提供国内最权威、最齐全、最完善的标准信息。图 3-50 所示为其检索页面。

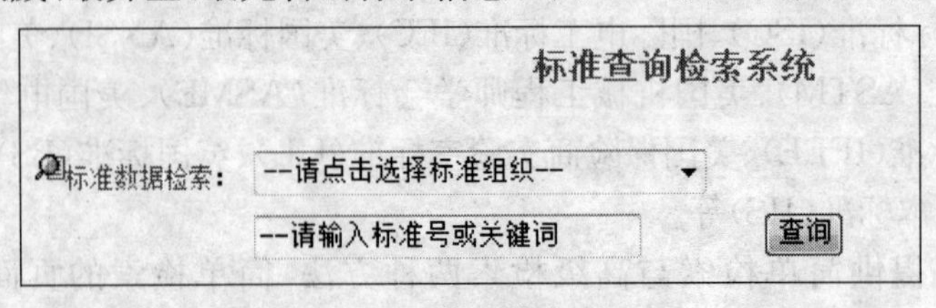

图 3-50　标准检索页面

从图 3-50 中可以看出，本查询系统首先选择标准组织；然后再输入要检索的标准号或关键词，点击“查询”即可。

3. 国内标准检索——中国标准服务网(http://www.cssn.net.cn)

中国标准服务网于 1998 年 6 月 5 日开通，是世界标准服务网在中国的网站，可查询中国国家标准、国际标准和发达国家的标准，标准数据库有多项可供查询的字段，如标准号、主题词、国际标准分类号、采用关系等。系统提供了简单检索和高级检索方式，如图 3-51、图 3-52 所示。

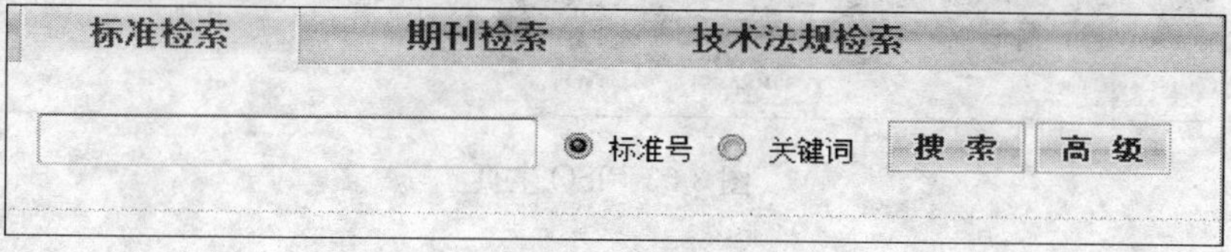

标准检索 期刊检索 技术法规检索

标准号 关键词 搜索 高级

图 3-51 中国标准服务网简单检索页面

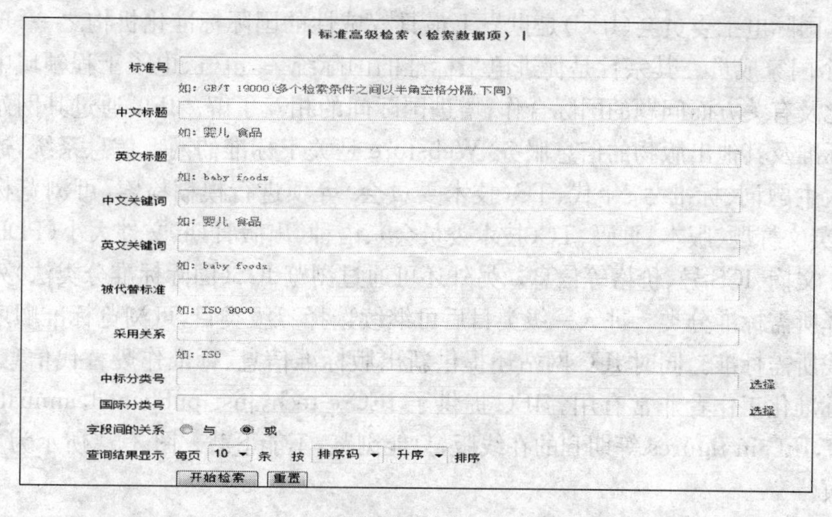

图 3-52 中国标准服务网高级检索页面

3.4.2 网上提供国外标准服务的站点

1. 国外标准检索——ISO 网站(http://www.iso.ch)

国际标准化组织(ISO)于 1995 年在 Internet 上开通了 ISO 在线。该网站提供各种关于该组织标准化活动的背景及最新信息、各技术委员会(TC)、分委员会(SC)的目录及活动，国际标准目标(包括各种已出版的国际标准、撤销标准和其他标准出版物)，有关质量管理和质量保证的 ISO 9000 标准系列和有关环境保护、管理的 ISO 4000 标准系列，还有其他标准化组织机构的链接及多种信息服务。可以按国际标准分类法(ICS)、标准名称、关键词、文献号、委员会代码等多种途径进行检索,图 3-53 所示为其主页。

图 3-53　ISO 主页

2. 国外标准检索——IEC 网站(http://www.iec.ch)

国际电工委员会(IEC)是世界上最具权威性的国际标准化机构之一,现有 63 个国家成员。其宗旨是促进电工标准的国际统一,电气、电子工程领域中标准化及有关方面问题的国际合作;增进国际间的相互了解。IEC 通过其网站提供标准及其他出版物的信息服务,Webstore 是关于标准的网上信息系统,通过输入主题词、标准号、年代、TC(技术委员会)等项进行模糊检索,可浏览标准号、英文标题、版本、页码、TC(技术委员会)、语种、出版日期、文件大小(PDF 格式)、文摘、ICS 号、价格等信息。另外还可通过浏览 ICS(国际标准分类法)列表选择所需标准分类。进入一级类目后可继续选择二级类目,可浏览标准顺序号查找所需标准。同时 IEC 网站还提供新出版标准信息、标准作废替代信息等,对标准化工作者非常有用。IEC 提供了 IEC e-tech,just published,annual report,IEC in figures 等期刊的在线版,只能浏览,不能下载。图 3-54 所示为 IEC 主页。

图 3-54　IEC 主页

3. 国外标准检索——美国在线(http://www.ansi.org)

美国在线是美国国家标准学会(ANSI)于1997年建立的网站。该网站由以下几方面组成:ANSI简介、标准信息、质量评估、动态、成员、新闻、参考图书馆、NSSN、检索、索引、组织图、数据库、标准活动、ANSI/ISO/IEC联合目录、ANSI电子标准馆藏等。在ANSI上用户可以通过主题词索引查询任何主题的标准,已经申请的用户,允许把文件直接传输到"文件存储器"中,进行下载。图3-55所示为美国在线的主页。

图3-55 美国在线的主页

3.5 网上综合信息资源检索

本节重点 网上教育信息资源的检索

主要内容 网上教育信息资源、数据信息资源及工具书信息资源的检索

教学目的 提高大学生网上综合信息资源检索能力

3.5.1 网上教育信息资源检索

1. 教育部的网站(http://www.moe.edu.cn)

教育部是主管教育事业和语言文字工作的政府部门。教育部的网站含机构设置、教育新闻、政策法规、公报公告、行政审批、项目指南、招生考试、文献资料等栏目。图3-56所示为教育部主页。

图 3-56 教育部主页

2. 中国教育和科研计算机网(http://www.edu.cn)

中国教育和科研计算机网是中国最权威的教育门户网站，是了解中国教育的对内、对外窗口。网站提供关于中国教育、科研发展、教育信息化、CERNET等新闻。图 3-57 所示为其主页。

图 3-57 中国教育和科研计算机网主页

3. 国际教育网(http://www.gjjy.com)

国际教育网于 2003 年 1 月在 ONLINENIC 正式注册成立。网站立足于全国教育行业，依托各大高等院校、普通高校、民办院校、职业学校，以及中外合作院校、留学移民等的教育实体，向全球传播有关教育的信息资讯。

国际教育网立足于向社会大众提供有关教育政策法规，招生考试动态，从业资格认证，职业技能培训及教育改革，出国留学，教育名优产品推介，教育技术推广，学术园地等内容。旨在通过网络媒体，向各教育机构和个人提供丰富的教育资讯，以满足不同的教育信息需求，图 3-58 所示为其主页。

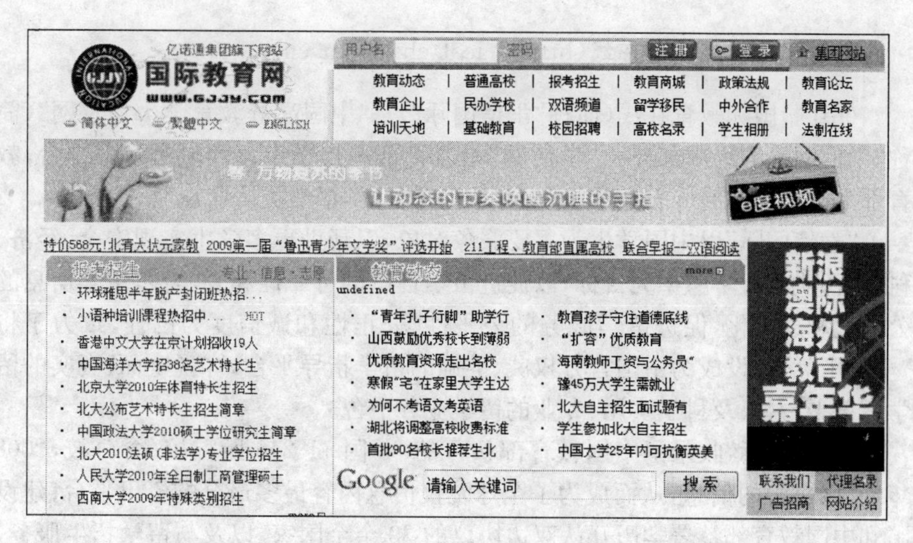

图 3-58　国际教育网主页

4. 中国国际教育信息网(http://www.ciein.com)

中国国际教育信息网,简称 CIEIN,是为出国留学人员与机构及国际教育产业链服务商提供沟通、交流与学习的资源平台,并通过整合国际教育资源,促进中外国际教育交流。中国国际教育信息网的出国留学、语言考试、专家专访等资讯在行业内广受好评。图 3-59 所示为其主页。

图 3-59　中国国际教育信息网

5.(中国)国际教育在线(http://ieol.chsi.com.cn)

(中国)国际教育在线(简称“学信国际”)是“中国高等教育学生信息网”(简称“学信网”)的组成部分。“学信网”是教育部高校学生司的电子政务平台;教育部唯一指定的高等教育学历查询、认证平台,学籍学历信息管理平台。

“学信国际”以中国学生为主要服务对象,以帮助更多学生实现安全、经济、科学、优质的留学愿望为目标,以促进留学资讯的可靠性和真实性,留学信息的公开化和透明化,促进留学服务的公平性、公正性和诚信度为己任,致力于将“学信国际”建设成为中国官方权威、准确的留学指导平台,客观全面、真实的留学资讯平台,以及科学实用、专业的留学业务平台。

“学信国际”收录了中国教育部认可的 33 国 11 246 所院校(含分校,2008 年 6 月数据)的信息,从而成为了全球院校信息内容最多最全的资讯平台;建设了和中国教育部签署学历互认双边协议的 30 余个国家,以及与留学招生服务、国际教育交流合作等相关的频道 40 余个,从而成为了中国国际教育行业的大型门户。图 3-60 所示为其主页。

图 3-60 (中国)国际教育在线主页

3.5.2 网上数据信息资源检索

1.国家统计局网站(http://www.stats.gov.cn)

国家统计局网站是国家统计局对外发布信息,服务社会公众的网络窗口。具有数据量大、权威度高、更新速度快的特点,且免费使用,是获取国内经济信息的主要数据源。图 3-61 所示为其主页,本网站提供分类浏览和关键词检索两种方法。

图 3-61 国家统计局网站

2. 中国经济信息网(http://www.cei.gov.cn)

中国经济信息网(简称中经网)，是国家信息中心联合各地及部委信息中心组建，以提供经济信息为主要业务的专业性信息服务网站，于 1996 年 12 月 3 日开通。其主页如图 3-62 所示。

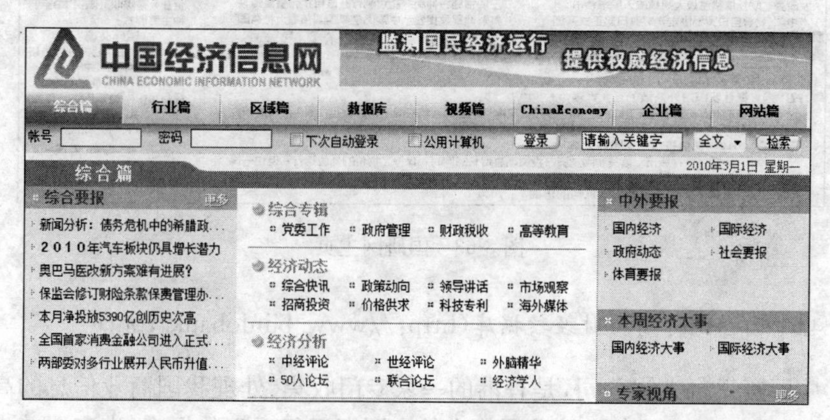

图 3-62 中国经济信息网主页

中经网网站所有内容可以按照分类浏览和全文检索两种方式进行查询。检索方式包括全站范围内检索和某一产品栏目范围内检索两种。收费产品栏目用黑字加以标示，免费产品栏目用蓝字标示(参见 http://www.cei.gov.cn)。

中经网的 8 个篇目《综合篇》、《行业篇》、《区域篇》、《数据库》、《中经视频》、《China Economy》、《中企在线》和《支持网站》的内容结构分为三级，即篇目—类目—产品栏目。网站网页结构也分为三级，即篇目首页—栏目及其目录页—底层文章页。

3. 国务院发展研究中心信息网(http://www.drcnet.com.cn)

国务院发展研究中心信息网(简称国研网),是国务院发展研究中心主管、国务院发展研究中心信息中心主办、北京国研网信息有限公司承办的大型经济类专业网站。是向领导者和投资者提供经济决策的信息平台。

国研网已成功推出了《国研报告数据库》、《宏观经济报告数据库》、《金融中国报告数据库》、《行业经济报告数据库》、《世界经济与金融评论报告数据库》和《财经数据库》等一系列专业经济信息产品,受到广大海内外用户的认同和好评。国研网主页如图 3-63 所示,团体用户购买相关的数据库,就能检索查询使用。

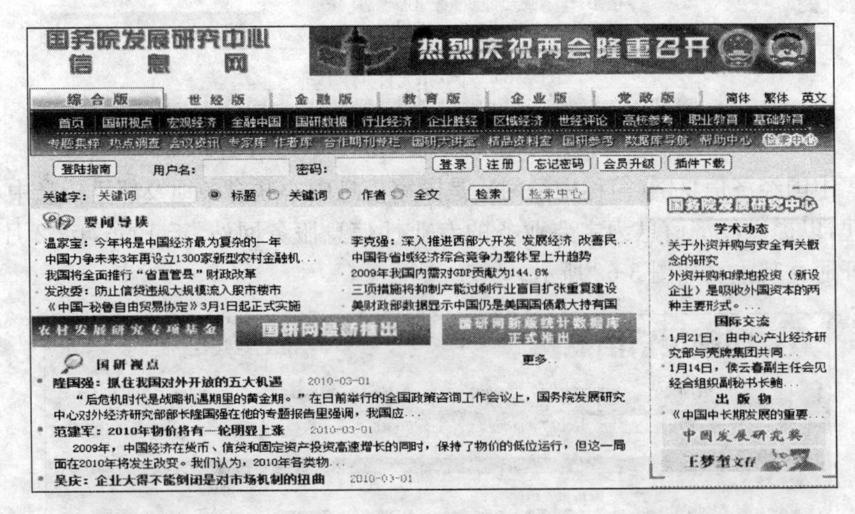

图 3-63 国研网主页

4. 中国资讯行高校财经数据库(http://www.bjinfobank.com)

中国资讯行有限公司,是香港的一家专门收集、处理我国商业信息的高科技企业,成立于 1995 年。该公司推出的中国资讯行系列数据库,内容覆盖中国经济新闻、中国企业产品信息、中国统计数据、中国(含香港)上市公司资料、中国法律法规等领域,现已建成全球最大的中文商业数据库,信息含量丰富、全面,目前已拥有超过 300 万篇商业报告和文章,为商业团体提供了一系列经济、商业、科技及政府数据(图 3-64)。

中国资讯行的数据库可进行简易检索、专业检索。此外,无论简易检索还是专业检索,在前一次的基础上都可进行二次检索,而且二次检索可进行多次,直到检索结果完全符合要求为止。

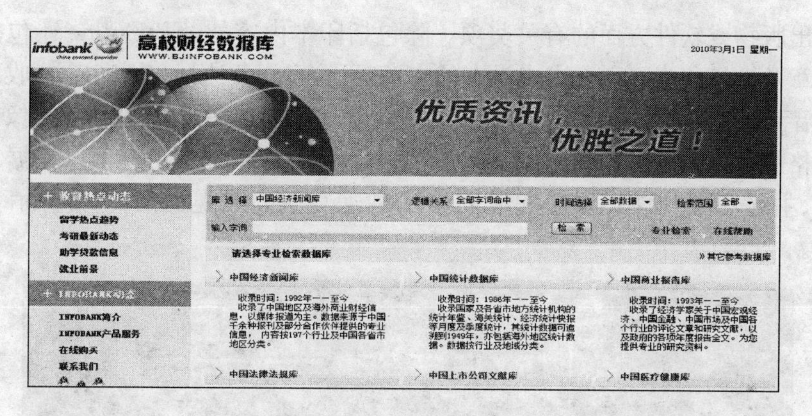

图 3-64 中国资讯行主页

3.5.3 网上工具书资源检索

1. 百科全书网站

1）中国大百科全书(http://www.ecph.com.cn/dbk)

《中国大百科全书》是中国第一部大型综合性百科全书，也是世界上规模较大的百科全书之一。《中国大百科全书》网络版主要针对图书馆、机关、学校、情报所等这类大型用户群建设数字资源的需求专门研制开发而成(图 3-65)。

图 3-65 中国大百科全书页面

2）大英百科全书(http://www.eb.com)

《大英百科全书网络版》(Encyclopedia Britannica Online)作为第一部Internet网上的百科全书，1994年正式发布上网以后受到各方好评，多次获得电子出版物或软件方面的有关奖项。除包括印本内容外,EB Online 还包括最新文章及大量印本百科全书中没有的文章,可检索词条达到 98 000 个。收录了 322 幅手绘线条图、9 811 幅照片、193 幅国旗、337 幅地图、204 段动画影像、714 张表格等丰富内容。EB Online 同时具有浏览和检索功能,用户可以根据字母顺序、主题、世界地图、年度和时间等多种途径进行浏览。图 3-66 所示为其主页。

图 3-66　大英百科全书主页

2. 字、词典

网上的词典很多,特别是外文词典,可达数百种,而且许多词典提供多语种互译,免费使用。下面介绍常见的在线中外字、词典。

1) 在线汉语字典(http://www.zdic.net)

在线汉语字典提供汉字、拼音和偏旁部首三种输入方法,对于知道发音的汉字可直接输入,也可输入拼音;对于不知道发音的汉字可以选择偏旁部首途径进行检索(图 3-67)。

2) 在线新华字典(http://xh.5156edu.com)

该网站提供了新华字典收录汉字 20 998 个,52 万个词语,含发音、字义、字型、相关词语解释、部首、笔顺序号等。图 3-68 所示为其主页。

3) 在线词典(http://dict.cn)

Dict.cn 在线词典可进行"英汉"和"汉英"双向翻译,有优秀的容错匹配算法。对英文输入出现的拼写错误可给出提示,也可输入模糊的音标。对于输入的中文短语可以自动进行切分,以便分别给出解释。图 3-69 所示为其主页。

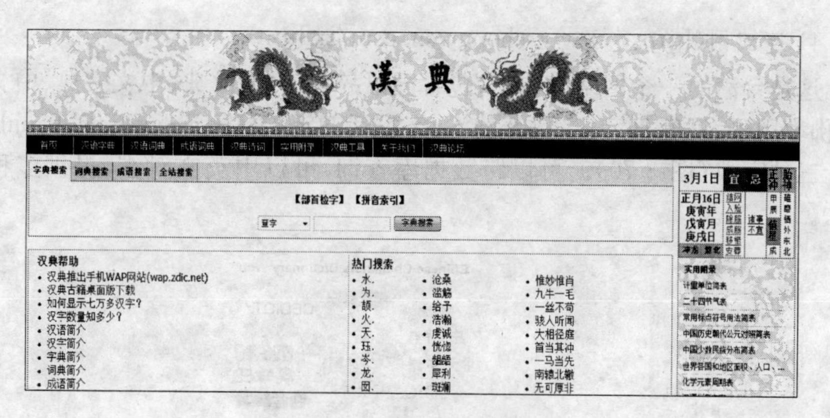

图 3-67　在线汉语词典主页

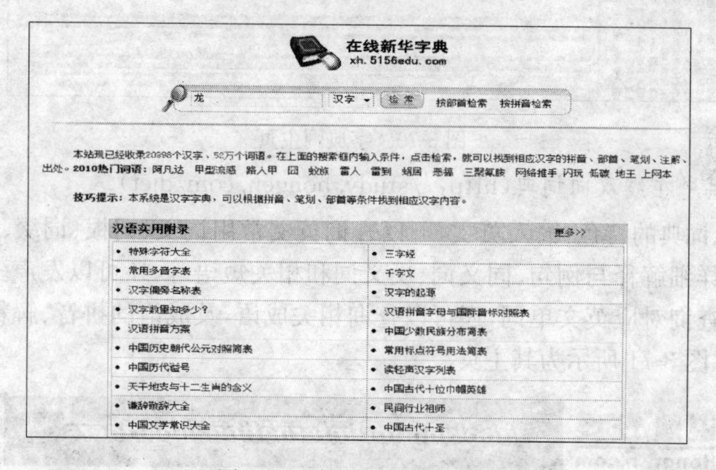

图 3-68　在线新华字典主页

图 3-69　在线词典主页

4）字典网(http://www.zhongwen.com/zi.htm)

这是台湾的一个网络字典网，包含国语辞典、台语辞典、中文字典、中文字谱、佛教用语、汉韩日字典、粤音韵汇、客家话韵汇、文塔、cedict、jdic、kanjibase等十三种字典（图 3-70）。可以跨数据库查询，可以中英文对查，提供多种输入法。

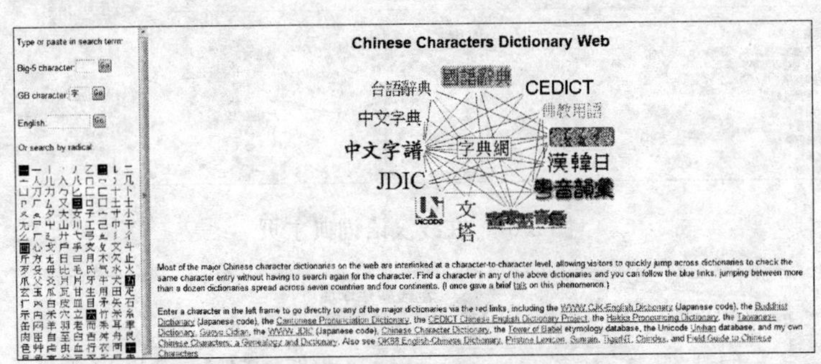

图 3-70　字典网主页

5）洪恩在线双向词典(http://study.hongen.com/dict)

洪恩词典的特色：输入英文，可以查询英文常用词义、词根、词缀、词性、特殊形式、详细解释与例句、同义词、反义词和相关短语等，还可以发声。输入中文，可以查询对应英文单词，还可以查询相关成语，及成语的拼音、解释、出处、例句等。图 3-71 所示为其主页。

图 3-71　洪恩在线双向词典主页

6）外文在线字词典网站(http://www.onelook.com)

外文在线辞典可以同时在 432 个网上字典中查找。而 http://www.yourdictionary.com 共有 1 800 多种字典，涉及 250 多种语言。图 3-72 所示为其主页。

3. 年鉴(http://www.yearbook.cn)

了解年鉴信息，可以查找中国年鉴网。但目前国内网上在线的年鉴不多，通过搜索引擎,可以查到全国统计、出版和一些地方省份的年鉴,不过,在时间上要滞后于印刷版。图 3-73 所示为中国年鉴网主页。

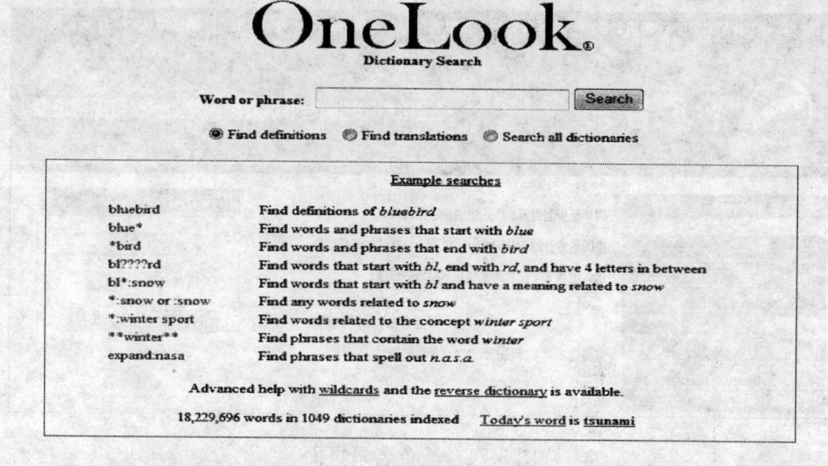

图 3-72 外文在线辞典主页

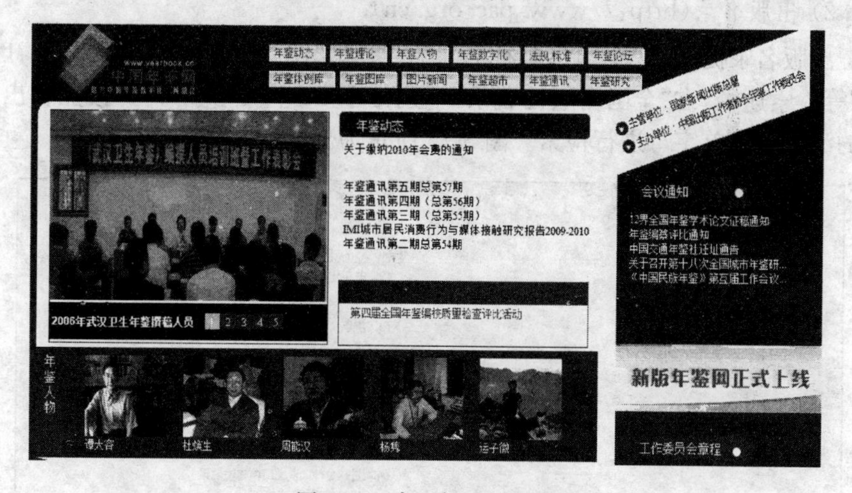

图 3-73 中国年鉴网主页

4. 名录

网上在线名录最多的是企业名录,提供的范围很广,数量也很多,但目前各网站提供的名录多为收费方式。名录的界面为表格和数据库形式,浏览效果不理想。

1) 圣企名录(http://www.minglu.org)

该网站提供各种类型的名录,如企业名录、学校名录、医院名录、国家机关名录、外商名录、世界500强及其在华投资企业等2 000多种名录，信息全面、准确。图3-74所示为其主页。

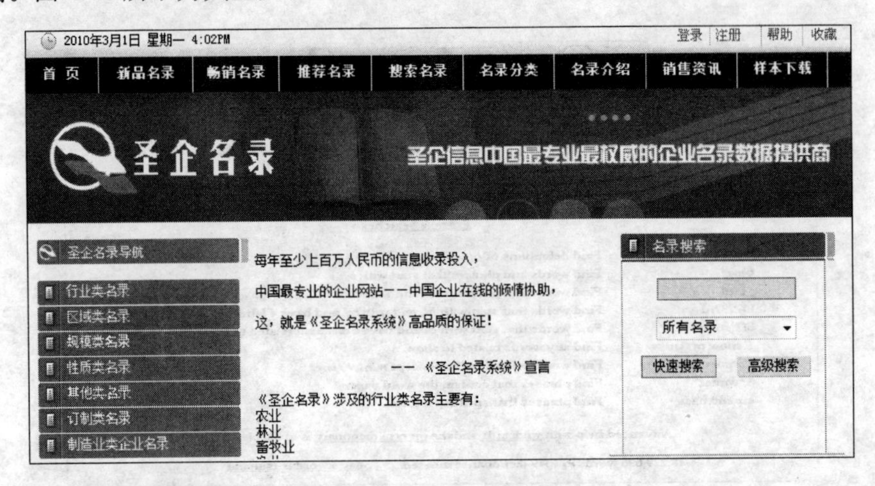

图3-74　圣企名录页面

2）出版名录（http://www.pac.org.cn）

出版名录提供了“全国出版社名录”、“音像出版社名录”、“电子出版社名录”等检索途径，在“全国出版社名录”下列出了21个大写字母，可按照各出版社的汉语拼音首字母进行检索。图3-75所示为出版社名录页面。

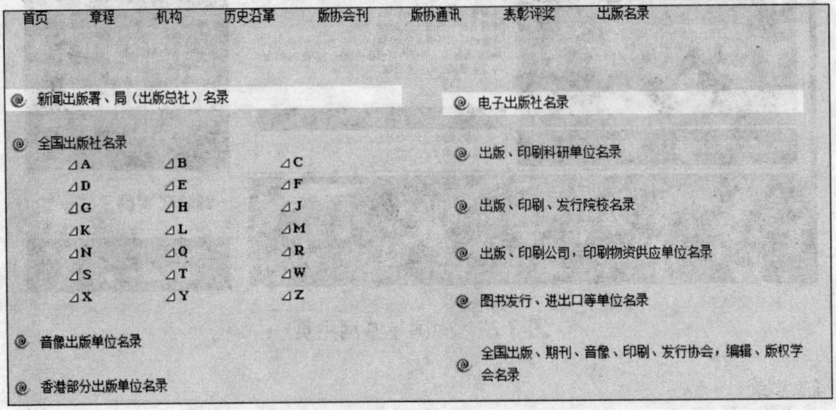

图3-75　出版社名录页面

5.手册

手册是汇集某一或若干学科和专业领域的基本知识、参考资料或数据，供随时查检的便捷性工具书。目前网上的在线手册还不多见。

本章小结

本章主要介绍了网络信息资源的类型、搜索引擎的类型及使用技巧；免费网络学术资源的检索；网上标准文献资源检索及网上综合信息资源检索等内容。通过这些内容的学习，以期能够使同学们面对浩如烟海的网络资源，快速准确地找到需要的信息。

思考题

1. 搜索引擎的界面为什么很简单？对几种常用搜索引擎的特点进行比较。
2. 标准文献为什么不能免费使用？标准文献的主要检索途径有哪些？
3. 国家统计局网站是否链接国外统计网站？检索最新的国民经济增长数据。
4. 熟悉网上免费图书、学术期刊及百科全书资源。

第4章　网络信息资源的综合利用

如何能够有效获取资源，科学评价信息资源的质量，以及正确使用所需要的信息资源，是每一个人应该具备的独立学习和研究的重要能力和信息素养。尤其是在科学研究活动中，无论是研究课题的选择、科学研究的过程、科研成果的查新还是学术论文的撰写，都离不开网络信息资源的综合利用，网络信息资源的综合利用贯穿于整个科学研究活动的始终。

4.1　网络信息资源的收集、整理和分析

本节重点　网络信息资源的收集整理方法

主要内容　网络信息资源的收集整理和分析

教学目的　了解如何收集整理网络信息资源

网络信息资源是指通过计算机网络可以利用的各种信息资源的总和，是以数字化形式记录，以多媒体形式表达，存储在网络计算机磁介质、光介质上，并通过计算机网络通信方式进行传递的信息内容的集合。网络信息资源不是一个物理概念，也不是独立存在的实体，而是一个跨国家、跨地区的信息空间，是一个网络信息资源库。

4.1.1　网络信息资源的收集方法

针对网络信息资源庞杂、无序及动态性等特点，解决用户查找信息不便等问题，本节归纳了以下几种网络信息资源的收集方法。

1. 利用网上搜索引擎

通过搜索引擎对网络信息资源进行查找是获取网络信息资源的主要方式。搜索引擎是用来对网络信息资源管理和检索的一系列软件，实际上也是一些网页。搜索引擎以搜寻网络信息资源为目标，在一定程度上满足了人们对网络信息资源的查询需求，给用户搜寻信息带来方便，减少了网络浏览的盲目性。

2. 利用权威机构的网站

如果用户熟悉网络资源的特点和分布状况，了解常用信息资源的发布方

式，可以通过国内外重要的科研机构、信息发布机构、学会的网址，及时而准确地获得这些权威机构发布的信息，帮助读者及时了解和掌握最新的科研动态。

3. 利用网络专业信息资源导航库

专业信息导航库比搜索引擎更具专指性。如中国高等教育文献保障系统(CALIS)本着共知、共建、共享的原则，以全国高等院校为依托，建立起CALIS工程中心重点学科导航库和CALIS文理中心重点学科导航库，积累了国内外政府部门、高等院校、科研机构、学术团体的各专业网站地址，覆盖的学科全面，学术价值高，信息可靠性强，通过有效链接可以直接进入各学科专业网，既节省查询时间，又提高了查询的准确性。

4. 利用各高校图书馆的网络资源

高校图书馆是网络信息资源的主要发布阵地，尤其是针对学术信息资源。图书馆根据读者需求，编制网络资源导航系统，建立学科导航库，建立中外文网络数据库链接，筛选网上信息，剔除重复和无用的网络资源，引导读者最大限度地利用有效的信息资源，将读者从繁杂、无序的信息海洋中解脱出来，有效地遏制信息泛滥给读者造成的影响。如建立网络信息资源链接列表、建立数据库的镜像服务网站，将信息资源按水平、质量、来源、相关度等加以排列，指明文献可利用程度，同时编制各种网上“指南”、“索引”或“联机帮助”，指导读者有目的地利用网络信息资源。

以上这些方法可以作为寻找网络信息资源的常规方法，当然，在庞杂、无序及动态的信息中寻找自己所需要的信息，除了要掌握这些基本方法外，还需要信息收集者掌握一定的技巧，具体问题具体分析，了解不同数据库的特点，充分运用各种逻辑检索规则准确表达检索要求，通过运用多种方法和进行多种尝试，最终收集到有用、可靠的信息。

4.1.2 网络信息资源的整理方法

网络信息资源以其方便存取、广泛即时传播等特性，赢得广大信息需求用户的青睐。但是，由于网络信息资源的庞杂无序、难于准确快速查找，在掌握网络信息资源收集方法的基础上，还需要使用一定的方法和技巧对所收集到的信息资源加以整理，分门别类地加以归纳，形成有利于自己的信息资源库。

1. 网络信息资源的整理

1) 信息资源分类

资源的分类是按照一定的标准把与研究课题有关的信息资源分成不同的

组或类，将相同或相近的资源合为一类，将相异的资源区别开来，然后再按分类标准将总体资源加以划分，构成系列。人们习惯于把收集到的信息资源按照信息资源的性质、内容或特征进行分类。

2）信息资源汇编

汇编就是按照研究的目的和要求，对分类后的资源进行汇总和编辑，使之成为能反映研究对象客观情况的系统、完整、集中、简明的材料。汇编有三项工作要做：①审核资源是否真实、准确和全面，不真实的予以淘汰，不准确的予以核实准确，不全面的补全找齐。②根据研究目的、要求和研究对象的客观情况，确定合理的逻辑结构，对资源进行初次加工，如给各种资源加上标题，重要的部分标上各种符号，对各种资源按照一定的逻辑结构编上序号等。③汇编好的资源要井井有条、层次分明，能系统、完整地反映研究对象的全貌，还要用简短明了的文字说明研究对象的客观情况，并注明资源的来源和出处。

3）信息资源分析

信息资源分析即运用科学的分析方法对所占有的信息资源进行分析，研究特定课题的现象、过程及各种联系，找出规律性的东西，构成理论框架。

2. 网络信息资源的持续整理

由于信息资源的收集是一个连续的过程，所以信息资源的整理也是一个持续动态的过程，不仅仅是对已获取的资源进行分析整理，还需要保证信息资源收集的持续性，定期整理收集信息的资源网站，分类收藏有价值的网址，可以通过添加到收藏夹或者将网址以文本文件的形式收藏等方式来定期访问这些网站，保证信息的时效性，及时发现信息陈旧、死链的网站予以剔除，并把符合选择标准的新网站补充进来，做好收藏夹的整理。

4.1.3 网络信息资源的分析方法

信息资源分析是在充分占有有关信息资源的基础上，把分散的信息进行综合、分析、对比、推理，重新组成一个有机整体的过程。它是根据特定的需要，对信息资源进行定向选择和科学抽象的一种研究活动。信息资源分析的目的是从繁杂的原始相关信息资源中提取具有共性的、方向性或者特征性的内容，为进一步的研究或决策提供佐证和依据。

用于信息分析的方法有逻辑学法、数学法和超逻辑想象法三大类，其中，逻辑学法是最常用的方法。逻辑学法具有定性分析、推论严密、直接性强的特点。属于逻辑学法的常用方法有综合法和分析法。

1. 综合法

综合法是把与研究对象有关的情况、数据、素材进行归纳与综合，把事物的各个部分、各个方面和各种因素联系起来考虑，从错综复杂的现象中，探索它们之间的相互联系，以达到从整体的角度通观事物发展的全貌和全过程，获得新认识、新结论的目的。

2. 分析法

分析法是将复杂的事物分解为若干简单事物或要素，根据事物之间或事物内部的特定关系进行分析，从已知的事实中分析得到新的认识与理解，产生新的知识或结论。分析法分析的角度不同，常用的有对比分析法和相关分析法。

1) 对比分析法

对比分析法是常用的一种信息资源定性分析方法，可以分为纵向对比法和横向对比法。

(1) 纵向对比法。纵向对比法是通过对同一事物在不同时期的状况，如质量、性能、参数、速度、效益等特征进行对比，认识事物的过去和现在，从而探索其发展趋势。由于这是同一事物在时间上的对比，所以又称为动态对比。

(2) 横向对比法。横向对比法是对不同区域，如国家、地区或部门的同类事物进行对比，属于同类事物的对比。横向对比可以提出区域间、部门间或同类事物间的差距，判明优劣。横向对比又称静态对比。

2) 相关分析法

事物之间、事物内部各个组成部分之间经常存在着某种关系，如现象与本质、原因与结果、目标与途径、事物与条件等关系，可以统称为相关关系。通过分析这些关系，可以从一种或几种已知的事物特定的相关关系顺次地、逐步地预测或推知未知事物，或获得新的结论，这就是相关分析法。

4.2 学位论文的开题及写作

本节重点 学位论文开题与写作方法

主要内容 学位论文开题与写作步骤、方法和格式

教学目的 掌握学位论文开题与写作的要点

4.2.1 学位论文的开题及写作的特点和要求

学位论文是学位申请者为获得学位而提交的学术论文，它集中反映了学位

申请者的学识、能力和所作的学术贡献，是考核其能否毕业和授予相应学位的基本依据。

学位论文有学士学位论文、硕士学位论文和博士学位论文。学士学位论文侧重于科学研究规范的基本训练，综合考察学生运用所学本专业的理论、知识、技能分析和解决实际问题的能力；硕士学位论文要求对研究课题有新的见解；博士学位论文要求有更高的学术水平，必须在某一学科领域或专门性技术上取得创造性的研究成果。

1. 学位论文开题与写作的特点

学位论文开题与写作是学生从事科研活动的主要内容，也是检验其学习效果、考察其学习能力、科研能力和学术论文写作能力的主要方面，在论文开题与写作的过程中，信息资源的检索与利用是一项不可或缺的重要技能。学位论文写作的特点可以概括为：

1）立论客观，具有创新点

学位论文的基本观点来自对具体材料的分析和研究，所提出的问题应在本专业学科领域内有一定的理论意义或实际意义，观点要明确并具有一定的创新性，可以不断开拓新的研究领域，探索新的方法，阐发新的理论，提出新的见解。

2）论据翔实可证，具有科学性

学位论文应从多方面论证论点，有主证和旁证。论文中所用的材料要准确可靠，精确无误，能揭示客观规律，探求客观真理，成为人们改造世界的指南。

3）具有学术性和逻辑性

学位论文的写作是对学生多年学习成果及科研能力的检验，要体现多年积累的学术科研水平，学术性是学位论文的重要特征。学位论文中提出问题、分析问题和解决问题，要符合客观事物的发展规律，全篇论文形成一个有机的整体，结构要严谨，判断与推理言之有序，能够揭示事物内在的本质和发展规律。

4）体式明确，语言规范

学位论文在体式上有其规定性和规范性，以论点的形成构成全文的结构格局，围绕论点进行多方佐证，语言规范，深入浅出，言简意赅。

2. 学位论文开题与写作的要求

从目前我国的学位制度来看，学位论文是衡量作者是否达到一定学术水平的重要标志。不同级别的学位论文，开题和写作目的不同，对作者也有不同的要求。

学士学位论文写作的目的和要求是通过论文的写作，反映出作者运用所学的基本理论与知识，分析本学科某一问题的水平和能力，并通过论文的开题与写作，进一步培养学生独立分析问题和解决问题的方法和能力，学习学术研究的方法，为将来从事实际工作或学术研究打下基础。

硕士学位论文的写作是培养学生独立科研能力和实际工作能力的有效手段，论文应该反映出作者较高的分析能力和解决本学科基本理论及专业问题的水平和能力，同时，也应体现出一定的科研成果。

总之，确定一篇学位论文的质量，应以国内相同专业发展程度作为依据，以国际相同专业发展程度作为参考，从论文的创造性、理论和应用价值、选题难度、内容的可靠性、研究方法、语言和结构的逻辑性及写作技巧等方面进行综合、客观评价。

4.2.2 学位论文开题及写作的步骤、方法和格式

1. 开题及写作的步骤与方法

1）初步选题

选题是学位论文写作的起点，选题是否适当，从一定意义上来说，决定了论文质量的高低，甚至关系到论文的成败。选题得当，可以激发学生的科研热情，充分发挥学生的专长，取得理想的效果。选题不当，可能导致论文写作失败。学位论文选题的主要方法有：

(1) 积累精选法。学生在平时学习中就要注重所学专业相关学术问题的积累。例如，在课堂教学中注意老师教授的本学科尚待深入研究的重点和疑难问题，以及自己平时阅读本专业的相关文献积累下来的问题，最终精选出一个最合适的问题作为学位论文的题目。

(2) 追踪研选法。学生可以将前人争论不休的问题选作自己的毕业论文题目，在自己的理解基础上，查阅前人对此问题研究争论的有关资料，弄清前人的主要观点和依据，在研究过程中形成对此问题的独到见解。这种方法使选题、选材、构思融为一体，一旦论题选定，论文的基本框架也就形成了。

(3) 实践调研法。现代教育观不仅看重毕业论文的学术价值，更看重其实用价值，即指导当前实践的价值，因此，从实践中发现急需研究和解决的问题作为学位论文选题，也应该成为当代大学生毕业论文选题的基本方法之一，这种方法确定题目也需要查阅相关资料，了解前人对同类问题或类似问题的解决方法，进而提出改进方法或创新方法。

(4) 浏览捕捉法。所谓浏览捕捉法，就是学生先根据自己对所学专业知识或实践领域的熟悉和兴趣程度，划定一个或若干学位论文的选题范

围，然后再浏览和阅读选题范围内的相关文献，从中捕捉适合自己的学位论文选题。

(5) 筛选变造法。即使是从学校提供的学位论文题库中被动选题，也不应草率从事，而是应该使用筛选变造法，尽可能变被动为主动，从学位论文题库中选出比较适合自己的论文选题来对原论题进行变造，这种变造一般来说主要是对原论题规模和角度的变造。

2) 分析选题与资料收集

初步选题后，需要进行题目分析，进一步确定该选题是否适合作为学位论文题目，以及是否适合进行研究。一般来说，学生自主选题的情况比较多，选题存在较大的盲目性，而且学生对学科发展前沿不熟悉，选题缺乏创新性。运用现代信息化手段，搜集大量与选题有关的科技情报资料，找到该课题已经研究到什么程度，是否有继续研究的价值，寻找创新点，是解决这一问题的最好途径，这样才能使论文的选题站在前人的工作基础之上，才容易产生新论点，确保学位论文选题的创新性。在资料收集过程中应该注意以下几点：

(1) 资料收集要有目的性。要明确所收集的资料用来支持什么样的论点，或者侧重点在哪些方面，这样才能有针对性地选择那些有说服力的论据，以提高论文的整体水平。

(2) 收集资料要全面，有重点。尽可能地收集和掌握与选题相关的所有重点资料，包括各种不同的学术观点和跨学科的有关资料，这样才能扩充视野，便于研究和选用。

(3) 尽可能收集第一手资料。收集资料时应尽可能选择第一手原始资料，特别是对经典著作、法律条文、重要数据资料的收集等，以免在转引二手资料过程中出现差错。

(4) 资料的收集、整理应规范化。对资料的规范化处理有利于调度和使用，便于综合、比较和分析，对学位论文的写作起到启发、补充和提高的作用。

(5) 采用现代化的资料收集方法和手段。采用现代化的资料收集方法和手段进行数字资源的检索，可以突破资料收集中学科和专业的范围限制，保证了资料收集的全面性。

3) 论文开题

学位论文和一般学术论文的重要差别之一是开题报告，它是对论文选题进行检验和评估认定的过程。学位论文的选题是否具有学术价值和新颖性、是否能够反映写作者的专业科研水平，以及论文的观点是否成熟等，均要通过开题报告来考察。开题报告经由审查小组审核确认后，才能正式开始论文的写作。

不同学校或专业对开题报告的内容和结构有不同的要求：

(1) 论文题目、题目来源、论文属性、拟采取的研究方法。
(2) 选题动机和意义。
(3) 本课题国内外研究情况综述或主要支撑理论、发展趋势。
(4) 研究内容、结构框架、研究特色和创新点。
(5) 主要参考文献。
(6) 论文写作计划。

4) 编写提纲

开题之后，正式写作论文之前应先搭建论文提纲。提纲是对研究课题的总体构思，论文的指导思想、基本框架、整体结构、总的论点和各部分的布局及观点都应通过提纲反映出来。因此，要求作者在具体制定提纲时，首先应对论文的全部问题进行周密的思考，提出论点、论据，安排材料的取舍，力求使提纲在整体上体现论文题目的目的性。其次，要从各个方面围绕主题编写提纲，既突出重点和主要内容，又适当地照顾全面，明确各部分在整篇论文中所占的比重及相互关系，使论文内容和题目紧密衔接起来。

5) 撰写论文初稿与修改定稿

论文提纲完成后，经与指导教师共同就论文的结构、顺序及逻辑性等关键问题进行研究和推敲，即可着手写作论文初稿。写作阶段是作者对专题进行系统深入研究的阶段，是在原有的研究基础上升华的阶段。在撰写论文的过程中应该注意以下几点：

(1) 根据提纲要求，对收集到的资料去粗取精，去伪存真。
(2) 独立思考，敢于提出新见解。
(3) 论文写作始终围绕论题进行。

论文初稿完成以后，只能说完成了学位论文写作70%的工作，其后的30%是修改、补充和润色。论文修改之前应尽量征求指导教师的意见，修改过程中要注意论文写作格式的规定，避免大量和大段引用，引用他人文字一定要注明出处。定稿后的学士学位论文字数一般在7 000～8 000字，硕士学位论文字数应控制在2.5～3万字。

综上所述，学位论文从构思到完成一般都要经过选题、收集资料、编写开题报告、制定提纲、撰写初稿和修改定稿等步骤。论文质量的高低与作者对每个阶段的把握程度有直接的关系。一篇好的学位论文应该做到观点正确、有独创性、结构严谨、逻辑性强、层次清楚、引文正确、语言流畅，并具有一定的深度和广度。

2. 学位论文的基本格式

学位论文一般包括题目、序跋、文摘、目录、正文和参考文献等部分。

1）题目

题目概括了整篇论文的核心内容，应简明扼要、准确明了、引人注目，学位论文中的中文题目不宜超过 20 个字。

2）序跋

序是指学位论文最前面的一些关于论文写作说明的文字，跋是学位论文最后面的一些对论文写作过程中得到的帮助表示感谢之类的文字。序跋部分不是所有的学位论文都有的，视写作者的个人意愿而定，有的学位论文只有序而没有跋。

3）中、英文提要

提要是对学位论文内容不加注释和评论的简短陈述，是一篇具有独立性和完整性的短文。提要一般应说明本论文的写作目的、方法、成果和最终结论等，要重点突出论文的创新性成果、新见解，以及理论和实际意义。提要语言应精练、准确，不宜使用公式、图表，不标注引用文献编号。中文提要一般为 300～500 字。英文提要与中文提要的结构与内容相同。

在提要内容的下一行，应注明本学位论文的关键词（3～5 个），关键词是供检索使用的能覆盖论文主要内容的通用技术词条。关键词一般按词条的外延层次由大至小排列。

4）目录

目录在正文之前，既是论文的提纲，又是论文组成部分的小标题，目录也是整个论文的章节导航。目录一般提供到三级，规定要标明章节的题目和页码。

5）正文

论文正文包括绪论、论文主体及结论等部分。

(1) 绪论。绪论一般作为论文的第一章，内容应包括本研究课题的学术背景及理论与实际意义，国内外研究现状综述，本研究课题的来源及主要研究内容。

(2) 论文主体。论文主体是学位论文的主要部分，应该结构合理，层次清楚，重点突出，文字简练、通顺。论文主体的内容应包括：本研究内容的总体方案设计与选择论证；本研究内容各部分的设计；本研究内容的理论分析；对研究的论述及比较研究；模型或方案设计；案例论证或实证分析；模型运行的结果分析或建议、改进措施等。

(3) 结论。学位论文的结论是对整个论文主要成果的总结，在结论中应明确指出本研究内容的创造性成果或创新性理论（含新见解、新观点），对其应用前景和社会、经济价值等加以预测和评价，并指出今后进一步在本研究方向进行研究工作的展望与设想。

6）参考文献

参考文献包括正文中的夹注、脚注和尾注，以及论文著者推荐的参考文献等几种。

(1) 夹注。夹注即写作过程中在需注释的文字后加括号说明的部分。

(2) 脚注。脚注一般写在页面的下方，注明文字出处，可连续编号，也可每页单独编号。

(3) 尾注。尾注一般是和著者推荐的参考文献一起写在论文的最后，有时也写在各章节的最后。通常较大段的引文采用尾注，篇幅较小的论文只有脚注，而学位论文常采用尾注。

(4) 著者推荐的参考文献。参考文献按文中出现的顺序列出，且有统一的著录格式。

· 期刊的著录格式：

序号. 著者. 论文题名. 期刊刊名，出版年，卷期数，起止页码

· 图书的著录格式：

序号. 著者. 书名. 出版地：出版社，出版年

7）附录

附录包括放在正文中显得过分冗长的公式推导、以备他人阅读方便所需的辅助性数学工具、重复性的数据图表、论文中使用的符号意义、单位缩写、程序全文及有关说明等。

4.3 科技查新

本节重点 科技查新的过程

主要内容 科技查新的过程及查新报告书写

教学目的 了解科技查新的重要性及查新程序

4.3.1 科技查新的概念、查新领域及服务对象

1.科技查新的概念

科技部（原国家科委）2000 年 12 月发布的《科技查新规范》及之后修订的《科技查新规范》曾对“科技查新”作了规范性的定义：“科技查新（简称查新），是指具有查新业务资质的查新机构，根据查新委托人提供的需要查证其新颖性的科学技术内容，按照《科技查新规范》进行操作，查证其新颖性并作出结论（查新报告）的信息咨询服务工作。”

由此可见，科技查新咨询工作（简称科技查新）是具备查新业务资质的信息

咨询机构的查新人员，通过手工检索和计算机检索等手段，运用综合分析和对比的方法，为评价科研成果、科研立项等的新颖性提供文献查证结果的一种信息咨询服务工作。科技查新业务的主体是信息咨询服务机构，工作基础是科技信息资源，采用的工作方法是信息分析研究方法，工作目的是为有关单位和专家评价科技项目提供系统、准确的科技文献检索和情报学评价结论，为科技管理部门和专家的评审工作提供决策参考。

2. 科技查新的领域

科技查新涉及数学、物理、化学、海洋学、气象学、地球物理学、化工、材料、生物、医药卫生、农业、水利、林业、建筑、建材、食品、电子、计算机、冶金、机械、纺织、造纸、能源、石油、石化、环境、地质、交通运输、航空、航天及社会科学等领域。

3. 科技查新对象

① 申报国家级或省(部)级科学技术奖励的人或机构；② 申报各级各类科技计划、各种基金项目、新产品开发计划的人或机构；③ 各级成果的鉴定、验收、评估、转化；④ 科研项目开题立项；⑤ 技术引进；⑥ 国家及地方有关规定要求查新的项目。

4. 查新委托人需要提供的资料

查新委托人除了应该熟悉所委托的查新项目外，还需要据实、完整、准确地向查新机构提供查新所必需的资料，具体包括：

(1) 查新项目的科学技术资料及其技术性能指标数据。具体包括：科技立项文件(如立项申请书、立项研究报告、项目申请表、可行性研究报告等)，成果鉴定文件(如项目研制报告、技术报告、总结报告、实验报告、测试报告、产品样本、用户报告等)，申报奖励文件(如奖励申报书及其他有关报奖材料等)。

(2) 课题组成员发表的论文/申请的专利。

(3) 中英文对照的查新关键词。

(4) 与查新项目密切相关的国内外参考文献。

4.3.2 科技查新的过程与查新报告

1. 科技查新过程

查新机构处理查新业务的程序一般包括：查新委托、受理查新委托和订立合同、文献检索、完成和提交查新报告、文件归档等。

1) 查新委托

查新委托人根据待查项目的专业、科学技术特点、查新目的、查新要求、需要查证其新颖性的科学技术内容及查新机构所能受理的专业范围，自主选择查新机构，以及据实、完整地向查新机构提交处理查新事务所必需的科学技术资料和有关材料。

2) 受理查新委托与订立查新合同

查新机构在受理查新时首先要考虑委托查新的项目是否属于自己的受理范围，然后根据委托人提供的材料确定是否可以受理，再根据查新人员个人所具备的专业知识等，确定查新人员和审核人员。查新人员要向用户说明委托查新的步骤和手续，向用户提供查新委托单及说明查新委托单的填写要求，完成课题登记。查新人员在确认查新委托人提交的资料符合查新要求，以及资料内容真实、准确的基础上，若接受查新委托，则按照《科技查新规范》中关于查新合同的要求与查新委托人订立具有法律效力的查新合同。

3) 科技查新过程中的文献检索

(1) 检索准备。查新人员认真、仔细地分析查新项目的资料，了解查新项目的科学技术特点，明确查新委托人的查新目的与查新要求；同时，根据检索目的确定主题内容的特定程度和学科范围的专指程度，使主题概念能准确地反映查新项目的核心内容；确定检索文献的类型和检索的专业范围、时间范围，制定周密、科学而具有良好操作性的检索策略。

(2) 选择检索系统和工具。在分析检索项目的基础上，根据检索目的和客观条件，选择最能满足检索要求的检索系统和工具。计算机检索时，在检索前根据查新项目的专业、内容、科学技术特点、查新目的和查新要求，选择合适的计算机检索系统和数据库。选择数据库要本着能够全面覆盖查新项目范围的原则，首先选择综合型数据库，然后选择专业数据库和相关专利数据库，遇到重大项目时，有必要对一些重要的期刊数据库进行专门检索，要兼顾目录型、题录型、文摘型、全文型等类型的检索系统。手工检索作为计算机检索的辅助手段，要根据专业、文种、收录范围、报道的及时性、编排结构等方面，选择检索工具书。

(3) 确定检索方法和检索途径。在手工检索方式下，检索工具书提供的检索途径主要有分类途径、主题途径、文献名称途径、著者途径、文献代码途径等，分类和主题途径是手工检索的主要途径。在计算机检索方式下，确定检索途径之前要首先弄清楚检索使用的数据库所提供的检索途径，然后将检索提问转换成数据库支持的检索途径。查新中使用最多的是描述文献内容特征的检索途径，如分类号、主题词、关键词等；在特定情况下，也会使用描述文献外部特征的检索途径，如著者、出处、专利号等，进行专指性检索。

(4) 实施检索。实施检索就是要制定完整、确切表达查新委托人要求和查新项目主题内容的检索策略，检索策略中要慎重使用新的概念词，尤其是委托人提供的新概念词。同时，由于每个数据库的标引存在着差异，制定检索策略时要符合数据库的索引体系，检索时注意数据库的使用方法和支持的检索技术，正确使用各种运算符。

制定好检索策略后，根据检索内容的学科特点确定检索年限，实施检索。在实际工作中，检索很难做到一次成功，经常会遇到检索结果与查新项目不相关、不相符等情况，因此，还需要对每次检索结果进行检验和调整，以扩检或者缩检，直至获得满意的检索结果。

4) 完成和提交查新报告

本阶段包括相关文献分析、编写查新报告和提交查新报告3部分。

(1) 相关文献分析。查新人员对检索获得的文献进行全面分析，根据查新项目的科学技术要点，筛选出与查新项目内容相关的文献，分为密切相关文献和一般相关文献，并将相关文献的研究水平、技术指标、参数要求等与查新项目的科学技术要点进行比较，确定查新项目的新颖性，草拟查新报告。

(2) 编写查新报告。查新报告是查新机构通过书面形式就查新事务及其结论向查新委托人所做的正式陈述，是体现整个查新工作质量和水平的重要标志，查新人员要对查新项目的内容、查新点与查新检索结果文献的研究现状和技术水平进行比较，实事求是地作出文献评述论证结论。

(3) 提交查新报告。查新机构按查新合同约定的时间、方式和份数向查新委托人提交查新报告及其相应的附件。鉴于查新人员对各种科技领域发展的了解存在一定程度的局限，在查新过程中会聘请查新咨询专家，以便了解与查新项目相关的领域的研究和发展状况。查新人员对咨询专家的意见和咨询结果不予以公开。

5) 文件归档

查新人员按照档案管理部门的要求，及时将查新项目的资料、查新合同、查新报告及其附件、查新咨询专家的意见、查新人员和审核人员的工作记录等存档，并及时将查新报告登录到国家查新工作数据库。

2. 查新报告的主要内容

查新报告是查新咨询工作的最终体现，查新报告的内容应该符合查新合同的要求，完整反映查新工作的步骤和内容，同时，查新报告应当采用规定的格式，在报告提交的时间和方式上也要符合查新合同双方的约定。查新报告的主要内容如下。

1）基本信息

基本信息包括查新报告编号，查新项目名称，查新委托人名称，查新委托日期，查新机构的名称、地址、邮政编码、电话、传真和电子信箱，查新员和审核员姓名，查新完成日期。

2）查新目的

查新目的可分为立项查新和成果查新等。立项查新包括申报各级、各类科技计划，科研课题开始前的资料收集等；成果查新包括开展成果鉴定、申报奖励等进行的查新。

3）查新项目的科学技术要点

科学技术要点是指查新项目的主要科学技术特征、技术参数和指标、应用范围等，应当以查新合同中的科学技术要点为基础，参照查新委托人提供的科学技术资料作扼要阐述。

4）查新点与查新要求

查新点是指需要查证的内容要点，查新要求是指查新委托人对查新提出的具体愿望。查新要求一般分为以下 4 种情况：希望查新机构通过查新，证明在所查范围内国内外有无相同或类似研究；希望查新机构对查新项目分别或综合进行国内外对比分析；希望查新机构对查新项目的新颖性作出判断；查新委托人提出的其他愿望。

5）文献检索范围及检索策略

列出查新人员对查新项目进行分析后所确定的手工检索方式采用的工具书、年限、主题词、分类号和计算机检索方式采用的检索系统、数据库、文档、年限、检索词等。

6）检索结果

检索结果应当反映出对命中的相关文献情况及对相关文献的主要论点进行对比分析的客观情况。检索结果分为密切相关文献和一般相关文献。检索结果通常包括下列内容：

(1) 对所检数据库和工具书命中的相关文献情况进行简单描述。

(2) 依据检出文献的相关程度分国内、国外两种情况分别依次列出。

(3) 对所列主要相关文献逐篇进行简要描述（一般可用原文中的摘要或者对原文中的摘要进行抽提），对于密切相关的文献，可摘录部分原文并提供原文的复印件作为附录。

7）查新结论

查新结论包括相关文献检出情况，检索结果与查新项目的科学技术要点的比较分析，对查新项目新颖性的判断结论等。

查新结论应当客观、公正、准确、清晰地反映查新项目的真实情况，不得误导。

8）查新员与审核员声明

经由查新人员和审核人员签字、声明的内容包括：报告中陈述的事实是真实和准确的，是按照《科技查新规范》进行查新、文献分析和审核，并作出上述查新结论的；获取的报酬与本报告中的分析、意见和结论无关，也与本报告的使用无关等。

9）附件清单

附件清单包括密切相关文献的题目、出处、原文复制件和文摘。所有附件按相关程度依次编号。

10）查新委托人要求提供的其他内容相关文献的题目、出处

有效的查新报告应当具有查新员和审核员的签字，加盖查新机构的科技查新专用章，同时对查新报告的每一页进行跨页盖章。

本章小结

本章主要介绍了对网络信息资源如何收集、整理和分析，提炼出有价值的信息；利用有效信息开展科研和学位论文的开题和写作；在进行科研和论文写作的过程中，首先要做的且必不可少的工作是科技查新。

思考题

1. 如何收集需要的各种信息？
2. 根据自己的专业完成学位论文的开题，并对其进行科技查新。

第5章　创新及专利相关知识

5.1　创新概述

本节重点　创新的类型

主要内容　创新的原则及创新的类型

教学目的　了解有关创新的相关知识

5.1.1　创新的概念

创新，顾名思义，创造新的事物。《广雅》："创，始也"；新，与旧相对。创新一词在我国出现很早，如《魏书》有"革弊创新"，《周书》中有"创新改旧"。和创新含义近同的词汇有维新、鼎新等，如"咸与维新"、"革故鼎新"、"除旧布新"、"苟日新、日日新，又日新"等。

创新英文是"Innovation"，有别于"创造"（英文为Creation）和"发明"（英文为Invention）。创新（Innovation）起源于拉丁语，原意有三层含义：①更新，就是对原有的东西进行替换；②创造新的东西，就是创造出原来没有的东西；③改变，就是对原有的东西进行发展和改造。简而言之，创新就是利用已存在的自然资源创造新事物的一种手段。

创新作为一种理论可追溯到1912美国哈佛大学教授熊彼特的《经济发展概论》。熊彼特在其著作中提出："创新是指把一种新的生产要素和生产条件的'新结合'引入生产体系。"它包括五种情况：引入一种新产品，引入一种新的生产方法，开辟一个新的市场，获得原材料或半成品的一种新的供应来源。熊彼特的创新概念包含的范围很广，如涉及技术性变化的创新及非技术性变化的组织创新。熊彼特独具特色的创新理论奠定了其在经济思想发展史研究领域的独特地位，也成为他经济思想发展史研究的主要成就。

当前国际社会对于创新的定义比较权威的有两个：

(1) 2000年联合国经合组织（OECD）"在学习型经济中的城市与区域发展"报告中提出的："创新的含义比发明创造更为深刻，它必须考虑在经济上的运用，实现其潜在的经济价值。只有当发明创造引入到经济领域，它才成为创新。"

(2) 2004年美国国家竞争力委员会向政府提交的《创新美国》计划中提出

的:“创新是把感悟和技术转化为能够创造新的市值、驱动经济增长和提高生活标准的新的产品、新的过程与方法和新的服务。”

5.1.2 创新的地位

2006年1月9日,我国党中央、国务院召开了新世纪第一次全国科学技术大会。会议提出了至2020年把我国建设成为创新型国家的奋斗目标,对于推进我国经济社会和科技发展将具有里程碑意义。

建设创新型国家,核心就是把增强自主创新能力作为发展科学技术的战略基点,走出中国特色自主创新道路,推动科学技术的跨越式发展。

创新是一个民族进步的灵魂,是一个国家兴旺发达的不竭动力,也是一个政党永葆生机的源泉,这是江泽民同志总结20世纪世界各国政党,特别是共产党兴衰成败的历史经验和教训得出的科学结论。中国共产党之所以能够立于不败之地,并使社会主义焕发出勃勃生机,靠的就是坚持改革,锐意创新。江泽民同志还指出:“整个人类历史,就是一个不断创新、不断进步的过程。没有创新,就没有人类的进步,就没有人类的未来。当代科学技术的发展,更加雄辩地证明了这一点。”

翻开人类历史的漫长画卷,不难发现,自古以来,人类社会经济和文化的每一次重大发展,都依赖于科学的重大发现和技术的重大发明,依赖于人类认识的革命和观念的更新。科技进步和创新是生产力发展的关键因素,历次重大科学发现所引起的技术突破,都引发了生产力的巨大进步和社会的深刻变革。

近代以来人类文明进步所取得的丰硕成果,主要得益于科学发现、技术创新和工程技术的不断进步,得益于科学技术应用于生产实践中形成的先进生产力,得益于近代启蒙运动所带来的人们思想观念的巨大解放。可以这样说,人类社会从低级到高级、从简单到复杂、从原始到现代的进化历程,就是一个不断创新的过程。不同民族发展的速度有快有慢,发展的阶段有先有后,发展的水平有高有低,究其原因,民族创新能力的大小是一个主要因素。

随着知识经济和信息社会的来临,创新能力不仅成为综合国力竞争的关键,而且成为一个国家或民族能否生存下去的关键。中华民族是富有创造精神的伟大民族,在新的历史条件下,只要勇于和善于创新,就一定能够赶上甚至超过世界先进水平。

5.1.3 创新的原则

创新原则就是开展创新活动所依据的法则和判断创新构思所凭借的标准。

1. 遵守科学原理原则

创新必须遵循科学技术原理，不得有违科学发展规律。因为任何违背科学技术原理的创新都不能获得成功。比如，近百年来，许多才思卓越的人耗费心思，力图发明一种既不消耗任何能量、又可源源不断对外做功的“永动机”。但无论他们的构思如何巧妙，结果都逃不出失败的命运。其原因在于他们的创新违背了“能量守恒”的科学原理。为了使创新活动取得成功，在进行创新构思时，必须做到以下几点：

1）对发明创造设想进行科学原理相容性检查

创新的设想在转化为成果之前，应该先进行科学原理相容性检查。如果关于某一创新问题的初步设想，与人们已经发现并获实践检查证明的科学原理不相容，则不会获得最后的创新成果。因此与科学原理是否相容，是检查创新设想有无生命力的根本条件。

2）对发明创新设想进行技术方法可行性检查

任何事物都不能离开现有条件的制约。在设想变为成果时，还必须进行技术方法可行性检查。如果设想所需要的条件超过现有技术方法可行性范围，则在目前该设想还只能是一种空想。

3）对创新设想进行功能方案合理性检查

任何创新的新设想，在功能上都有所创新或有所增强。但一项设想的功能体系是否合理，关系到该设想是否具有推广应用的价值。因此，必须对其合理性进行检查。

2. 市场评价原则

创新设想要获得最后的成果，必须经受走向市场的严峻考验。爱迪生曾说：“我不打算发明任何卖不出去的东西，因为不能卖出去的东西都没有达到成功的顶点。能销售出去就证明了它的实用性，而实用性就是成功。”

创新设想经受市场考验，实现商品化和市场化要按市场评价的原则来分析。其评价通常是从市场寿命观、市场定位观、市场特色观、市场容量观、市场价格观和市场风险观七个方面入手，考察创新对象的商品化和市场化的发展前景，而最基本的要点则是考察该创新的使用价值是否大于它的销售价格，也就是要看它的性能、价格是否优良。但在现实中，要估计一种新产品的生产成本和销售价格不难，而要估计一种新发明的使用价值和潜在意义则很难。这需要在市场评价时把握住评价事物使用性能最基本的几个方面，然后在此基础上作出结论。

(1) 解决问题的迫切程度。

(2) 功能结构的优化程度。

(3) 使用操作的可靠程度。

(4) 维修保养的方便程度。

(5) 美化生活的美学程度。

3. 相对较优原则

创新不可盲目追求最优、最佳、最美、最先进。

创新产物不可能十全十美。在创新过程中,利用创造原理和方法,获得许多创新设想,它们各有千秋,这时,就需要人们按相对较优的原则,对设想进行判断选择。

1) 从创新技术先进性上进行比较

可从创新设想或成果的技术先进性上进行各自之间的分析比较,尤其是应将创新设想与解决同样问题的已有技术手段进行比较,看谁领先和超前。

2) 从创新经济合理性上进行比较选择

经济的合理性也是评价判断一项创新成果的重要因素。所以对各种设想的可能经济情况要进行比较,看谁合理和节省。

3) 从创新整体效果性上进行比较选择

技术和经济应该相互支持、相互促进,它们的协调统一构成事物的整体效果性。任何创新的设想和成果,其使用价值和创新水平主要是通过它的整体效果体现出来的。因此,对它们的整体效果要进行比较,看谁全面和优秀。

4. 机理简单原则

创新只要效果好,机理越简单越好。在现有科学水平和技术条件下,如不限制实现创新方式和手段的复杂性,所付出的代价可能远远超出合理程度,使得创新的设想或结果豪无使用价值。在科技竞争日趋激烈的今天,结构复杂、功能冗余、使用烦琐已成为技术不成熟的标志。因此,在创新的过程中,要始终贯彻机理简单原则。为使创新的设想或结果更符合机理简单的原则,可进行如下检查:

(1) 新事物所依据的原理是否重叠,超出应有范围。

(2) 新事物所拥有的结构是否复杂,超出应有程度。

(3) 新事物所具备的功能是否冗余,超出应有数量。

5. 构思独特原则

我国古代军事家孙子在其名著《孙子兵法・势篇》中指出:"凡战者,以正合，以奇胜。故善出奇者，无穷如天地，不竭如江河。”所谓“出奇”，就是“思维超常”和“构思独特”。创新贵在独特，创新也需要独特。在创新活动中，关于创新对象的构思是否独特，可以从以下几个方面来考察：

(1) 创新构思的新颖性。

(2) 创新构思的开创性。

(3) 创新构思的特色性。

6. 不轻易否定，不简单比较原则

不轻易否定，不简单比较原则是指在分析评判各种产品创新方案时应注意避免轻易否定的倾向。在飞机发明之前，科学界曾从“理论”上进行了否定的论证。过去也曾有权威人士断言，无线电波不可能沿着地球曲面传播，无法成为通信手段。显然，这些结论都是错误的，这些不恰当的否定之所以出现是由于人们运用了错误的“理论”，而更多的不应该出现的错误否定，则是由于人们的主观武断，给某项发明规定了若干用常规思维分析证明无法达到的技术细节的结果。

在避免轻易否定倾向的同时，还要注意不要随意在两个事物之间进行简单比较。不同的创新，包括非常相近的创新，原则上不能以简单的方式比较其优势。

不同创新不能简单比较的原则，带来了相关技术在市场上的优势互补，形成了共存共荣的局面。创新的广泛性和普遍性都源于创新具有的相融性。如市场上常见的钢笔、铅笔就互不排斥，即使都是铅笔，也有普通木质的铅笔和金属或塑料杆的自动铅笔之分，它们之间也不存在排斥的问题。

总之，我们应在尽量避免盲目地、过高地估计自己的设想的同时，也要注意珍惜别人的创意和构想。简单的否定与批评是容易的，难得的却是闪烁着希望的创新构想。

以上是在创新活动中要注意并切实遵循的创新原理和创新原则，这都是根据千百年来人类创新活动成功的经验和失败的教训提炼出来的，是创新智慧和方法的结晶。它体现了创新的规律和性质，按创新原理和原则去创新并非束缚你的思维，而是把创新活动纳入安全可靠、快速运行的大道上来。

在创新活动中遵循创新原理和创新原则是提升创新能力的基本要素，是攀登创新云梯的基础。有了这个基础就把握了开启创新大门的“金钥匙”。

5.1.4 创新的类型

按照创新的内容，创新可分为理论创新、制度创新、科技创新、文化创新及其他各方面的创新。中国共产党的十六大报告指出：“通过理论创新推动制度创新、科技创新、文化创新及其他各方面的创新，不断在实践中探索前进，永不自满，永不懈怠，这是我们要长期坚持的治党治国之道。”

理论创新，就是要在坚持马克思主义基本原理的前提下，总结实践的新经验，借鉴当代人类文明的优秀成果，在理论上不断扩展新视野，作出新概括，不断为马克思主义增添新的内容。胡锦涛同志在“七一”重要讲话中指出：“坚持以反映时代特征和实践要求的科学理论指导实践，并根据实践的新鲜经验不断推进理论创新，是马克思主义政党坚持先进性、不断推进事业发展的根本保证。”“三个代表”重要思想之所以能够实现理论上的伟大创新，就在于坚持马克思主义的世界观和方法论，坚持马克思主义与时俱进的理论品质，坚持运用创新的思维对创新的实践作出科学的概括。

制度创新，就是要不断完善适应发展社会主义市场经济、全面建设中国特色社会主义要求的各方面的体制，即在经济体制上坚持和完善公有制为主体、多种所有制经济共同发展的基本经济制度；在政治体制上坚持依法治国与以德治国相结合，发展社会主义民主政治，建设社会主义政治文明；在文化体制上逐步建立有利于调动文化工作者积极性，推动文化创新，多出精品、多出人才的文化管理体制和运行机制。

科技创新，就是坚持科教兴国战略，加强基础科学和高新技术的研究和开发，推进关键技术创新和系统集成，实现科学技术的跨越式发展。

文化创新，就是坚持以马克思主义为指导，立足于改革开放和现代化建设的实践，着眼于世界文化发展的前沿，发扬民族文化的优秀传统，汲取世界各民族文化的长处，在内容和形式上积极创新，不断增强中国特色社会主义文化的吸引力和感召力，创造出更加灿烂的中国先进文化，从而为经济和社会的发展提供强大的精神动力和智力支持。

创新分类的参考指标还有很多，不同分类指标可以得出不同的分类。

(1) 根据创新的表现形式分类，如知识创新、技术创新、服务创新、制度创新和组织创新。

(2) 根据创新的领域分类，如教育创新、金融创新、工业创新、农业创新、国防创新、社会创新和文化创新等。

(3) 根据创新的行为主体分类，如政府创新、企业创新、团体创新、大学创新、科研机构创新和个人创新等。

(4) 根据创新的方式分类，如独立创新、合作创新。

(5) 根据创新的意义大小分类，如渐进性创新、突破性创新、革命性创新等。

(6) 根据创新的效果分类，如有价值的创新、无价值的创新。

(7) 根据创新的层次分类，如首创型创新、改进型创新和应用型创新。

5.1.5 创新组织

创新型组织，是指组织的创新能力和创新意识较强，能够源源不断进行技术创新、组织创新、管理创新等一系列创新活动。彼得·德鲁克在谈到创新型组织时说：创新型组织就是把创新精神制度化而创造出一种创新的习惯。创新型组织具有以下共同特点：

(1) 知道“创新”的意义是什么。

(2) 了解创新的动态过程。

(3) 有一个创新战略。

(4) 了解适合于创新动态过程的目标、方向和衡量标准。

(5) 组织中的管理层特别是高层管理起着不同的作用，并持有不同的态度。

(6) 以不同于经营管理组织的方式组织和建立创新型组织。

下面简单介绍一些国内外著名的创新组织。

1. 北京大学创新研究院(图 5-1)

北京大学创新研究院(英文简称为 PIER，以下简称北大创研院)创办于 2008 年 8 月 6 日，是集创新研究、教学和实践于一体的学术机构。北大创研院的建立是中国创新教育和研究的一种新探索，也是吸引全球创新英才的一项开创性工程。

图 5-1 北京大学创新研究院主页

在创新研究方面，北大创研院开展深入的中国自主创新理论、方法和实践的研究。北大创研院整合北京大学各学院系所和其他科研机构的交叉学科资源，共同建立全球创新研发和管理领域的智力资源和学术网络，进行国家创新政策，教育体制，以及国有、民营企业的创新战略等主题的学术研究和咨询；从事全球化创新战略，企业创新竞争力和技术管理，企业家创新精神和创业管理，以及创新产品设计等多方面的研发项目；完成政府、社会及企业的重大创新合作研究项目。

在创新教育方面，北大创研院提供国际领先的创新人才教育，设计和提供国际一流的创新领域教育和培训课程；组织北大各学院及系所，开设与创新思维和方法有关的选修课程；设立本科生的创新双学位教育；与相关学院合作发展与创新有关的交叉学科硕士生和博士生学位教育；并开设面向政府、社会和企业管理者的在职继续教育和专业培训。

在创新实践方面，北大创研院致力于依靠北京大学的综合学科优势提升产业创新能力，为中国产业建立全球自主创新的评价体系，为国内外资助者进行不同产业发展的调研项目，以及企业创新绩效的咨询和评估服务；提供企业创新能力的解决方案，以帮助其改善创新机制和环境，增强企业的创新动力，并提升企业的自主创新能力；建立全球自主创新高级论坛和创新者网络，定期召开与自主创新领域有关的论坛和大会；建立国际化的学术交流和产业互动平台，发展并促进“全球创新联盟”，以加强中国与国际产业高层间的创新战略接口。

2. 清华大学技术创新研究中心(图 5-2)

清华大学技术创新研究中心(以下简称中心)成立于 2000 年，其前身是清华大学经济管理研究所，基础是清华大学经济管理学院技术经济与管理系。该中心于 2003 年申请、2004 年 11 月获教育部批准为教育部人文社会科学重点研究基地。中心所依托的学科点于 1986 年批准为技术经济专业全国第一批博士点，1988 年被评为该专业全国唯一重点学科点，2002 年和 2007 年蝉联国家重点学科点。

图 5-2　清华大学技术创新研究中心主页

发展历程:① 中心所依托的技术经济与管理学科点于 1979 年开始建设,1986 年批准为该专业全国第一批博士点,1988 年被评为该专业全国唯一重点学科点,2002 年蝉联国家重点学科点。② 2000 年 3 月,以本学科点为基础组建了清华大学技术创新研究中心。③ 2004 年 11 月,中心被批准为“教育部人文社会科学重点研究基地”。④ 2005 年,以本中心为主要力量之一建立的“现代管理与技术创新研究中心”被批准为国家哲学社会科学创新基地。

使命:① 致力于成为中国技术创新研究领域的理论创新基地、专业人才培养基地、学术交流和信息汇集中心、重大决策咨询服务中心、学科发展示范辐射中心。② 5～10 年内在总体接近世界一流学科水平,部分领域达到世界一流水平。

主要研究内容有:创新与经济增长关系、技术创新激励机制、技术创新过程及战略、合作创新、模仿创新、创新集群、创新产品选择、市场创新、技术创新扩散、技术创新测度、区域技术创新、产业技术创新、技术导入、技术创新与制度创新等。

3. 浙江大学国际创新研究院(图 5-3)

浙江大学国际创新研究院(英文简称 ZII,以下简称浙大创研院)成立于 2007 年 5 月 21 日,由浙江大学校友、著名企业家朱敏先生创办,浙大创研院以“锻造国际产学研合作创新链、助推创新生态营造与区域经济发展”为宗旨,致力于发展成为世界一流水平的科技与产业创新的研发机构,外引以美国斯坦福大学为代表的世界一流大学和以美国硅谷为代表的高水平创新资源,内联正在寻求国际化与产业创新机遇的浙商企业,通过自主创新和集成创新全面提升浙江大学及浙江省在国际创新链中的地位,探索出一种从大学国际化到区域现代

图 5-3　浙江大学国际创新研究院主页

化、从技术创新到产业创新、从企业区块集群到营建全球创新联盟的新颖发展模式，从而为浙江经济科技的发展探索新的成长之路。

浙大创研院将充分吸收国际科研与商业运营模式的成功经验，结合本土市场和环境需求，力争在 2～3 年的时间内探索形成较为成熟的国际产学研合作、成果转化及创业孵化的产业链体系，在 5 年内完成应用整合创新的积累，并向科研创新延伸发展；用 10 年的时间打造成为世界一流水平的创新科研机构。

作为国际化、综合性和开放性的科技创新、人才培养和产业培育基地，浙大创研院以创新提升价值的理念，探索和实践国际化的政、产、学、研、资相结合的高新技术产业化新模式，协助区域产业创新并形成全球性竞争联盟。

在具体执行策略上，以实体化运作的浙大创研院为平台，构建“三网络、两渠道”，面向全球整合创新资源，落地浙江，促进浙江经济的可持续创新与发展。

浙大创研院是隶属于浙江大学下的独立管理与自主经营的非营利性实体机构，在运作机制上采用国际化的商业运作模式，通过建立研究院自身造血功能(如技术研发、技术转移、人员培训、中介服务等)保持滚动发展。在具体运作上，浙大创研院以项目为中心，采用自主创新与委托研发相结合的手段，建立开放式、跨学科的创新平台，整合校内外多方资源，利用项目成果推动相关学科、提高办学水平、建设高水平实验开发基地、发展国际化的学术队伍，形成良性循环。

4. 深圳航天科技创新研究院(图 5-4)

深圳航天科技创新研究院(以下简称研究院)前身为深圳国际技术创新研究院，2000 年由深圳市政府和哈尔滨工业大学合作创办。2007 年 9 月由中国航天科技集团公司、深圳市政府和哈尔滨工业大学三方重组共建，后更名为“深圳航天科技创新研究院”。

图 5-4　深圳航天科技创新研究院主页

研究院注册资金为3.65亿元，现有员工近300人，其中科研人员占85%，中高级职称人员占70%，拥有一支以教授、博士为中坚力量的多学科的科研队伍，已通过"ISO 9001质量管理体系认证"、"软件企业认证"、"军品质量体系认证"及"军品保密认证"，具备国家一级保密资质。

研究院自成立以来，一直致力于RFID产品的研发和生产，陆续推出了具有完全自主知识产权的RFID固定式读写器、一体式读写器、发卡器、读写器模块，以及各类RFID标签及天线等系列产品，在航天领域、国防建设及民用等方面得到广泛的应用。2008年，研究院在军用RFID标准体系建设工作中被确定为承担单位之一。

未来，研究院将面向国家技术创新和国防建设的要求，面向地方经济建设和市场需求，在航天科技集团的领导下，依靠航天工业的工程优势和产业平台，依托哈尔滨工业大学的人才与技术研发力量，利用深圳改革开放的区位优势，产、学、研有机融合，持续开展技术创新、管理和经营创新，把研究院建成为研发专业化、关键项目产业化、产品市场化、产业资本化、相关领域有限多元化，科研、产业和资本运作良性循环，主营业务具有核心竞争力的高科技产业集团。

5. 美国加利福尼亚大学伯克利分校哈斯开放式创新中心(Center for Open Innovation)(图5-5)

该中心是美国加利福尼亚大学伯克利分校哈斯商学院下属的一个研究中心，哈斯商学院以富于创新精神而闻名。开放式创新是企业面临创新压力，处于发展困境时应运而生的一种创新模式。

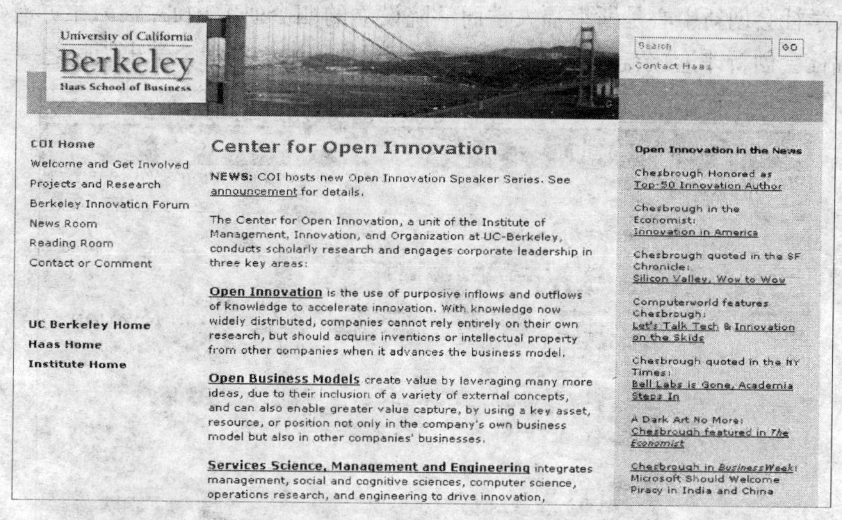

图5-5 美国加利福尼亚大学伯克利分校哈斯开放式创新中心主页

6. 麻省理工学院斯隆管理学院领导力中心(MIT Leadership Center)(图 5-6)

该中心是麻省理工学院斯隆管理学院的研究小组之一，研究重点是“分布式领导”理论。分布式领导理论是分布于组织中的领导者、追随者和特定情境交互作用网络中的一种领导实践理论。最核心的特征是赋权、分享领导和团队合作，其核心目标是让每个个体在拥有共同愿景和融洽气氛的团体中都能取得成功。

图 5-6 麻省理工学院斯隆管理学院领导力中心主页

7. 斯坦福大学社会创新中心(Center for Social Innovation)(图 5-7)

斯坦福大学及所处的美国硅谷地区被认为是世界上创新的中心，斯坦福大学作为全球创新的开拓及引领者，与世界各国及中国有着广泛的联系和合作。斯坦福大学社会创新中心是斯坦福大学商学院设立的四个研究中心之一，主办有《斯坦福社会创新评论》杂志，该杂志被评为美国最有影响力的社会学出版物之一。

图 5-7 斯坦福大学社会创新中心主页

5.1.6 创新人物

1. CDMA之父艾文·雅各布(图5-8)

“谁也无法预知未来可能发生的事情。但世界正在改变,我们要充分利用这种变化。这里面既有机遇也有风险。我们必须为改变做好准备。”——这是艾文·雅各布50多岁重新创业,并最终成功的秘诀。

艾文·马克·雅各布博士是码分多址(CDMA)数字无线技术的先驱及全球领先厂商高通公司的联合创始人。2005年7月前,雅各布博士一直担任公司的首席执行官,并兼任公司董事长,直到2009年3月。

图5-8 艾文·马克·雅各布

雅各布博士领导和实现了CDMA技术商用,并将其成功发展为世界上成长最快、最先进的无线语音和数据通信技术。他持有数项CDMA专利,为高通公司已发布和正在申请的技术专利资产做出了巨大贡献。

高通当时清一色的技术人员也许并不深谙经营之道,但是雅各布带领他们做了最重要的两件事:第一,把高通的CDMA技术提交到美国标准组织TIA和世界标准组织ITU,申请被确立为世界移动通信标准;第二,高通把CDMA研发过程中所有大大小小的技术一股脑儿都申请了专利。

独特的经营思路,形成了如今独特的高通模式——高通本身并不生产设备或手机,而是通过专利技术许可的方式,让全世界100多家通信设备生产商和众多的移动电话制造商为它“打工”,其中包括摩托罗拉、爱立信这样的跨国电信巨头,中国电信企业也同样“难逃厄运”。

现在,三大3G标准WCDMA、CDMA 2000乃至TD-SCDMA无不是基于CDMA技术,而CDMA更是遍及全球的各个角落。

图5-9 袁隆平

2. 世界杂交水稻之父袁隆平(图5-9～图5-11)

中国农民说,吃饭靠“两平”,一靠邓小平(责任制),二靠袁隆平(杂交稻)。西方世界称,杂交稻是“东方魔稻”。袁隆平的成果不仅在很大程度上解决了中国人的吃饭问题,而且也被认为是解决21世纪世界性饥饿问题的法宝。国际上甚至把杂交稻当作中国继四大发明之后的第五大发明,誉为“第二次绿色革命”。

图 5-10　袁隆平作报告

袁隆平，1930 年 9 月 7 日生，中国工程院院士，现任国家杂交水稻工作技术中心暨湖南杂交水稻研究中心主任、湖南省政协副主席。作为中国研究杂交水稻的创始人，世界上成功利用水稻杂交优势的第一人，他于 1964 年开始从事杂交水稻研究，用 9 年时间于 1973 年实现了三系配套，并选育了第一个在生产上大面积应用的强优高产杂交水稻组合——南优 2 号。为此，他于 1981 年荣获我国第一个国家特等发明奖，被国际上誉为“杂交水稻之父”。

图 5-11　袁隆平在田间

他先后获得了联合国知识产权组织"杰出发明家"金质奖、联合国教科文组织"科学奖"、英国让克基金会"让克奖"、美国费因斯特基金会"拯救世界饥饿奖"、联合国粮农组织"粮食安全保障奖"、日本"日经亚洲大奖"、作物杂种优势利用世界"先驱科学家奖"和"日本越光国际水稻奖"等八项国际奖(摘自豆丁网http://www.docin.com/p-9358339.html)。

5.2 专利概述

本节重点 专利申请及专利检索

主要内容 专利的类型、专利申请及专利检索方法

教学目的 了解有关专利的相关知识,使学生掌握如何申请专利

5.2.1 专利的概念

1. 专利

专利主要是指专利权,专利权是一种独占权,指国家专利审批机关对提出专利申请的发明创造,经依法审查合格后,向专利申请人授予的、在规定时间内对该项发明创造享有的专有权。

专利权是一种无形财产权,具有排他性,受国家法律的保护。任何人想要实施专利(包括制造、使用、销售和进口等),除法律另有规定的以外,必须事先取得其专利权人的许可并支付一定的费用,否则就是侵权,要负法律责任。

2. 专利特点

专利的两个最基本的特征就是"独占"与"公开",以"公开"换取"独占"是专利制度最基本的核心,这分别代表了权利与义务的两面。"独占"是指法律授予技术发明人在一段时间内享有排他性的独占权利;"公开"是指技术发明人作为对法律授予其独占权的回报而将其技术公之于众,使社会公众可以通过正常渠道获得有关专利信息。

(1) 独占性。独占性也称排他性或专有性。它是指同一发明在一定的区域范围内,只有专利权人才能在一定期限内享有对其的制造权、使用权和销售权。其他任何人未经许可都不能对其进行制造、使用和销售,否则属于侵权行为。

(2) 区域性。区域性是指专利权是一种有区域范围限制的权利,它只有在法律管辖区域内有效。除了在有些情况下,依据保护知识产权的国际公约,以及个别国家承认另一国批准的专利权有效以外,技术发明在哪个国家申请专利,就由哪个国家授予专利权,而且只在专利授予国的范围内有效,而对其他国

家不具有法律约束力，其他国家不承担任何保护义务。但是，同一发明可以同时在两个或两个以上的国家申请专利，获得批准后，其发明便可以在所有申请国获得法律保护。

(3) 时间性。时间性是指专利权只有在法律规定的期限内才有效。专利权的有效保护期限结束以后，专利权人所享有的专利权便自动丧失，一般不能延续。发明便随着保护期限的结束而成为社会公有的财富，其他人便可以自由地使用该发明来创造产品。专利受法律保护期限的长短由有关国家的专利法或有关国际公约规定。目前世界各国的专利法对专利的保护期限规定不一。《知识产权协定》第三十三条规定专利“保护的有效期应不少于自提交申请之日起的第二十年年终”。中国的发明专利权期限为二十年，实用新型专利权和外观设计专利权期限为十年，均自申请日起计算。

(4) 实施性。除美国等少数几个国家外，绝大多数国家都要求专利权人必须在一定期限内，在给予保护的国家内实施其专利权，即利用专利技术制造产品或转让其专利。

3.授予专利的条件

(1) 不违反国家法律、社会公德，不妨害公共利益。

(2) 专利法规定的不授予专利权的内容或技术领域：① 科学发现；② 智力活动的规则和方法；③ 疾病的诊断和治疗方法；④ 动物和植物品种；⑤ 用原子核变换方法获得的物质。

对(2)中第④项所列产品的生产方法，可以依照专利法授予专利权。

(3) 授予专利权的发明和实用新型，应当具备新颖性、创造性和实用性。

· 新颖性：是指在申请日以前没有同样的发明或者实用新型在国内外出版物上公开发表过、在国内公开使用过或者以其他方式为公众所知，也没有同样的发明或者实用新型由他人向国务院专利行政部门提出过申请并且记载在申请日以后公布的专利申请文件中。

· 创造性：是指同申请日以前已有的技术相比，该发明有突出的实质性特点和显著的进步，该实用新型有实质性特点和进步。

· 实用性：是指该发明或者实用新型能够制造或者使用，并且能够产生积极效果。

所以，具备新颖性、创造性和实用性是授予发明和实用新型专利权的实质性条件。

(4) 授予专利权的外观设计，应当同申请日以前在国内外出版物上公开发表过或者国内公开使用过的外观设计不相同和不相近似，并不得与他人在先取得的合法权利相冲突。

5.2.2 专利的类型

我国专利法规定的专利有三种：发明专利、实用新型专利和外观设计专利。

1. 发明专利

我国《专利法》第二条第一款对发明的定义是："发明是指对产品、方法或者其改进所提出的新的技术方案。"所谓产品是指工业上能够制造的各种新制品，包括有一定形状和结构的固体、液体、气体之类的物品。所谓方法是指对原料进行加工，制成各种产品的方法。发明专利并不要求它是经过实践证明可以直接应用于工业生产的技术成果，它可以是一项解决技术问题的方案或是一种构思，具有在工业上应用的可能性，但这也不能将这种技术方案或构思与单纯地提出课题、设想相混同，因单纯的课题、设想不具备工业上应用的可能性。

2. 实用新型专利

我国《专利法》第二条第二款对实用新型的定义是："实用新型是指对产品的形状、构造或者其结合所提出的适于实用的新的技术方案。"同发明一样，实用新型保护的也是一个技术方案。但实用新型专利保护的范围较窄，它只保护有一定形状或结构的新产品，不保护方法及没有固定形状的物质。实用新型的技术方案更注重实用性，其技术水平较发明而言要低一些，多数国家实用新型专利保护的都是比较简单的、改进性的技术发明，可以称为"小发明"。

3. 外观设计专利

我国《专利法》第二条第三款对外观设计的定义是："外观设计是指对产品的形状、图案或其结合，以及色彩与形状、图案的结合所作出的富有美感并适于工业应用的新设计"，并在《专利法》第二十三条对其授权条件进行了规定，"授予专利权的外观设计，应当不属于现有设计；也没有任何单位或者个人就同样的外观设计在申请日以前向国务院专利行政部门提出过申请，并记载在申请日以后公告的专利文件中。"相对于以前的专利法，最新修改的专利法对外观设计的要求提高了。

外观设计与发明、实用新型有着明显的区别，外观设计注重的是设计人对一项产品的外观所作出的富于艺术性、具有美感的创造，但这种具有艺术性的创造，不是单纯的工艺品，它必须具有能够为产业上所应用的实用性。外观设计专利实质上是保护美术思想的，而发明专利和实用新型专利保护的是技术思想；虽然外观设计和实用新型与产品的形状有关，但两者的目的却不相同，前者的目的在于使产品形状产生美感，而后者的目的在于使具有形态的产品能够解决某一技术问题。例如一把雨伞，若它的形状、图案、色彩相当美观，那么应申请外观设计专利，如果雨伞的伞柄、伞骨、伞头结构设计精简合理，可以节省材料又有耐用的功能，那么应申请实用新型专利。

5.2.3 专利的申请

专利申请一般是委托专利事务所代理，专利代理人将分别在申请前、申请阶段和获得专利权后提供服务。在申请前，代理人为申请人提出建议；在申请阶段，代理人为申请人撰写、提交专利申请文件及代办有关事宜；获得专利权后与技术转让时，代理人将对技术转让疑点提供咨询，参与技术贸易谈判及起草合同等。尽管委托专利事务所代理需要付出一些代理费，但是却可以达到多快好省的效果。中国专利也可由发明人自己直接申请。这就需要发明人必须具备一些专利的基本知识。

1. 专利申请前的准备

一项能够取得专利权的发明创造需要具备多方面的条件。首先是具备实质性条件，即具备专利性；其次还要符合专利法规定的形式要求及履行各种手续。不具备上述条件的申请，不但不可能获得专利，还会造成申请人及专利局双方时间、精力和财力的极大浪费。为了减少申请专利的盲目性，节省申请人及专利局双方的人力和物力，专利申请人在提出申请以前一定要做好以下准备工作。

(1) 学习和熟悉专利法及其实施细则，详细了解什么是专利，谁有权申请并取得专利，如何申请和取得专利。同时，也应了解专利权人的权利和义务，取得专利后如何维持和实施专利等。

(2) 对准备申请专利的项目是否具备专利性进行较详细的调查。在作出是否提出专利申请以前，应当广泛掌握资料，充分了解现有技术的状况，对明显没有新颖性或创造性（或独创性）的，就不必再提出申请。由于现有技术包括专利文献、非专利文献、本专业的权威性期刊和专著等，还包括国内同行业的技术现状，所以对现有技术作全面调查是一项十分细致和烦琐的工作。尽管这样，对现有技术的调查还是一个不应缺少的环节。申请人至少应当检索一下专利文献，因为专利文献包含了国内外最新的技术情报，又有比较科学的分类方法，往往可以给申请人较大帮助。此外，专利局下属的检索咨询中心还设有申请专利前的有偿检索服务，如果申请人经济上许可，自然这是调查现有技术最快捷的方法。

(3) 需要从市场经济的角度对申请专利进行认真考虑。申请专利必须缴纳申请费、审查费，如果被批准，还要缴纳专利登记费、年费等，委托专利代理机构的还要缴纳代理费，这是一笔相当不小的投资。申请人应对自己的发明创造技术开发的可能性、范围及技术市场和商品市场的条件进行认真预测和调研，以便明确在取得专利权以后实施和转让专利的条件及可能获得的经济收益，明确不申请专利可能带来的市场和经济损失。这些都是申请人作出是否值得申请专利、申请什么专利（发明、实用新型或外观设计）和在什么时候提出专利申请等问题时应当顾及的重要因素。

（4）了解专利申请文件的书写格式和撰写要求、专利申请的提交方式、费用情况和简要的审批过程。专利法规定，申请一旦提交以后，就不能再作实质性修改，所以申请文件特别是说明书写得不好，将成为无法补救的缺陷，甚至可能导致很好的发明内容，却得不到专利。权利要求书写得不好，常常会限制专利权的保护范围。不了解申请手续、审批程序，也往往会导致申请被视为撤回等法律后果。撰写申请文件有很多技巧，办理各种申请手续也是十分细致、要求很严格的工作，申请人如果没有把握，最好委托专利代理机构办理申请手续。

（5）其他在申请前应注意的事项。

为了保证专利申请具有新颖性，在提出专利申请以前，申请人应当对申请内容保密。如果在发明试验或鉴定的过程中有其他人参与，应当要求这些人员也予以保密，必要时可以签订保密协议。已由国务院主管部委或全国性学术团体组织或举办过新技术、新产品鉴定会和技术会议的，为了不丧失新颖性，应当按照《专利法》第二十四条的规定，在鉴定会或技术会议后 6 个月之内提出申请。

2. 申请专利应当提交的文件

申请专利时提交的法律文件必须采用书面形式，并按照规定的统一格式填写。申请不同类型的专利，需要准备不同的文件。

（1）申请发明专利的，申请文件应当包括：发明专利请求书、说明书（必要时应当有附图）、权利要求书、摘要及其附图各一式两份。

（2）申请实用新型专利的，申请文件应当包括：实用新型专利请求书、说明书、说明书附图、权利要求书、摘要及其附图各一式两份。

（3）申请外观设计的，申请文件应当包括：外观设计专利请求书、图片或者照片，各一式两份。要求保护色彩的，还应当提交彩色和黑白的图片或者照片各一份。如对图片或照片需要说明的，应当提交外观设计简要说明一式两份。

（4）公司申请专利的，申请文件应当包括：企业法人营业执照和组织机构代码证复印件（加盖公章），各一式一份，还应当提交发明人身份证复印件，一式一份。

(5) 个人申请专利的，申请文件应当包括：申请人和发明人的身份证复印件，各一式一份，还应当提交申请地址、邮编、电话等通信方式。

3. 专利审批流程

依据《专利法》，发明专利申请的审批程序包括：受理、初审、公布、实审及授权5个阶段，实用新型和外观设计申请不进行早期公布和实质审查，只有3个阶段。

1) 受理阶段

专利局收到专利申请后进行审查，如果符合受理条件，专利局将确定申请日，给予申请号，并且核实过文件清单后，发出受理通知书，通知申请人。如果申请文件未打字、印刷或字迹不清、有涂改的；或者附图及图片未用绘图工具和黑色墨水绘制、照片模糊不清有涂改的；或者申请文件不齐备的；或者请求书中缺申请人姓名或名称及地址不详的；或专利申请类别不明确或无法确定的，以及外国单位和个人未经涉外专利代理机构直接寄来的专利申请不予受理。

2) 初步审查阶段

经受理后的专利申请按照规定缴纳申请费的，自动进入初审阶段。初审前发明专利申请首先要进行保密审查，需要保密的，按保密程序处理。

初审是要对申请是否存在明显缺陷进行审查，主要包括审查内容是否属于《专利法》中不授予专利权的范围，是否明显缺乏技术内容不能构成技术方案，是否缺乏单一性，申请文件是否齐备及格式是否符合要求。若是外国申请人还要进行资格审查及申请手续审查。不合格的，专利局将通知申请人在规定的期限内补正或陈述意见，逾期不答复的，申请将被视为撤回。经答复仍未消除缺陷的，予以驳回。发明专利申请初审合格的，将发给初审合格通知书。对实用新型和外观设计专利申请，除进行上述审查外，还要审查是否明显与已有专利相同，是不是一个新的技术方案或者新的设计。经初审未发现驳回理由的，将直接进入授权程序。

3) 公布阶段

发明专利申请从发出初审合格通知书起进入公布阶段，如果申请人没有提出提前公开的请求，要等到申请日起满15个月才进入公开准备程序。如果申请人请求提前公开的，则申请立即进入公开准备程序。经过格式复核、编辑校对、计算机处理、排版印刷，大约3个月后在专利公报上公布其说明书摘要并出版说明书单行本。申请公布以后，申请人就获得了临时保护的权利。

4) 实质审查阶段

发明专利申请公布以后，如果申请人已经提出实质审查请求并已生效的，申请人进入实审程序。如果发明专利申请自申请日起满三年还未提出实审请求，或者实审请求未生效的，该申请即被视为撤回。

在实审期间将对专利申请是否具有新颖性、创造性、实用性及《专利法》规定的其他实质性条件进行全面审查。经审查认为不符合授权条件的或者存在各种缺陷的，将通知申请人在规定的时间内陈述意见或进行修改，逾期不答复的，申请被视为撤回，经多次答复申请仍不符合要求的，予以驳回。实审周期较长，若从申请日起两年内尚未授权，从第三年应当每年缴纳申请维持费，逾期不缴的，申请将被视为撤回。实质审查中未发现驳回理由的，将按规定进入授权程序。

5）授权阶段

实用新型和外观设计专利申请经初步审查及发明专利申请经实质审查未发现驳回理由的，由审查员作出授权通知，申请进入授权登记准备，经对授权文本的法律效力和完整性进行复核，对专利申请的著录项目进行校对、修改后，专利局发出授权通知书和办理登记手续通知书，申请人接到通知书后应当在2个月之内按照通知的要求办理登记手续并缴纳规定的费用，按期办理登记手续的，专利局将授予专利权，颁发专利证书，在专利登记簿上记录，并在2个月后于专利公报上公告，未按规定办理登记手续的，视为放弃取得专利权的权利。

4. 专利申请的受理机关

国家知识产权局是我国唯一有权接受专利申请的机关。国家知识产权局在全国26个城市设有代办处，受理专利申请文件，代收各种专利费用。

专利申请文件准备好后，将其邮寄（挂号信）或交到专利局受理处，也可以在网上注册申请，在收到受理通知后缴纳专利申请费。

5.2.4 专利的检索

1. 国家知识产权局（http://www.sipo.gov.cn/sipo）

国家知识产权局网站（图5-12）是国家知识产权局建立的政府性官方网站。该网站提供与专利相关的多种信息服务，如专利申请、专利审查的相关信息，近期专利公报、年报的查询，专利证书发文信息、法律状态、收费信息的查询等。此外，还可以直接链接到国外主要国家和地区的专利数据库、国外知识产权组织或管理机构的官方网站、国内地方知识产权局网站等。

国家知识产权局网站主页上设有中国专利检索功能。该检索系统收录了自1985年9月10日以来已公布的全部专利信息，包括著录项目、摘要、各种说明书全文及外观设计图形。

图 5-12　国家知识产权局主页

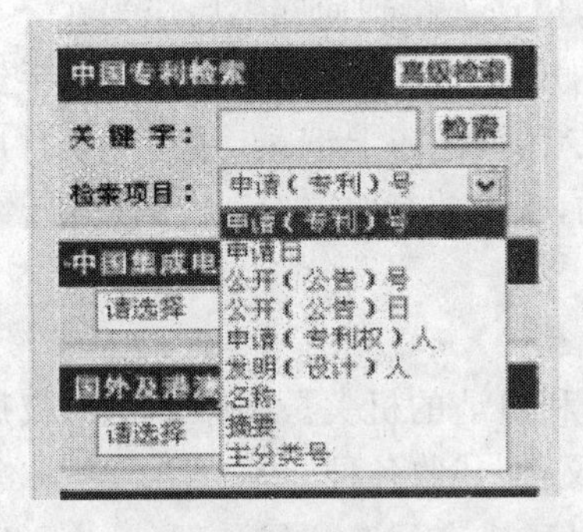

图 5-13　简单检索

国家知识产权局网站中国专利检索系统提供 3 种检索方式:简单检索、高级检索和 IPC 分类检索。

1) 简单检索

简单检索(图 5-13)页面提供含 9 个检索字段的“检索项目”选择项和一个“关键字”信息输入框。

注意:输入的信息需要与选择的字段相匹配。

2) 高级检索

高级检索(图 5-14)页面提供 16 个检索字段及三个专利种类的选择项。检索时,可根据需要选择相应的专利类型,然后在相应字段中输入信息。

3) IPC 分类检索

高级检索页面中,选择右上角的“IPC 分类检索”,即可进入 IPC 分类检索页面(图 5-15)。根据左侧的 IPC 分类表,可以按照 IPC 分类的部、大类、小类、大组、小组逐级选择相应的分类号,同时“分类号”字段的输入框中将出现相应的类号。可直接使用该分类号进行检索,还可以与其他信息进行逻辑组合检索。

注意:因 IPC 分类只针对中国的发明和实用新型有效,所以不能使用 IPC 分类检索方式检索中国的外观设计专利。

图 5-14 高级检索

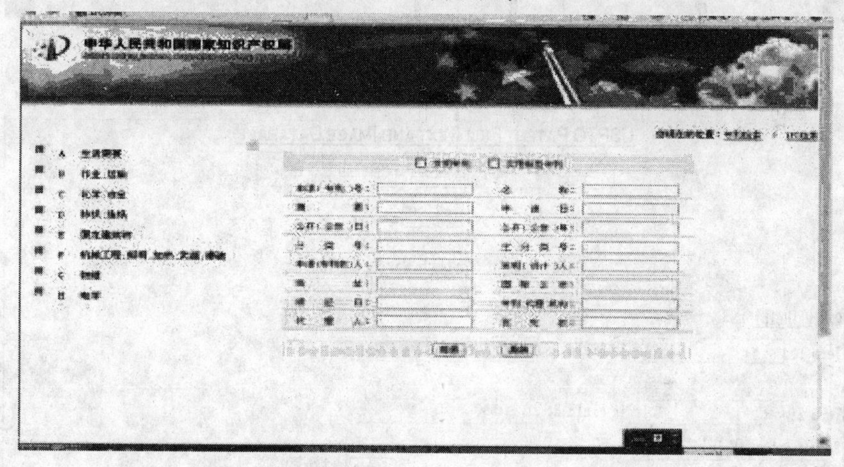

图 5-15 IPC 分类检索

2. 美国专利数据库(http://www. uspto. gov/patft/index. html)

美国专利数据库(图 5-16)由美国专利商标局提供,分为授权专利数据库和申请专利数据库两部分。授权专利数据库提供了 1790 年至今各类授权的美国专利,其中有 1790 年至今的图像说明书,1976 年至今的全文文本说明书(附图像链接);申请专利数据库只提供了 2001 年 3 月 15 日起申请说明书的文本和图像。

美国专利数据库提供 4 种检索方式:快速检索、高级检索、专利号检索和精确检索。

1) 快速检索

快速检索(图 5-17)提供 30 个可供选择的检索字段和两个检索词输入框,检索词之间用逻辑符号“AND(逻辑与)”、“OR(逻辑或)”、“NOT(逻辑非)”连接。

United States Patent and Trademark Office
An Agency of the Department of Commerce
Patent Full-Text Databases
PatFT: Patents
Full-Text from 1976
Quick Search
Advanced Search
Number Search
View Full-Page Images
PatFT Help Files
PatFT Status, History
PatFT Database Contents
Report Problems
Report Data Errors
The databases are operating normally.
Notices & Policies
How to View Images
Assignment Database
Public PAIR
Searching by Class
Sequence Listings
Attorneys and Agents
AppFT: Applications
Published since March 2001
Quick Search
Advanced Search
Number Search
View Full-Page Images
AppFT Help Files
AppFT Status, History
Report Problems
Report Data Errors

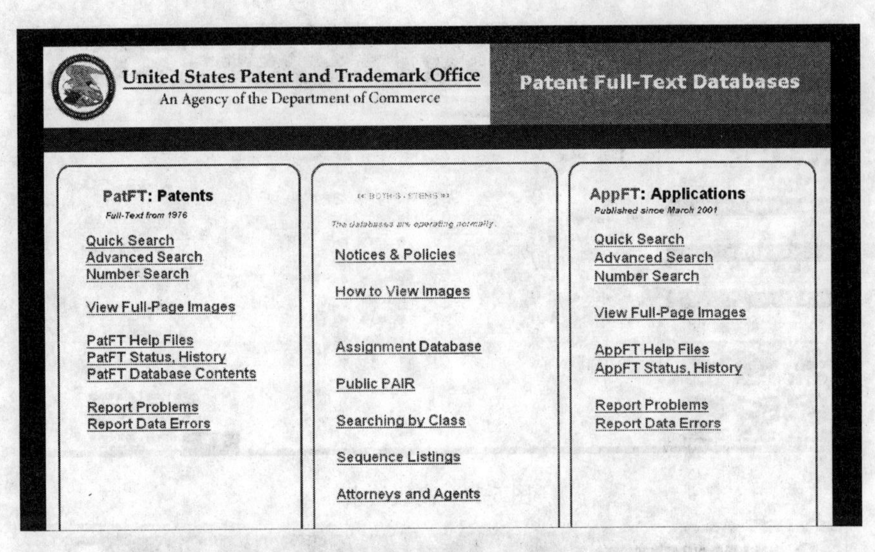

图 5-16　美国专利数据库主页

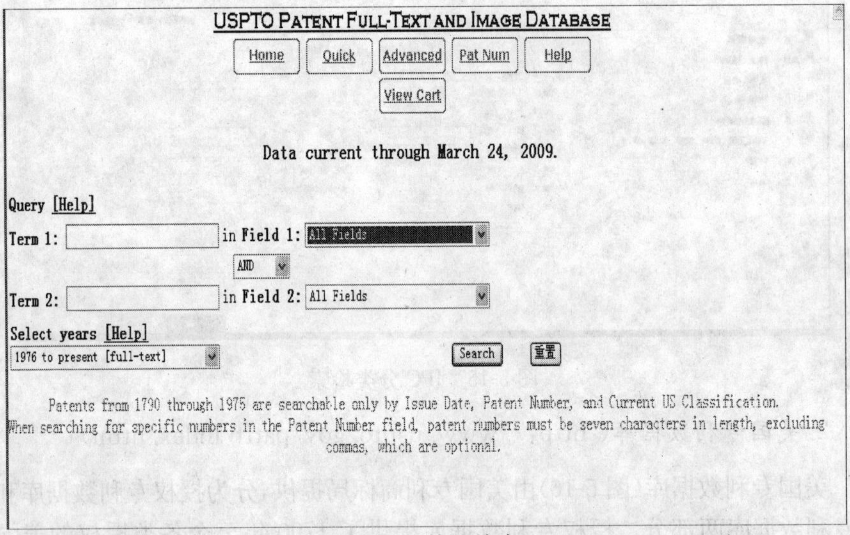

USPTO PATENT FULL-TEXT AND IMAGE DATABASE
Home
Quick
Advanced
Pat Num
Help
View Cart
Data current through March 24, 2009.
Query [Help]
Term 1:
in Field 1:
All Fields
AND
Term 2:
in Field 2:
All Fields
Select years [Help]
1976 to present [full-text]
Search
重置
Patents from 1790 through 1975 are searchable only by Issue Date, Patent Number, and Current US Classification.
When searching for specific numbers in the Patent Number field, patent numbers must be seven characters in length, excluding commas, which are optional.

图 5-17　快速检索

2) 高级检索

高级检索(图 5-18)只有一个检索框,需要填入一个编制好的检索式。检索式由字段代码、逻辑符号及检索词构成,高级检索的字段代码表(图 5-19)位于页面下部。

3) 专利号检索

专利号检索(图 5-20)只有一个检索框,填入专利号点击检索按钮即可。如果需要检索多个专利号,可以一次性输入检索框,中间用空格隔开。

USPTO PATENT FULL-TEXT AND IMAGE DATABASE

Home | Quick | Advanced | Pat Num | Help

View Cart

Data current through September 7, 2010.

Query [Help]

Examples:
ttl/(tennis and (racquet or racket))
isd/1/8/2002 and motorcycle
in/newmar-julie

Select Years [Help]

1976 to present [full-text]   Search   重置

Patents from 1790 through 1975 are searchable only by Issue Date, Patent Number, and Current US Classification.
When searching for specific numbers in the Patent Number field, patent numbers must be seven characters in length, excluding commas, which are optional.

图 5-18　高级检索

Field Code	Field Name	Field Code	Field Name
PN	Patent Number	IN	Inventor Name
ISD	Issue Date	IC	Inventor City
TTL	Title	IS	Inventor State
ABST	Abstract	ICN	Inventor Country
ACLM	Claim(s)	LREP	Attorney or Agent
SPEC	Description/Specification	AN	Assignee Name
CCL	Current US Classification	AC	Assignee City
ICL	International Classification	AS	Assignee State
APN	Application Serial Number	ACN	Assignee Country
APD	Application Date	EXP	Primary Examiner
PARN	Parent Case Information	EXA	Assistant Examiner
RLAP	Related US App. Data	REF	Referenced By
REIS	Reissue Data	FREF	Foreign References
PRIR	Foreign Priority	OREF	Other References
PCT	PCT Information	GOVT	Government Interest
APT	Application Type		

图 5-19　高级检索字段代码表

4) 精确检索

在快速检索和高级检索的检索结果页面中出现精确检索框(图 5-21),用于在上次检索结果范围中进一步检索来缩小检索结果,即在 refined search 框中,在前检索式的基础上与新的检索项组配,从而使检索结果更加准确。

精确检索表达式与高级检索的检索表达式相同。

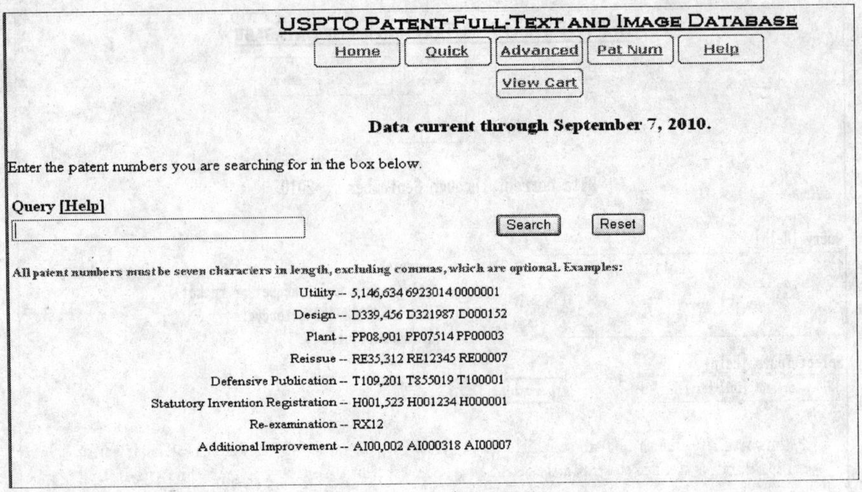

USPTO PATENT FULL-TEXT AND IMAGE DATABASE

Home | Quick | Advanced | Pat Num | Help

View Cart

Data current through September 7, 2010.

Enter the patent numbers you are searching for in the box below.

Query [Help]

Search　Reset

All patent numbers must be seven characters in length, excluding commas, which are optional. Examples:

Utility -- 5,146,634 6923014 0000001

Design -- D339,456 D321987 D000152

Plant -- PP08,901 PP07514 PP00003

Reissue -- RE35,312 RE12345 RE00007

Defensive Publication -- T109,201 T855019 T100001

Statutory Invention Registration -- H001,523 H001234 H000001

Re-examination -- RX12

Additional Improvement -- AI00,002 AI000318 AI00007

图 5-20　专利号检索

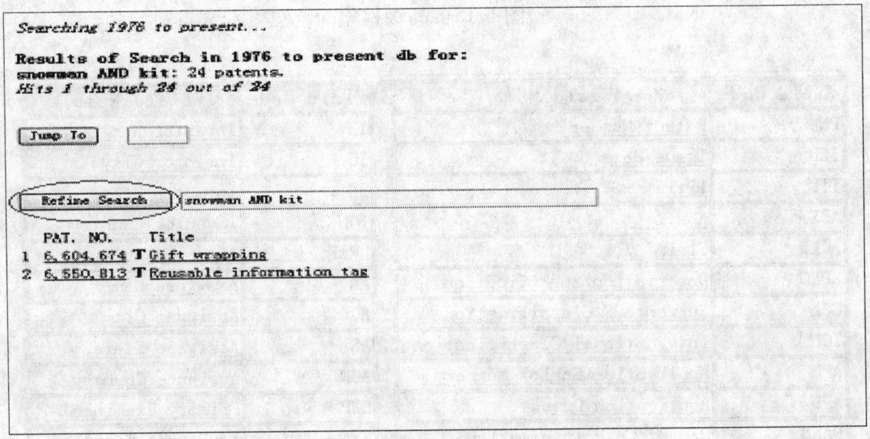

Searching 1976 to present...

Results of Search in 1976 to present db for:
snowman AND kit: 24 patents.
Hits 1 through 24 out of 24

Jump To

Refine Search　snowman AND kit

PAT. NO.　Title
1　6,604,674 T Gift wrapping
2　6,550,813 T Reusable information tag

图 5-21　精确检索

3. 欧洲专利数据库(http://ep. espacenet. com)

欧洲专利数据库(图 5-22)由欧洲专利局及其成员国提供,专利数据库收录时间跨度大,涉及的国家多,收录了 1920 年以来(各国的起始年代有所不同)世界上 50 多个国家和地区出版的共计 1.5 亿多万件文献的数据。

注意:欧洲专利数据库的检索数据不完整,只有部分国家的题录数据有英文发明名称及英文文摘。如果从英文发明名称或英文文摘字段进行检索就会造成漏检。

欧洲专利数据库划分为四个数据库:世界范围的专利数据库(Worldwide)、日本专利数据库(JP(PAJ))、欧洲专利数据库(EP)和世界知识产权组织的 WO 专利数据库(WIPO)。

欧洲专利数据库提供有快速检索、高级检索和专利号检索 3 种检索方法及专利分类号查询。

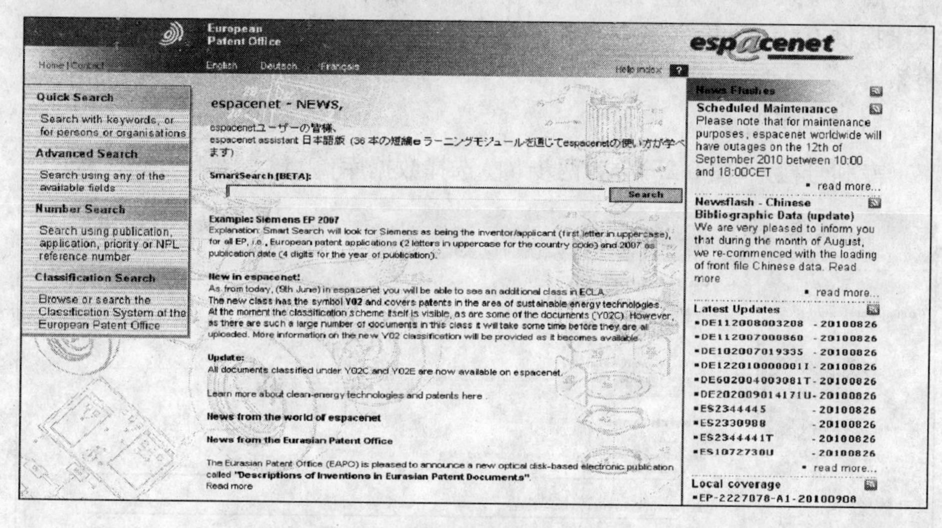

图 5-22 欧洲专利数据库主页

1）快速检索

快速检索(图 5-23)分为三步，① 选择数据库；② 选择在题目或文摘中检索一个简单的词或者检索个人或组织名称；③ 输入检索词，检索。

快速检索页面左面上半部分为检索方式转换，下半部分提供有检索帮助，回答一些检索方面的简单问题。

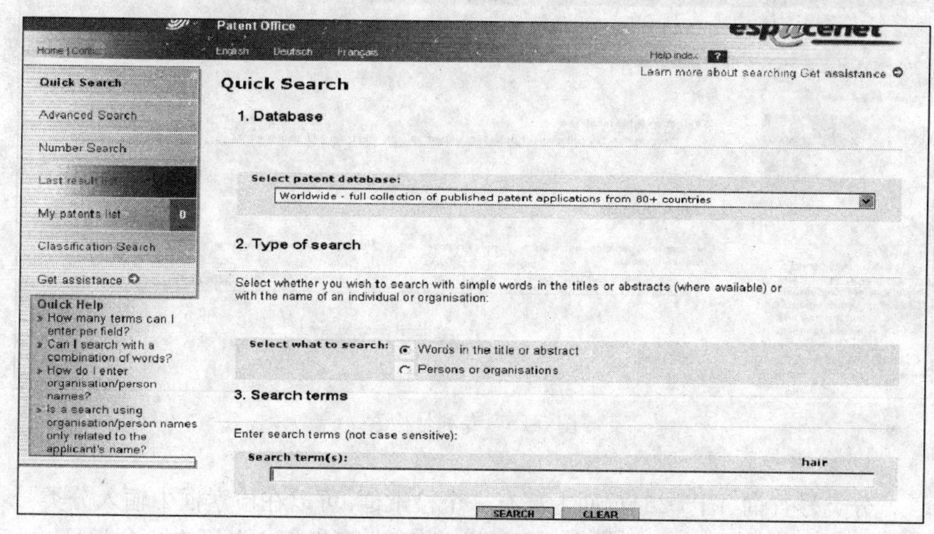

图 5-23 快速检索

2）高级检索

高级检索（图 5-24）分为两步，① 选择数据库；② 输入检索词检索。高级检索提供有 10 个检索入口，可分别选择 1～10 个入口，填入检索词，进行检索。

3）专利号检索

专利号检索（图 5-25）分为两步，① 选择数据库；② 输入专利号码检索。

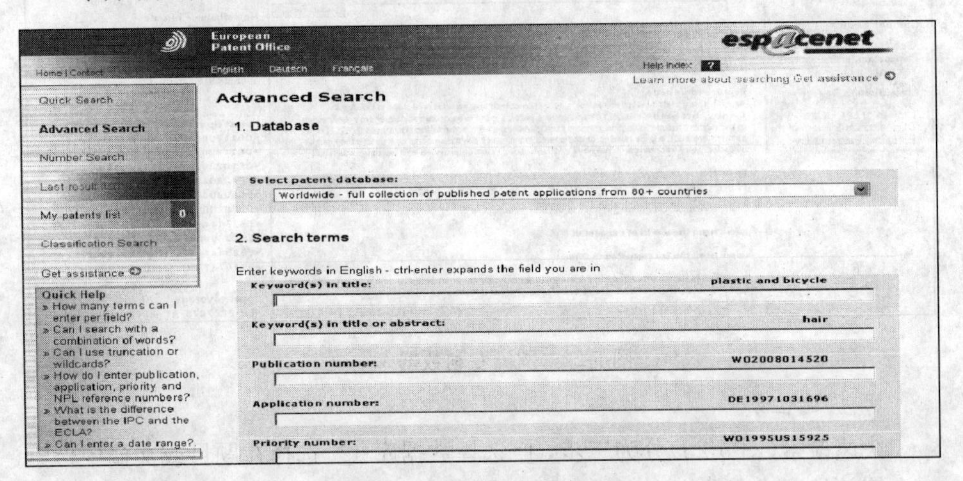

图 5-24 高级检索

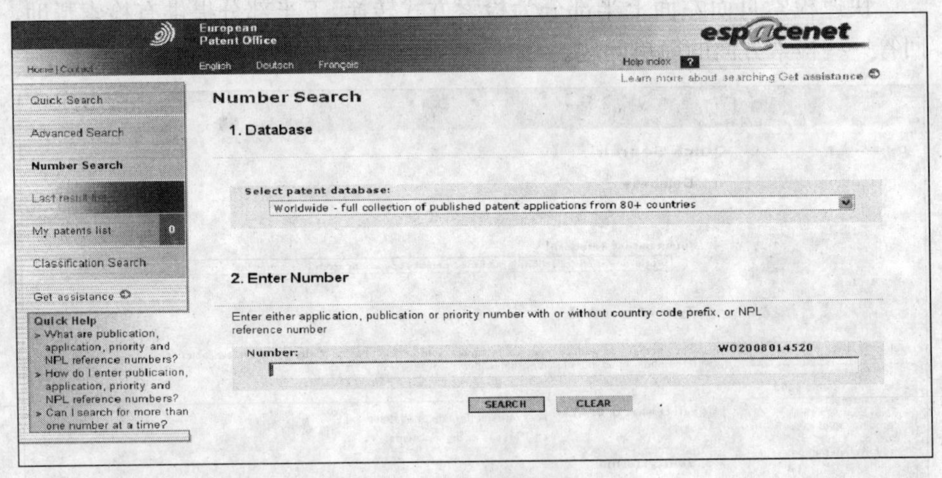

图 5-25 专利号检索

4）分类号查询

分类号查询（图 5-26）页面上部有一个检索框，可以在检索框中输入分类号或关键词检索；页面下部提供有主题词分类索引，可根据主题词查找分类号。

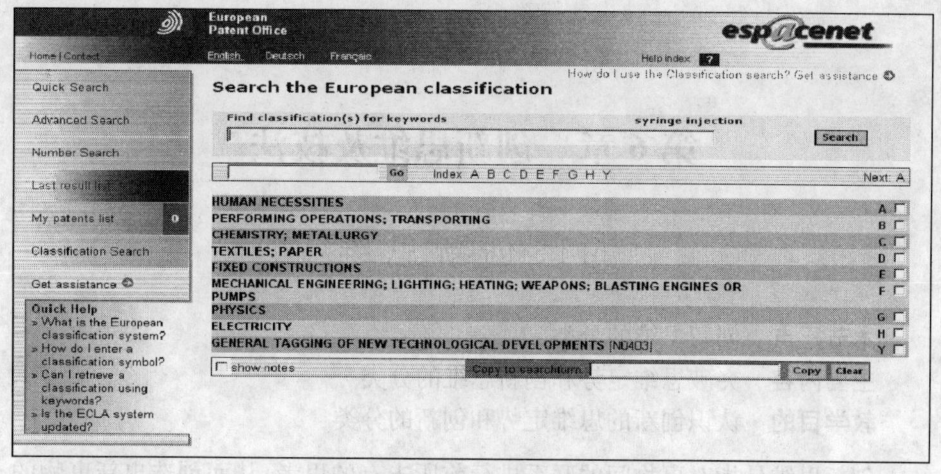

图 5-26　分类号查询

本章小结

本章介绍了有关创新及专利的相关知识。重点掌握创新的原则和类型；专利的类型、特点及专利的申请和检索。通过本章的学习，使学生能够知道如何申请专利。

思考题

1. 创新的原则是什么？
2. 创新组织有什么特点？
3. 哪些内容和技术领域不能授予专利？
4. 专利申请有哪些步骤？
5. 如何获取免费中国专利说明书全文？
6. 欧洲专利数据库有哪些检索方法？

第6章　创新思维及技法

6.1　创 新 思 维

本节重点　创新思维的分类

主要内容　突破思维定势和创新思维的分类

教学目的　认识创新的思维定势和创新的分类

创新思维是指对事物间的联系进行前所未有的思考,从而创造出新事物的思维方法,是一切具有崭新内容的思维形式的总和。一切需要创新的活动都离不开思考,离不开创新思维,可以说,创新思维是一切创新活动的开始。

通过检索,关于“创新思维”的网页约 10 800 000 篇(检索时间 2010. 9. 9),可见当今创新思维的应用之广泛(图 6-1)。

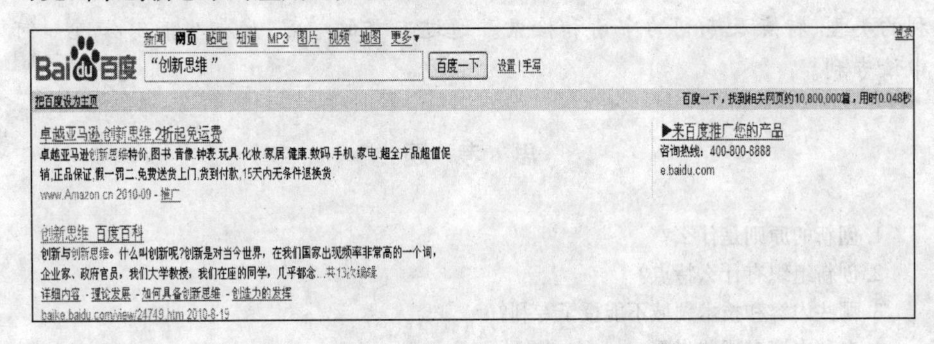

图 6-1　百度检索“创新思维”

6.1.1　突破思维定势

创新思维的产生需要有一个前提,那就是克服长久禁锢于我们思维中的固定模式,即思维定势。

思维定势对常规思考是有利的,能缩短思考的时间,提高思考的质量和成功率。但是思维定势不利于创新思考。各个领域里有很多经过深入研究最后导致获得了重大成果的现象,其实早就有人遇到过,为什么总是只有极个别的人才会去注意、重视和研究呢?一个重要原因就是一般人难以摆脱思维定势的束缚。通过百度检索的“思维定势”网页约 4 650 000 篇(图 6-2)。

我们来看下面几个思维定势的例子。

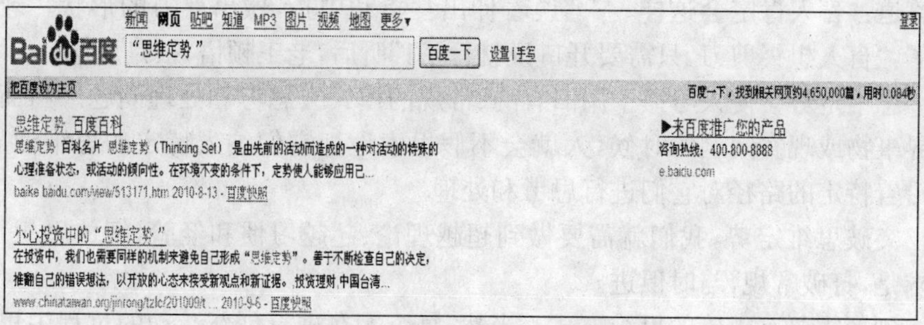

新闻 网页 贴吧 知道 MP3 图片 视频 地图 更多▾
登录
Baidu百度
“思维定势”
百度一下
设置|手写
把百度设为主页
百度一下，找到相关网页约4,650,000篇，用时0.084秒
思维定势_百度百科
思维定势 百科名片 思维定势（Thinking Set） 是由先前的活动而造成的一种对活动的特殊的心理准备状态，或活动的倾向性。在环境不变的条件下，定势使人能够应用已...
baike.baidu.com/view/513171.htm 2010-8-13 - 百度快照
小心投资中的“思维定势”
在投资中，我们也需要同样的机制来避免自己形成“思维定势”。善于不断检查自己的决定，推翻自己的错误想法，以开放的心态来接受新观点和新证据。投资理财_中国台湾...
www.chinataiwan.org/jinrong/tzlc/201009/t ... 2010-9-6 - 百度快照
▶来百度推广您的产品
咨询热线：400-800-8888
e.baidu.com

图 6-2　百度检索“思维定势”页面

【例 6.1】 突破经验定势出线 。

在一次篮球赛上，A 队与 B 队相遇。当比赛剩下 8 秒钟时，A 队领先 2 分，按说已稳操胜券，但那次锦标赛是循环制，A 队必须赢够 5 分才能获胜。但在剩下的 8 秒钟里，A 队要想赢得 3 分是不可能了，所有人都这么想。这时，A 队的教练突然要求暂停，借机向队员们面授对策。比赛继续进行后，球场上出现了众人意想不到的事情：只见 A 队队员突然运球向自己篮下跑去，并迅速起跳投篮，球应声入网。全场观众目瞪口呆。此时比赛时间到。等到裁判宣布双方打成平局，需要加时赛时，观众才恍然大悟。A 队以出人意料之举，为自己创造了一次起死回生的机会。加时赛的结果，A 队赢球 6 分，如愿以偿地出了线。

A 队的成功，全凭这位教练突破经验定势，用独特的视角看事物，转换了解决问题的思路。这给我们的反思是，经验是正确的，但是要是变成绝对的、永久不变的结论，或者把局部的、狭隘的经验认定为普遍的真理就不正确了。本来是一步死棋，换一个角度，说不定就是“柳暗花明又一村”。

【例 6.2】 关于中国制造因陋就简的创造力，有一个著名的笑话：一家国外的肥皂生产商始终困扰于一个小问题，就是每生产 1 000 个产品，生产线上总存在一两个没装肥皂的空盒。生产线供应商思来想去，最终安装了一个新监测环节，用射灯去照每个肥皂盒，如果出现空的，机械手会自动将它捡走。不过这个新功能太昂贵了。一家中国肥皂商也购买了这种生产线，但解决的办法让人匪夷所思：他们在生产线的出货口放了一台电扇，空盒一下子就会被吹掉！

有时候，把一个复杂的问题简单化，也是突破传统思维的一种方法。

【例 6.3】 老张与老王是邻居，老王博学识广，常以聪明自居。一天老张向老王出了一道题：“有一位既聋又哑的人，想买几根钉子，来到五金商店，对售货员做了一个手势：左手两个指头立在柜台上，右手握成拳头做敲击状。售货员见了，给他拿来一把锤子。聋哑人摇摇头，指了指立着的那两根指头。于是售货员给他换了钉子。聋哑人买好钉子，刚走出商店，接着就进来一位盲人。这位盲人想买一把剪刀，请问：盲人将会怎样做？”老王心想，这还不简单吗？便顺口答道:“盲人肯定会这样——”说着伸出食指和中指,做出剪刀的形状。老张笑了:“盲人想买剪刀,只需要开口说就行了!”听后,老王顿悟,很是尴尬。

思维定势会使人习惯于用旧有的、常规的模式去思考和处理问题。当面临外界事物或现实问题的时候,人就会不假思索地把它们纳入特定的思维框架,并沿着特定的路径对它们进行思考和处理。

突破思维定势,我们就需要做到超越理论、超越习惯和经验,解放思想,实事求是,打破常规,与时俱进。

创新需要有正确的思维方式。当然,每个人在进行创新活动的过程中思维的形式不是固定一成不变的,但如果能养成良好的思维习惯,可以更快地促进“创新”的形成。下面我们要介绍几种常用的思维方式。

6.1.2 创新思维分类

1. 发散思维

美国心理学家吉尔福(J. P. Guiford)说:“人的创造力主要依靠发散思维,它是创造思维的主要成分。”

发散思维是指在思维过程中,充分发挥想象力,由一点向四面八方想开去,通过知识、观念、信息的重新组合,找出更多更新的可能答案、设想或解决办法。它是开放性的思维,是从已知领域中探索未知领域,从而达到创新创造的目的。

在百度中输入关键词“发散思维”检索的相关网页约 3 580 000 篇(图 6-3),由此可见发散思维的重要地位。

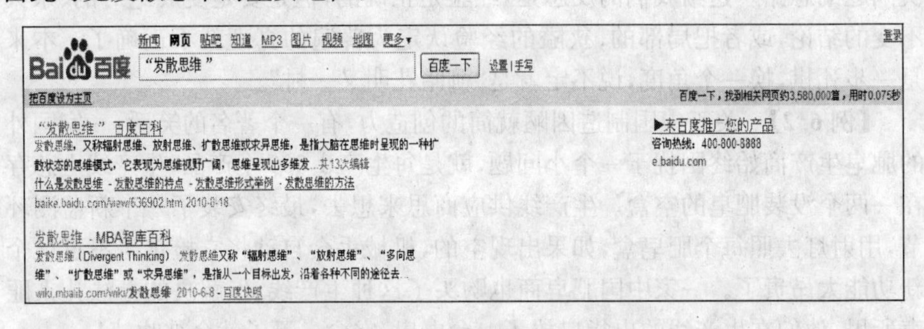

图 6-3 百度检索“发散思维”页面

发散思维一般方法有以下几种:

(1) 材料发散法。用各种不同的材料来替代某个物品的原有材料,设想它的多种用途。

例如,洗衣粉原本种类单一,但利用发散思维可根据清洗对象的不同,通过改变原有洗衣粉的成分,有针对性地使用,这就有了专门的羊毛制品、羽绒服、棉制品等多种类别的洗衣粉、洗衣液。

通过检索,可以进一步了解“材料发散”的案例及思维形式(图 6-4)。

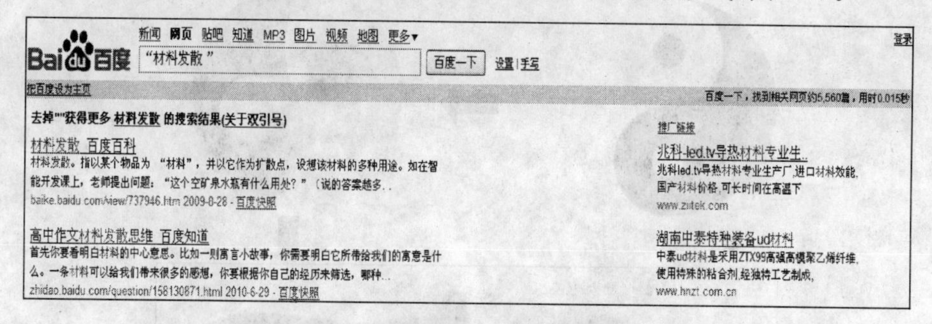

图 6-4　百度检索“材料发散”页面

(2) 功能发散法。从某事物的功能出发,构想出获得该功能的各种可能性。

例如,夏天降暑,我们可以用电风扇通过加快体液蒸发来降温,还可以通过空调机降低室内温度的方法,利用功能发散思维不难想到把两种降温方式结合,便产生了“空调扇”。

(3) 结构发散法。以某事物的结构为发散点,设想出利用该结构的各种可能性。利用三角形结构的稳定性,通过发散思维,可以存在于很多领域。例如,照相机的三角形支架,北京奥运会的鸟巢建筑及屋顶结构(图 6-5)等。

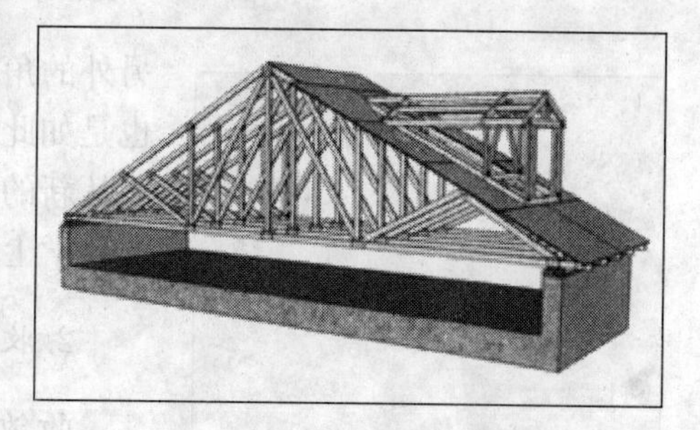

图 6-5　坚固的三角形屋顶

(4) 形态发散法。以事物的形态为发散点,设想出利用某种形态的各种可能性。

如图 6-6 所示,由常见的太极图形,我们发散开去,制作出一套组合式沙发,中间的曲线正好贴合了人体结构,舒适美观。

(5) 组合发散法。以某事物为发散点,尽可能多地把它与别的事物进行组合,生成新事物。

(6) 方法发散法。以某种方法为发散点,设想出利用方法的各种可能性。

(7) 因果发散法。以某个事物发展的结果为发散点,推测出造成该结果的各种原因,或者由原因推测出可能产生的各种结果。

如图 6-7 所示,为了给食品保鲜,我们通常利用抽真空的方法,把食品放在真空袋中。利用同样的方法还可以把衣物,被子等抽成真空放置,大大节省了空间。

其实许多最有创意的解决方法都是源于发散思维,在对待同一件事时,从

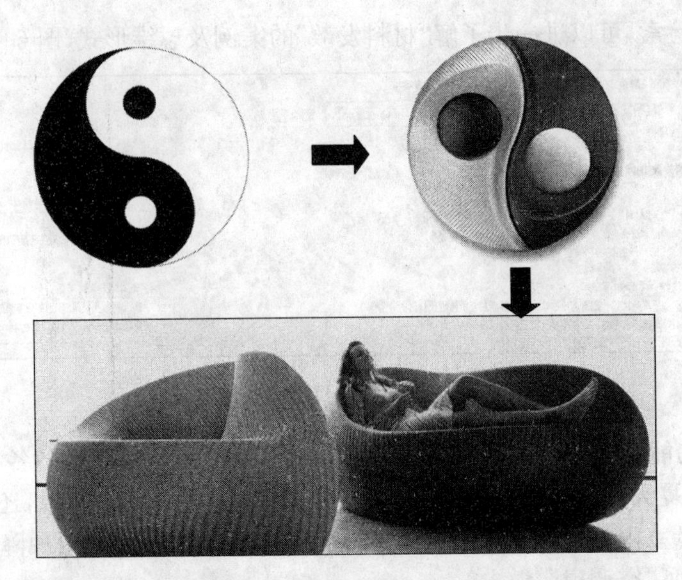

图 6-6 太极图形组合式沙发

图 6-7 真空压缩袋

另外的角度来看待，甚至于最尖端的科学发明也是如此。所以爱因斯坦说："把一个旧的问题从新的角度来看需要创意和想象力，这成就了科学上真正的进步。"

2. 收敛思维

收敛思维又称集中思维、聚敛思维，它的特点是以某个思考对象为中心，尽可能运用已有的经验和知识，将各种信息重新进行组织，从不同的方面和角度，将思维集中指向这个中心点，从而达到解决问题的目的。如果说，发散思维是由"一到多"的话，那么，收敛思维则是由"多到一"。当然在集中到中心点的过程中也要注意吸收其他思维的优点和长处。

在百度中输入关键词"收敛思维"检索的相关网页约 81 200 篇(图 6-8)。

洗衣机的发明就是如此，首先围绕"洗"这个关键问题，列出各种各样的洗涤方法，如洗衣板搓洗、用刷子刷洗、用棒槌敲打、在河中漂洗、用流水冲洗、用脚踩洗等，然后再进行收敛思维，对各种洗涤方法进行分析和综合，充分吸收各种方法的优点，结合现有的技术条件，制订出设计方案，然后再不断改进，结果成功了。

收敛思维是相对于发散思维而言的，发散思维所取得的多种答案，只有经

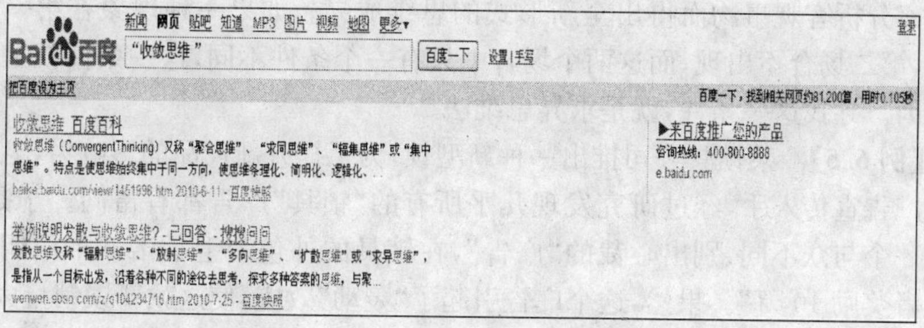

图 6-8　百度检索"收敛思维"页面

过收敛思维的综合、比较、集中、求同、选择、才能加以确定，因此，收敛思维有以下几种形式：

1）目标确定法

平时我们解决问题的主要过程就是找出引起其产生的关键点，有的放矢。目标确定法要求我们当关键点不明确时，首先要正确地确定搜寻的目标，进行认真的观察并作出判断，然后再找出其中关键的现象，围绕目标进行收敛思维。这种方法是创新产生的一个重要前提，尤其在改进某种产品时尤为关键。

2）求同思维法

求同思维简单说就是探究不同事物的共性和本质特征，对其按一定的标准"聚集"起来进行再创造。如果有一种现象在不同的场合反复发生，而在各场合中只有一个条件是相同的，那么这个条件就是这种现象的原因，寻找这个条件的思维方法就叫求同思维法。

【例 6.4】 在日本大阪南部有一处著名的温泉，四周是景色宜人的青山翠谷。来这里观光的顾客总想泡一泡温泉浴，又想坐空中缆车观赏峰峦美景。但是由于时间关系，往往两者不可兼得。如何解决这个问题呢？温泉饭店的经理召开全体员工会议集思广益，经过反复讨论，终于从两种旅游服务项目找到它们的结合点：一边泡温泉浴，一边观赏美景，从而推出了一项创意服务——"空中浴池"。就是把温泉澡池装在电缆车上，让它们在崇山峻岭中来回滑行，客人既能够怡然自乐地泡在温泉里，又能饱览美景。这项创意引起了游客的极大兴趣，星期天和节假日经常"人满为患"。

在上述事例中，人们通常很难把"温泉澡"与"电缆车"联系在一起，更不可能找到它们的共同点或结合点。然而，当人们根据实际需要，从"求同"视角出发，把不同事物联系在一起进行"求同"，寻找它们的相同或结合点，就会产生出人意料的新创意。

3）求异思维法

求异思维是一种逆向性的创造思维，其特点是用不同于常规的角度和方法去观察分析客观事物而得出全新形式的思维成果。如果一种现象在第一场合出现,第二场合不出现,而这两个场合中只有一个条件不同,这一条件就是现象的原因。寻找这一条件,就是求异思维法。

【例 6.5】 某锁具公司推出一种新型锁,为了提升新产品的影响力,老板决定从广告宣传入手,经过研究发现几乎所有的“锁具”广告都有雷同。于是,他想出一个与众不同、别出心裁的“广告”,在锁具的外包装上承诺:“不用钥匙打开锁者奖励 10 万”。果然,这个广告引起了“轰动”效应,使这款新锁销量大增。

这里,老板采用了与众不同的广告形式,其实就是“同中求异”:一是自己的产品与其他产品相比有它的特异性,二是这个广告形式与众多广告形式相比有特异性。

4) 聚焦法

聚焦法就是围绕问题进行反复思考,使原有的思维浓缩、聚拢,形成思维的纵向深度和强大的穿透力,最终达到质的飞跃,顺利解决问题。

例如,隐形飞机的制造是难度比较大的问题,它是一个多目标聚焦的结果。要制造一种使敌方雷达测不到、红外及热辐射仪追踪不到的飞机,就需要分别做到雷达隐身、红外隐身、可见光隐身、声波隐身等多个目标,每个目标中还有许多小目标,分别聚焦最终制成隐身飞机。

3. 想象思维

想象是人脑对原有的感知形象进行加工改造,形成新形象的心理过程,是一种非逻辑思维方式。人的想象力是创新性思维的核心和创造的基础。世界著名的浪漫主义文学大师雨果赞誉它是“人类思维中最美丽的花朵”。一个人一旦失去想象力,则创造力就随之枯竭。爱因斯坦说过:“想象力比知识更重要,因为知识是有限的,而想象力概括着世界的一切,并且是知识的源泉。”

在百度中输入关键词“想象思维”检索的相关网页约 278 000 篇(图 6-9)。

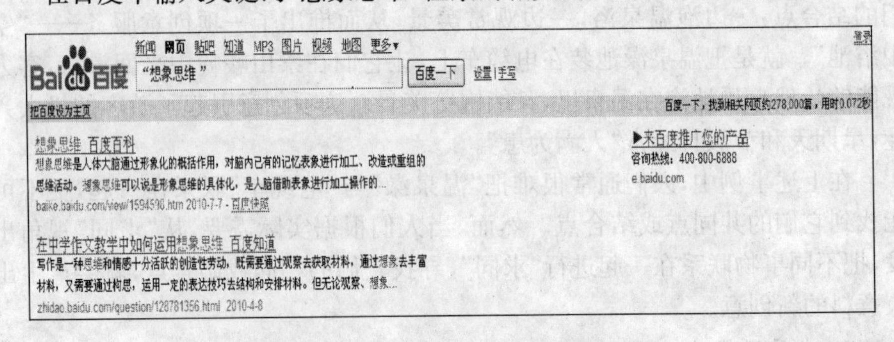

图 6-9 百度检索“想象思维”页面

想象思维有再造想象思维和创造想象思维之分。

再造想象思维是指主体在经验记忆的基础上，在头脑中再现客观事物的表象；创造想象思维则不仅再现现成事物，而且创造出全新的形象。

如图 6-10 所示为把普通的茶壶通过想象思维再造的双口壶。

图 6-10　双口茶壶

4. 联想思维

联想思维指通过思路的连接把看似“毫不相干”的事件(或事项)联系起来，从而达到新的成果的思维过程。一般而言，我们把联想思维看成是创新思维的重要组成部分，联想思维的成果就是创造性的发现或发明。当然联想不是瞎想、乱想，要使想象的过程中有逻辑的必然性。

在百度中输入关键词“联想思维”检索相关网页约 261 000 篇(图 6-11)。

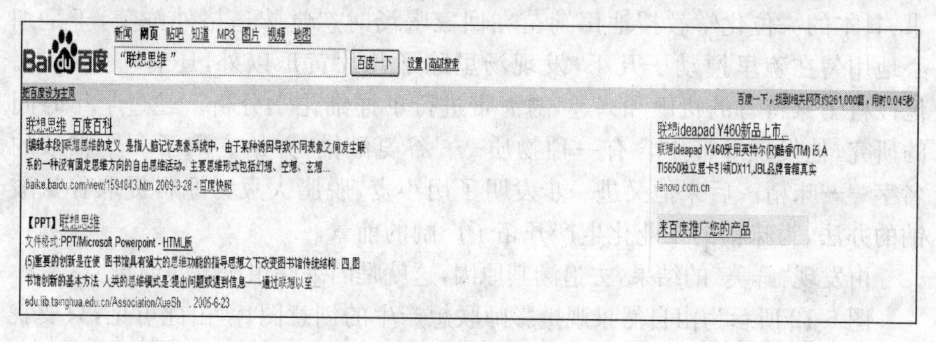

图 6-11　百度检索“联想思维”页面

被誉为科幻小说之父的著名作家凡尔纳，有着不同寻常的联想能力。潜水艇、雷达、导弹、直升机等，是当时还没有出现过的事物，在他的科幻作品中早就出现了，而且现在都成为事实。他曾预言，在美国的佛罗里达将设立火箭发射站，并发射飞往月球的火箭。果然在一个世纪后，美国真的在佛罗里达发射了第一艘载人宇宙飞船。

联想思维的类型主要有：

(1) 接近联想。指时间上或空间上的接近都可能引起不同事物之间的联想。例如，当你遇到中学老师时，就可能联想到他过去讲课的情景。

(2) 相似联想。是指由外形、性质、意义上的相似引起的联想，如由照片联想到本人等。

【例 6.6】 四川省的姚岩松平时就善于观察事物，一次他意外地发现蜣螂能滚动一团比它自身重几十倍的泥土，却拉不动一团轻得多的泥土。他曾开过几年拖拉机，于是他联想到：能不能学一学蜣螂滚动土块的方法，将拖拉机的犁放在耕作机身动力的前面，而把拖拉机的动力放在后面呢？经过实验他设计出了犁耕工作部件前置、单履带行走的微型耕作机，以推动力代替牵引力，突破了传统的结构方式。

(3) 对比联想。是由事物间完全对立或存在某种差异而引起的联想。其突出的特征就是背逆性、挑战性、批判性。

【例 6.7】 美国的布什耐一天发现有几个孩子在玩一只昆虫，这只昆虫不但满身污垢而且长得十分难看，他想市场上都是形象优美的玩具，假如生产一些丑陋的玩具投入市场会如何呢？结果这些玩具带来了丰厚的利润。

(4) 因果联想。是指由于两个事物存在因果关系而引起的联想。这种联想往往是双向的，既可以由起因想到结果，也可以由结果想到起因。

【例 6.8】 海带与味精。

"海带"和"味精"两者看似毫不相干，如何联系在一起呢？这里有一个故事：日本的一位化学教授池田菊苗在回家喝汤时忽觉味道格外鲜美，于是细心地用勺在碗里搅动了几下，发现汤里除了几片黄瓜以外，还有一点海带。他以科学家特有的机敏和兴趣，对海带进行了详细化学分析。经过半年时间的研究，他发现海带中含有一种物质——谷氨酸钠，并给它取了一个雅致的名字——味精。后来他又进一步发明了用小麦、脱脂大豆为原料提取谷氨酸钠的办法，为味精的工业化生产开拓了广阔的前景。

由发现"鲜美"的结果，去追溯其原因，这就是因果联想产生的创新。

图 6-12 所示为由自然景观摄影师联想产生的创意图片，由此可见，只要我们善于发现，勤于思考，创意无处不在。

图 6-12　联想思维的创意

5. 灵感思维

灵感思维是在无意识的情况下产生的一种突发性的创造性思维活动。

我国著名科学家钱学森说过:“如果把逻辑思维视为抽象思维,把非逻辑思维视为形象思维或直感,那么灵感思维就是顿悟,它实际上是形象思维的特例。”“特别是人类揭示大自然奥秘的每一项意义重大的科学突破、推动历史向前发展的重大技术发明、耐人寻味的文学艺术瑰宝,以及开拓宇观、探索微观领域的各种假说等,都无不与灵感思维相关。”

灵感的出现常常带给人们渴求已久的智慧的闪光,人们往往依靠这种非逻辑思维方式,特别是“灵感”去认识、去创作、去在未知领域里发现新的知识点,形成追寻创新知识的道路,从而进一步丰富和发展人类的知识宝库。

在百度中输入关键词“灵感思维”检索的相关网页约 213 000 篇(图 6-13)。

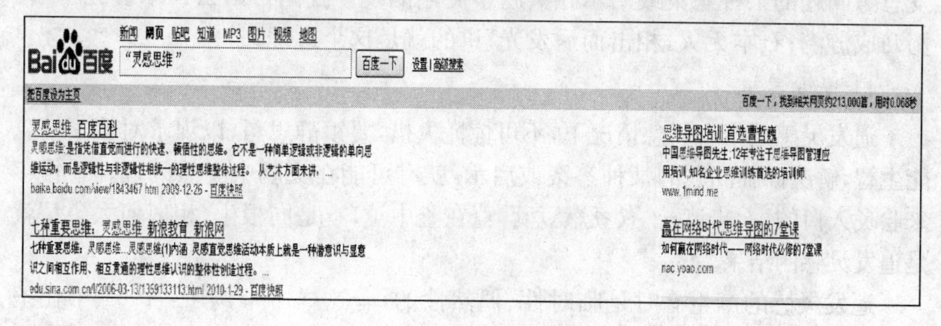

图 6-13 百度检索“灵感思维”页面

从心理的角度来看,灵感产生的过程是这样的:当一个人长时间地思考着某个问题得不到解决而去干别的事情的时候,特别是去从事某项轻松愉快的活动的时候,这时人们的显思维就不再去思考这一问题了,但是潜思维开始启动或者继续思考。

激发灵感的渠道主要有以下几种:

1) 自发灵感

自发灵感是指在对某个问题已进行较长时间的思考,百思不得其解,思考问题的某种答案或启示有可能某一时刻在头脑中突然闪现。

【例 6.9】 日本的富田惠子就是由一个自发的灵感为自己创造了财富。有一次她为朋友代养了几盆花。由于缺乏养花的经验,很好的几盆花全都被糟蹋了。这事使她常常思考如何能使不会养花者也可以把花养好呢?一天,她头脑里突然冒出了一个想法:把泥土、花种和肥料装在一个罐里,搞一种“花罐头”。人们买了这种花罐头,只要打开罐头盖,每天浇点水,就能开出各种鲜艳的花朵来。经过一番研制,这种花罐头终于被制造出来,由于其简单方便,一上市就销量很好。富田惠子当年就赢利 2 000 万日元,不久就成了拥有不少资产的企业家。

2）诱发灵感

诱发灵感是指思考者根据自身生理、爱好、习惯等方面的特点，采取某种方式或选择某种场合，有意识地促使所思考的某种答案或启示在头脑中出现。例如，李白酒后做诗，借用了酒精的作用，使大脑处于创作的兴奋点，便能诱发出绝美的诗句。

3）触发灵感

触发灵感是指在对某个问题已进行了较长时间思考的执著探索，这时在接触某些相关或不相关的事物时，这些事物有可能成为“媒介物”或“导火线”，引发思考问题的某种答案或启示在头脑中突然闪现。我国古语云：“水尝无华，相荡乃成涟漪；石本无火，相击而后发光”讲的就是这个道理。

4）逼发灵感

逼发灵感是指在紧急情况下，不可惊慌失措，要镇静思考，以谋求对策。情急能生智，解决面临问题的某种答案或启示，就有可能在头脑中突然闪现。千百年来脍炙人口的《七步诗》：“煮豆燃豆萁，豆在釜中泣，本是同根生，相煎何太急！”就是逼发灵感的结果。

逼发灵感的产生有时是临时性、偶然性的，有这样一个例子：1904 年在圣路易斯举办的世界博览会上，一个小贩出售奶蛋饼，另一小贩用小盘子出售冰淇淋。一天，卖冰淇淋的小贩把小盘子用完了，在情急无奈之下，突然灵机一动，能否用奶蛋饼代替小盘子盛冰淇淋呢？一试果然可行，竟成了至今仍风行于世的一种美味可口的食品。

图 6-14　简洁纸巾环

图 6-14 所示为由一个灵感创意产生出的简单便携纸巾环。

创新思维是一种习惯，我们要在突破思维定势的基础上，运用新的认识方法、新的思维视角、新的实践手段，去开拓新的认知领域，取得新的认识成果。

6.2 创新技法

本节重点　常用的创新技法

主要内容　创新技法及创新案例

教学目的　通过本节的学习和借鉴，促使自己能够实现创新

6.2.1 创新技法含义

所谓创新技法，是指根据创新创造思维发展规律，总结出的创新创造发明的一些原理、技巧和方法。这些方法还可以在其他创新创造过程中加以借鉴使用，提高人们的创新创造力和创新创造成果的实现率。

我们可以通过检索创新方法，并加以总结，掌握一些更加实用、有效的创新技巧。图6-15所示的中国创新方法网便提供了很好的学习平台。

图6-15 中国创新方法网

自20世纪初开始发明创造技法研究以来，国外已有300多种方法问世，我国也有几十种方法研究成功。但是其中最常用的不过十余种，如组合法、智力激励法、分析列举法、5W2H法、检核表法、联想类比法、形态分析法、信息交合论法等。

对于每个善于创新的个体或组织，充分发挥创造性思维，掌握和熟练地运用创新创造技法是很重要的。各种创新创造技法内容很丰富，有些技法个人可以使用，有些技法则在发挥集体智慧的情况下运用更加生辉。

在百度中输入关键词“创新技法”检索的相关网页约118 000篇(图6-16)。

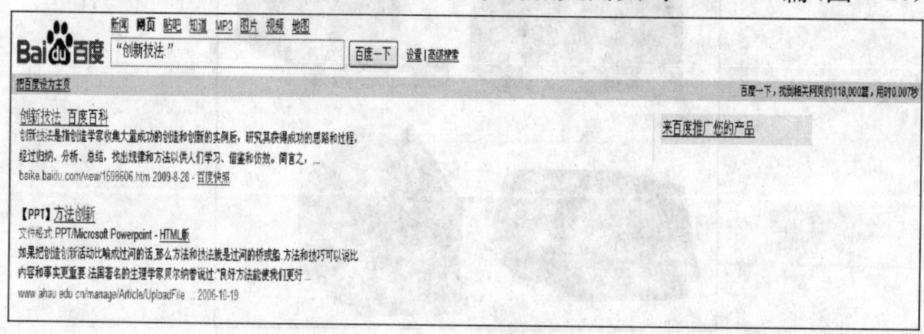

图6-16 百度检索“创新技法”页面

6.2.2 常用的创新技法

1. 组合法

组合法是指从两种或两种以上事物或产品中抽取合适的要素重新组织，构成新的事物或新的产品的创新技法。组合创新是很重要的创新方法。日本创造学家菊池诚博士说过："我认为搞发明有两条路，第一条是全新的发现，第二条是把已知其原理的事实进行组合。" 近年来也有人曾经预言，"组合"代表着技术发展的趋势。总的来说，组合是任意的，各种各样的事物要素都可以进行组合。

下面是几种常用组合法网上检索到的结果：

(1) 成对组合。是组合法中最基本的类型，它是将两种不同的技术因素组合在一起的发明方法。

(2) 功能组合。是组合法中最常用的类型，它是将两种不同的功能组合在一起的发明方法。"功能组合"百度检索找到相关网页约 2 020 000 篇(图 6-17)。图 6-18～图 6-20所示为功能组合的案例。

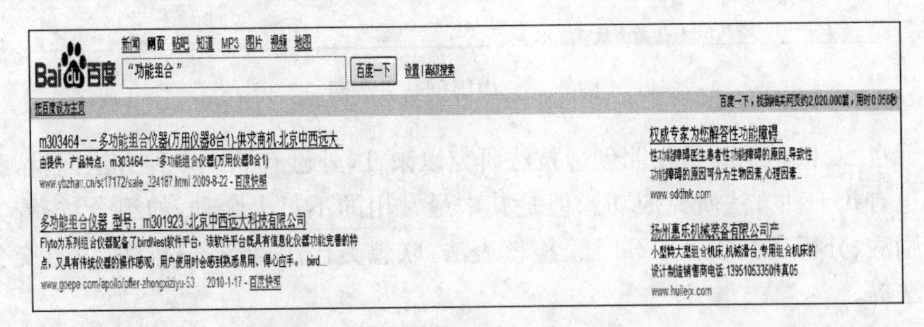

图 6-17 百度检索"功能组合"页面

图 6-18 组合多功能沙发床

图 6-19 可放饼干的水杯

图 6-20 家庭组合摇椅

(3) 材料组合。将不同特性的材料重新组合起来,从而获得新材料、新功能。如诺贝尔为了使稍一震动就爆炸的液体硝化甘油做成固体易运输的炸药,将硝化甘油和硅藻土混在一起。"材料组合"百度检索找到相关网页约 701 000 篇。

(4) 用品组合。将不同的用品组合在一件物品上。如图 6-21、图 6-22 所示为几个用品组合的示例。

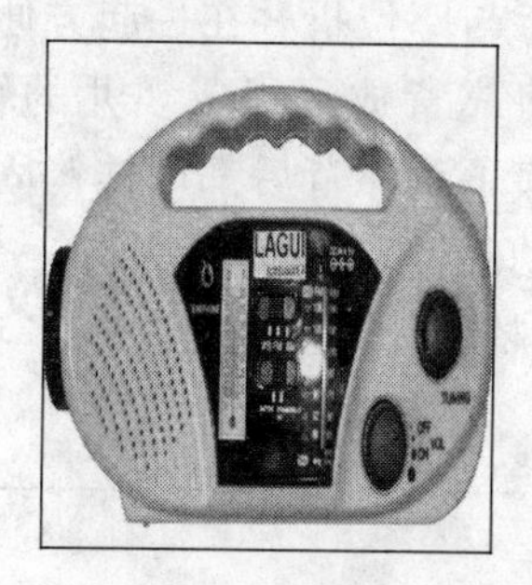
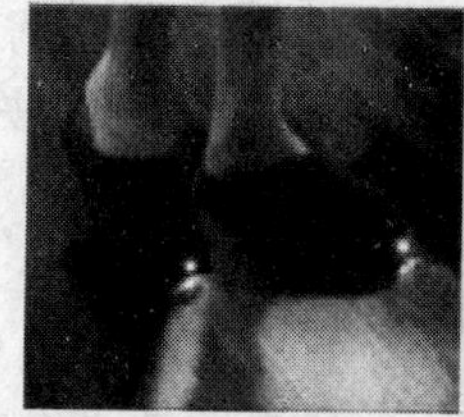

图 6-21 带收音机、温度计的应急灯

图 6-22 带灯的拖鞋

(5) 机器组合。如某厂用灰浆搅拌机拌灰浆时需加入麻刀,由于麻刀成团,需预先抽打疏松后方能加入搅拌机。为使灰浆与麻刀搅拌均匀且节省人力,他们把弹棉机的有关机构与搅拌机结合,先弹开麻刀,再用风力吹入搅拌机,收到了较好的效果。"机器组合"百度检索找到相关网页约 35 500 篇。

(6) 原理组合。如在音响设备上加上麦克风的功能出现了卡拉 OK 机,彩电设备中加上录放装置产生了录像机,洗衣机中插入了甩干装置,出现了全自动漂洗与甩干的功能等。"原理组合"百度检索找到相关网页约 28 200 篇。

(7) 辐射组合。是以一种新技术或令人感兴趣的技术为中心,与多方面的传统技术结合起来,形成技术辐射,从而导致多种技术创新的发明创造方法。用通俗的话说,就是把新技术或令人感兴趣的技术进一步开发应用,这也是新技术推广的一个普遍规律。"辐射组合"百度检索找到相关网页约35 700 篇。

辐射组合的中心点是新技术，若把这个中心点改为一项具有明显优点且为人们所喜爱的特征，也可以考虑用辐射组合来开发产品。以家用电器为例，由于电进入家庭，由电的辐射组合，现已发展了众多的家用电器，如电视机、电冰箱、全自动洗衣机、空调机、电炉、电饭煲、洗碗机、电热毯、抽油烟机、电烤箱、电取暖器、电子游戏机、电吹风等。

几种典型的组合法案例如下。

图 6-23　组合方法产生的多功能儿童座椅

(1) 多功能儿童座椅(图 6-23)。

大多数儿童座椅由钢架制成，这使得它们在运输和储藏过程中显得笨重麻烦。新式的儿童座椅包括一个可折叠式的扶手，虽然可以将座椅变成摇篮，但主要目的不在于此。

多功能儿童座椅包括一个折叠靠背，可以将靠背与座位折叠在一起方便储藏，或者可以将靠背放平组成婴儿的轻便小床。座椅底下和靠背后都用挂钩固定，在车前车后还设置安全带以确保儿童安全。多功能儿童座椅底座有一个带凹槽的支撑结构，允许座椅套置在轮架上或者摇椅架上，这些配件与多功能儿童座椅一起配套出售。

(2) 精确书签(图 6-24)。

读者在合上书本之前常常将书签(通常是矩形的纸片或者布料)夹于最后阅读的页面中，这有助于下次阅读时快速找到正确的页面继续阅读。而精确书签可以精确到读者最后的阅读段落。当阅读到一定阶段，可将这种书签别在书页顶端，然后把指示条滑到最后阅读行，合上书本。下次再重新打开书本时，就能找到精确的段落继续阅读了。

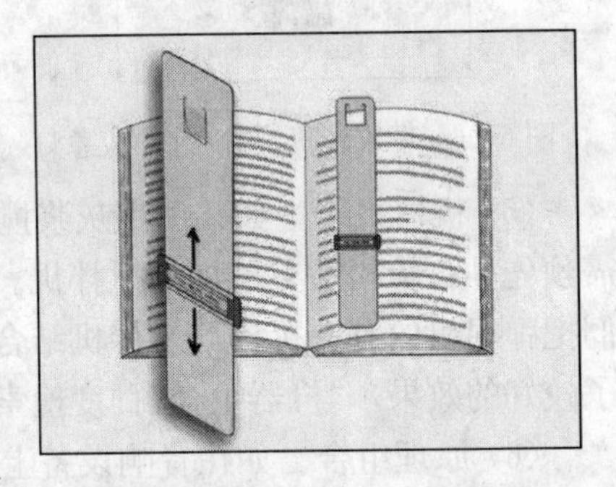

图 6-24　组合方法产生的精确书签

2. 形态分析法

形态分析法是瑞典天文物理学家卜茨维基于 1942 年提出的，它的基本理论是：一个事物的新颖程度与相关程度成反比，事物(观念、要素)越不相关，创造性程度越高，即越易产生更新的事物。

具体做法是：将发明课题分解为若干相互独立的基本因素，找出实现每个因素功能所要求的、可能的技术手段或形态，然后加以排列组合得到多种解决问题的方案，最后筛选出最优方案。例如，要设计一种火车站运货的机动车，根据对此车的功能要求和现有的技术条件，可以把问题分解为驱动方式、制动方式和轮子数量 3 个基本因素。对每个因素列出几种可能的形态。例如，驱动方式有柴油机、蓄电池，制动方式有电磁制动、脚踏制动、手控制动，轮子数量有三轮、四轮、六轮、则组合后得到的总方案数为 2×3×3＝18 种。然后筛选出可行方案或最佳方案。“形态分析法”百度检索找到相关网页约 33 100 篇（图 6-25）。

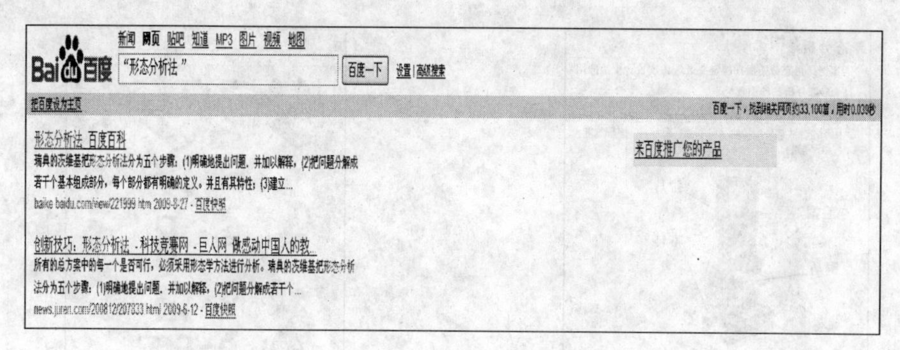

图 6-25　百度检索“形态分析法”页面

形态分析组合的一般步骤：

（1）确定发明对象。准确表述所要解决的课题，包括该课题所要达到的目的及属于何类技术系统等。

（2）基本因素分析。即确定发明对象的主要组成部分（基本因素），编制形态特征表。确定的基本因素在功能上应是相对独立的，在数量上应以 3 个为宜，数量太少，会使系统过大，使下一步工作难度增加；数量太多，组合时过于繁杂很不方便。

（3）形态分析。要揭示每一形态特征的可能变量（技术手段），应充分发挥横向思维能力，尽可能列出无论是本专业领域的还是其他专业领域的所有具有这种功能特征的各种技术手段。

（4）形态组合。根据对发明对象的总体功能要求，分别把各因素的各形态一一加以排列组合，以获得所有可能的组合设想。

（5）评价选择最合理的具体方案。选出少数较好的设想后，通过进一步具体化，最后选出最佳方案。

应用形态分析进行新品策划，具有系统求解的特点。只要能把现有科技成果提供的技术手段全部罗列，就可以把现存的可能方案“一网打尽”，这是形态分析方法的突出优点。但同时也为此法的应用带来了操作上的困难，突出表现在如何在数目庞大的组合中筛选出可行的新品方案。如果选择不当，就可能使组合过程的辛苦付之东流。

图 6-26、图 6-27 所示为网络检索的利用形态分析法设计拉链头装配装置的图例。

由图 6-26 分析出拉链头的基本组成为:本体、铜马、拉片和盖帽。

在列出各要素全部形态后经研究分析得出:本体有 7 种可能的形态,铜马有 7 种可能的形态,拉片有 6 种可能的形态,盖帽有 5 种可能的形态。然后列出形态表,如图 6-27 所示。

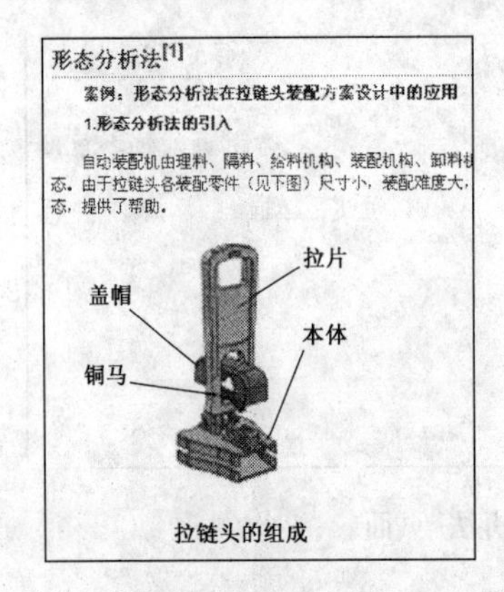

图 6-26　拉链头的组成

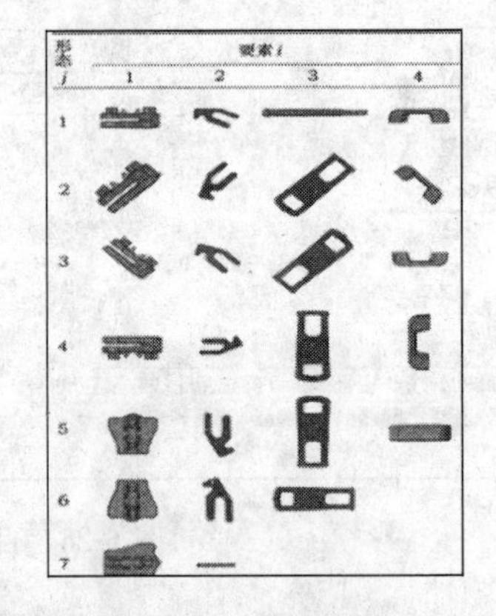

图 6-27　拉链头装配形态分析表

图 6-28　最优方案装配机构三维图

在实践中发现,形态组合仅从各零件的装配可能性出发,组合得到尽可能多的装配方案。但在实际设计中,光凭装配的可能性并不能说明是有实用价值的装配方案,因此还必须根据设计的要求对上述 7 种装配方案进行进一步的筛选。

经分析,在拉链头的装配中,最关键的是如何将铜马和拉片准确地装入本体中。由于拉链头的尺寸很小,其装配应考虑使自动装配机的执行机构要有足够的装配精度和可靠性。最终得到图 6-28 所示的最优装配方案。

3. 设问法

往往我们在进行创新活动之前,都是在观察、了解原有产品或行为的基础上,通过设问,进而一步一步实现的。

在百度中输入关键词“设问法”检索的相关网页约 70 500 篇(图 6-29)。

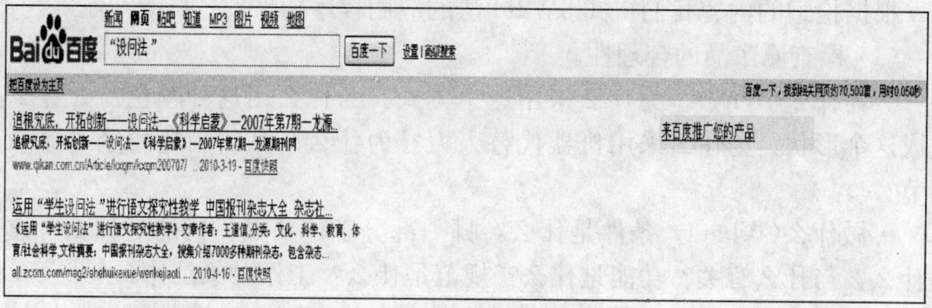

图 6-29　百度检索“设问法”页面

1) 5W2H 分析法

5W2H 分析法又叫七何分析法，由第二次世界大战中美国陆军兵器修理部首创。此方法简单、方便，易于理解、使用，富有启发意义，目前广泛应用于企业管理和技术活动中，对于决策和执行性的活动措施也非常有帮助，也有助于弥补考虑问题的疏漏。发明者用五个以 W 开头的英语单词和两个以 H 开头的英语单词进行设问，发现解决问题的线索，寻找发明思路，进行设计构思，从而获得新的发明项目。

提出疑问与发现问题是极其重要的。创造力高的人都具有善于提问题的能力，众所周知，提出一个好的问题，就意味着问题解决了一半。提问题的技巧高，可以发挥人的想象力。相反，有些问题提出来，反而挫伤我们的想象力。发明者在设计新产品时，常常提出：

为什么（Why），做什么（What），何人做（Who），何时（When），何地（Where），如何（How），多少（How much）。

在发明设计中，对问题不敏感，看不出毛病是与平时不善于提问有密切关系的。对一个问题追根刨底，有可能发现新的知识和新的疑问。所以从根本上说，学会发明首先要学会提问，善于提问。

在百度搜索中输入关键词“5W2H”检索的相关网页约 140 000 篇(图 6-30)。

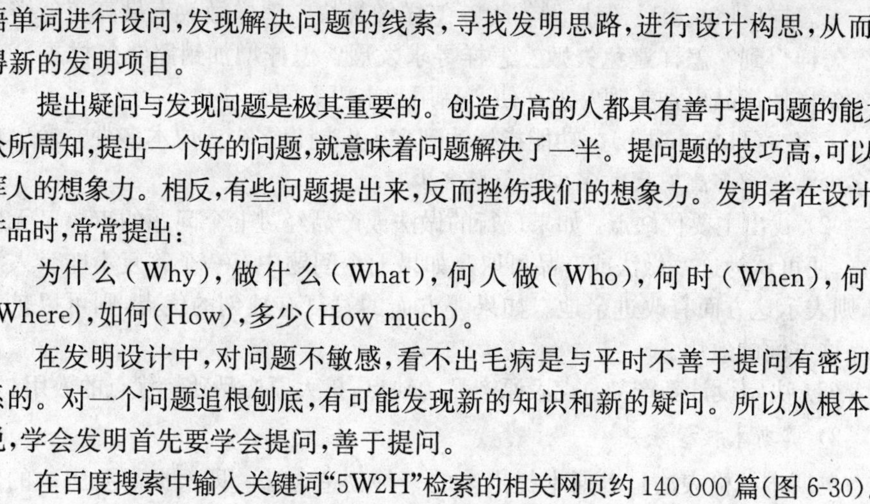

图 6-30　百度检索“5W2H”页面

根据检索的内容我们得知 5W2H 法的应用程序如下：

(1) 检查原产品的合理性。

· 为什么(Why)。为什么采用这个方式？为什么用这种颜色？为什么要做成这个形状？为什么采用机器代替人力？为什么产品的制造要经过这么多环节？

· 做什么(What)。条件是什么？哪一部分工作要做？目的是什么？重点是什么？与什么有关？功能是什么？规范是什么？工作对象是什么？

· 谁(Who)。谁来办最方便？谁会生产？谁可以办？谁是顾客？谁被忽略了？谁是决策人？

· 何时(When)。何时要完成？何时安装？何时销售？何时是最佳营业时间？何时工作人员容易疲劳？何时产量最高？何时完成最为适宜？需要几天才算合理？

· 何地(Where)。何地最适宜某物生长？何处生产最经济？从何处买？还有什么地方可以作销售点？安装在什么地方最合适？何地有资源？

· 怎样(How to)。怎样做省力？怎样做最快？怎样做效率最高？怎样改进？怎样得到？怎样避免失败？怎样寻求发展？怎样增加销路？怎样提高效率？怎样使产品更加美观？怎样使产品用起来更方便？

· 多少(How much)。功能指标达到多少？销售多少？成本多少？输出功率多少？效率多高？尺寸多少？重量多少？

(2) 找出主要优缺点。如果现行的做法或产品经过七个问题的审核已无懈可击，便可认为这一做法或产品可取。如果七个问题中有一个答复不能令人满意，则表示这方面有改进余地。如果哪方面的答复有独创的优点，则可以扩大产品这方面的效用。

(3) 决定设计新产品。克服原产品的缺点，扩大原产品独特优点的效用。

2) 奥斯本核检表法

奥斯本核检表法是奥斯本提出来的一种创造方法。即根据需要解决的问题，或创造的对象列出有关问题，一个一个地核对、讨论，从中找到解决问题的方法或创造的设想。下面我们介绍奥斯本核检表法九个方面的提问。

· 能否他用。现有的事物有无他用？保持不变能否扩大用途？稍加改变有无其他用途？

· 能否借用。现有的事物能否借用别的经验？能否模仿别的东西？过去有无类似的发明创造创新？现有成果能否引入其他创新性设想？

· 能否改变。现有事物能否做些改变？如形状、颜色、声音、味道、式样、花色、品种，改变后效果如何？如一支铅笔本来是圆形的，变成六角形，就成了不易滚落地的铅笔。在包装盒上戳个小孔，就有了防潮功能，成了防潮盒。

·能否扩大。现有事物可否扩大应用范围？能否增加使用功能？能否添加零部件？能否扩大或增加高度、强度、寿命、价值？

·能否缩小。现有事物能否减少、缩小或省略某些部分？能否浓缩化？能否微型化？能否短点、轻点、压缩、分割、简略？

·能否代用。现有事物能否使用其他材料、元件？能否采用其他原理、方法、工艺？能否用其他结构、动力、设备？

·能否调整。能否调整已知布局？能否调整即定程序？能否调整日程计划？能否调整规格？能否调整因果关系？

·能否颠倒。能否从相反方向考虑？作用能否颠倒？位置（上下、正反）能否颠倒？

·能否组合。现有事物能否组合？能否原理组合、方案组合、功能组合？

这是一种具有较强启发创新思维的方法，因为它强制人去思考，有利于突破一些人不愿提问题或不善于提问题的心理障碍。

在百度中输入关键词“奥斯本核检表法”检索的相关网页约 12 700 篇(图 6-31)。

新闻 网页 贴吧 知道 MP3 图片 视频 地图
Bai du 百度 奥斯本核检表法 百度一下 设置 | 高级搜索
把百度设为主页 百度一下，找到相关网页约12,700篇，用时0.039秒

奥斯本检核表法 百度百科
奥斯本的检核表法属于横向思维，以直观、直接的方式激发思维活动，操作十分方便，效果也相当好。 下述九组问题对于任何领域创造性地解决问题都是适用的，这75个问题...
baike.baidu.com/view/1174016.htm 2009-8-27 - 百度快照

运用“奥斯本检核表法”进行化学习题教学...《中学化学教学参考》2...
常用的检核提问创新法有“奥斯本检核表法”。“奥斯本检核表法”就是对现有事物从9个角度即①能否转移、②能否引入、③能否替代、④...
emuch.net/journal/article.php?id=CJFDTota ... 2010-4-9 - 百度快照

来百度推广您的产品

图 6-31　百度检索“奥斯本核检表法”页面

提问，尤其是提出有创见的新问题本身就是一种创新。它又是一种多向发散的思考，使人的思维角度、思维目标更丰富。另外核检思考提供了创新活动最基本的思路，可以使创新者尽快集中精力，朝提示的目标方向去构想、创造、创新。

几种典型的核检表法案例如下。

(1) 在我们用剪刀剪布或纸的时候，常常希望能够裁剪出笔直的线条。于是我们通常先用笔在被裁物上画出直线，这样很不方便。

图 6-32　红外线直线剪刀

采用核检表法设计，能否对剪刀进行改进呢？于是利用了红外光线沿直线传播这一特点，为剪刀配备一个激光导引装置，保证每次准确裁剪。在被裁剪物的远端标记一个

“终点”,保证在剪的时候激光一直照射这一点,就能实现笔直的剪裁(图 6-32)。

(2) 插排是家庭工作中常见的电器,大大方便了我们的生活,但使用中过多的线路凌乱无序,使线路之间常常磨损产生安全隐患,为了解决这些问题,能否在原有样式的基础上进行改变呢? 于是想到在插排上增加一个整理盖(图 6-33),这样既保护线缆又使其看起来整齐美观。

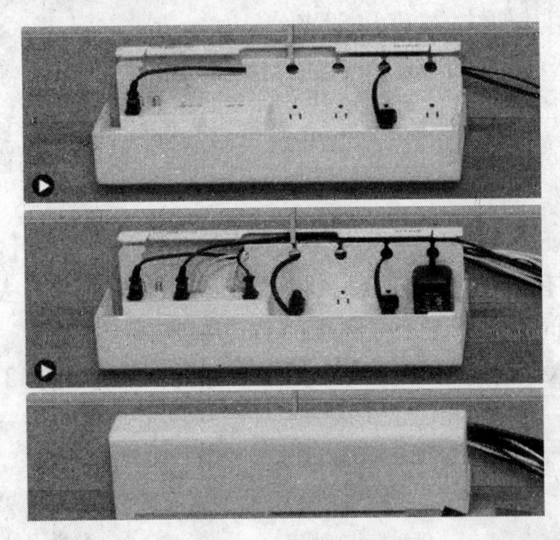

图 6-33　插排整理装置

4. 移植法

移植法是将某个学科领域中已经发现的新原理、新技术和新方法,移植、应用或渗透到其他技术领域中去,用以创造新事物的创新方法。移植法也称渗透法。从思维的角度看,移植法可以说是一种侧向思维方法。

在百度搜索中输入关键词“移植法”检索的相关网页约 335 000 篇(图 6-34)。

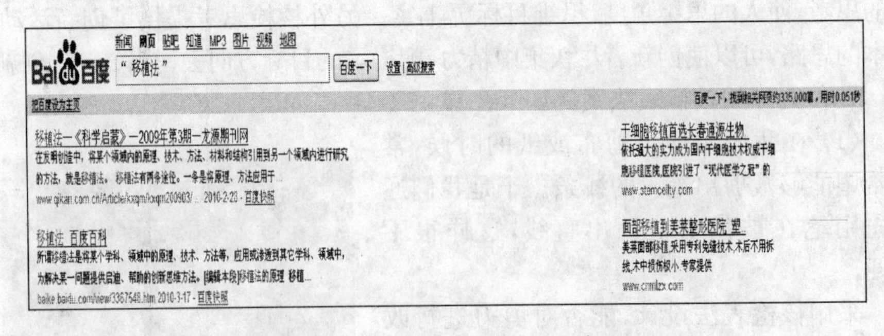

图 6-34　百度检索“移植法”页面

移植法分为原理移植、方法移植、功能移植和结构移植。

1）原理移植

原理移植是将某种原理向新的领域类推或外延。不同领域的事物总是有或多或少的相通之处，其原理的运用也可相互借用。例如，根据海豚对声波的吸收原理，创造出舰船上使用的声呐；设计师将香水喷雾器的工作原理移植到汽车发动机的化油器上。

2）方法移植

方法移植是将已经有的技术、手段或解决问题的途径应用到其他新的领域。例如，美国俄勒冈州立大学体育教授威廉·德尔曼发现用传统的带有一排排小方块凹凸铁板压出来的饼不但好吃，而且很有弹性。他便仿照做饼的方法，将凹凸的小方块压制在橡胶鞋底上，穿上走路非常舒服。经过改造，发展成为今日著名的“耐克”运动鞋。

3）功能移植

功能移植是将此事物的功能为其他事物所用。许多物品都有一种已为人知的主要功能，但还有其他许多功能可以开发利用。

例如，美国的贾德森发明了具有开合功能的拉链，人们将其应用在衣服、箱包的开合上非常方便。武汉市第六医院张应天大夫成功地将普通衣用拉链移植到了病人的肚皮上。他在三例重症急性胰腺炎病人腹部切口装上普通衣用拉链，间隔一到二天定期拉开拉链，直接观察病灶，清除坏死组织和有害渗液，直至完全清除坏死组织后再拆除拉链、缝合切口。这一措施减少了感染并避免了多次手术。

4）结构移植

结构移植是将某种事物的结构形式或结构特征移入另一事物。

比如，有人把滚动轴承的结构移植到机床导轨上，使常见的滑动摩擦导轨成为滚动摩擦导轨。这种导轨与普通滑动导轨相比，具有牵引力小、运动灵敏度高、定位精度高、维修方便(只需更换滚动体)等优点。

几种典型的移植法案例如下。

我国台湾省台中市一位女大学生詹钰钐，只花了短短1小时，就赚进人生第一个100万元新台币。

在使用数据夹时，她觉得换内页时要把纸张一页一页地抽出，很浪费时间，所以想设计一种既省时又省力的数据夹。有了初步构想，在老师的指导下她设计出了“快速翻页夹”。她发明的“快速翻页夹”将文具资料夹侧边装上夹链，要换页时，只要撕起来再扣上，轻松完成，省时又省力。这项发明灵活地把“封口夹链”应用于数据夹中，不但得到2010年“马来西亚世界发明展”金牌，还有厂商以100万元向她买下专利(图6-35)。

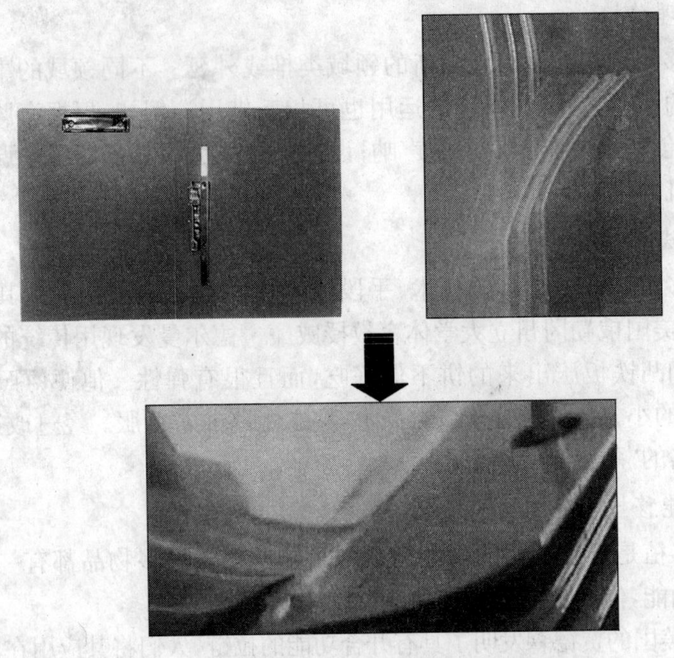

图 6-35　把文件夹和夹链综合设计的“快速翻页夹”

5. 列举法

列举法是把与创新对象有关的方面一一列举出来，进行详细分析，然后探讨改进的方法。列举法是最常用的、也是最基本的创新技法。

在百度搜索中输入关键词“列举法”检索的相关网页约 391 000 篇(图 6-36)。

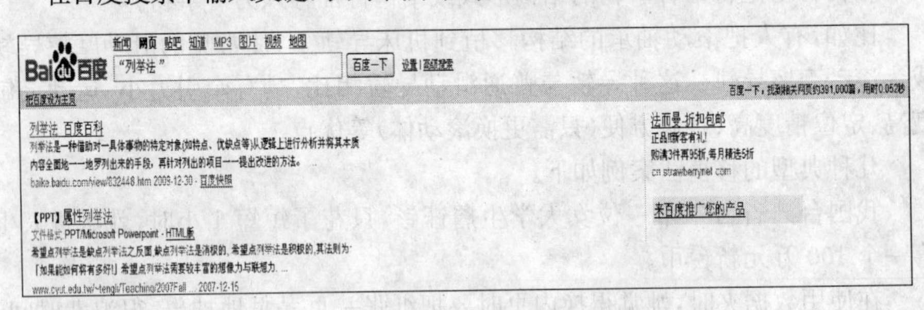

图 6-36　百度检索“列举法”页面

1）特征列举法

特征列举法是根据事物的特征或属性，将问题化整为零，以便产生创新设想的创新技法。例如，想要创新一台电风扇，若笼统地寻求创新整台电风扇的设想，恐怕不知从何下手；如果将电风扇分解成各种要素，如扇叶、立柱、网罩、电动机、速度及风量等，然后再分别逐个地分析、研究改进办法，则是一种有效地促进创造性思考的方法。

在谷歌中输入关键词“特征列举法”检索的相关网页约 1 720 000 篇(图 6-37)。

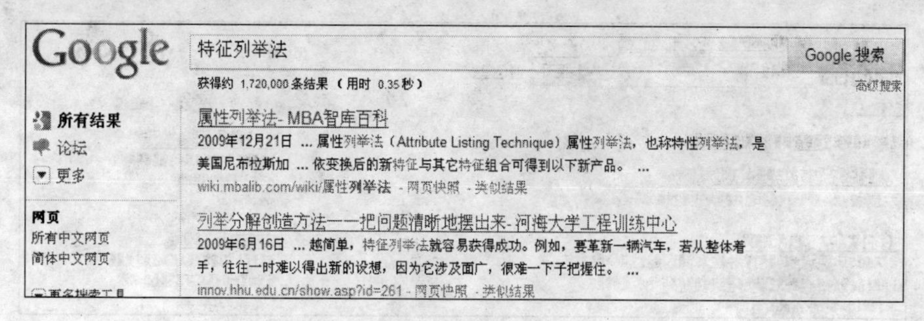

图 6-37　谷歌检索“特征列举法”页面

下面以自行车为例对特性列举法加以说明。

(1) 确定研究对象：自行车。

(2) 特征列举如下：

· 名词性特征：车架、车座、车把、车圈、车带、车筐。

· 动词性特征：坐、蹬、握、放、推、抬。

· 形容词性特征：软的(车座)、三角形的(车架)、弯的(车把)、带颜色的(车外漆)、圆的(车圈)等。

(3) 提出创新设想、引出新方案。

新设想包括：将车后座变成可折叠的架子，方便载大型物品；将车座改成充气式的，增加舒适程度，并且车座内可存放雨衣，以备不时之需；车把可内置收音机；车筐里增加手电筒，利用车轮的摩擦发电用来照明等。

2) 缺点列举法

缺点列举法是通过挖掘产品缺点而进行创新的技法，即尽可能找出某产品的缺点，然后围绕缺点进行改进。

缺点列举法的操作程序为：

(1) 确定对象，做好心理准备。“金无足赤，人无完人”，事物都有缺点，用“显微镜”去观察。

(2) 尽量列举“对象”的缺点、不足，可用智力激励法，也可展开调查。

(3) 将所有缺点整理归类，找出有改进价值的缺点即突破口。

(4) 针对缺点进行分析、改进，创造理想完善的新事物。

下面以空调为例对缺点列举法加以说明。

(1) 确定对象为空调。

(2) 可通过检索搜集现有的缺点,进行总结。使用氟利昂造成环境污染;使用空调使室内空气流通性不好;空调机内过滤网易积灰尘,对人体造成不良影响等(图 6-38)。

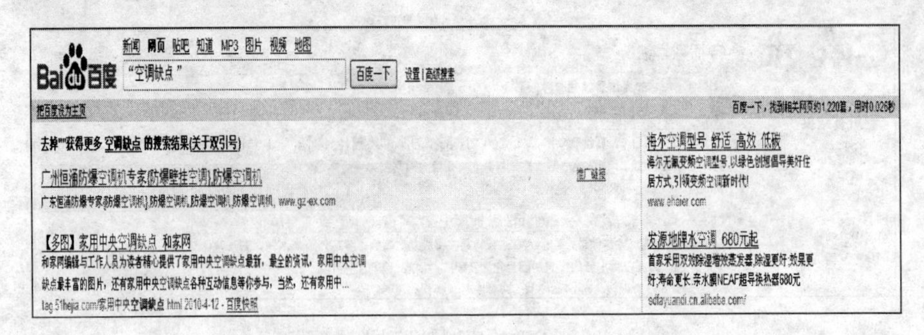

图 6-38　百度检索“空调缺点”页面

(3) 提出改进创新方案。开发不用氟利昂的新型空调,现已有无氟环保冷媒为其主要环保替代品,不会破坏臭氧层,更环保;在热量的吸收和释放过程中热交换效率更高,更节能。空调机设有空气对流装置及自动清洗装置便可解决上述缺点。

3) 希望点列举法

希望点列举法是指通过提出对产品的希望作为创新的出发点,寻找创新目标的一种创新技法。

在谷歌中输入关键词“希望点列举法”检索的相关网页约 274 000 篇(图 6-39)。

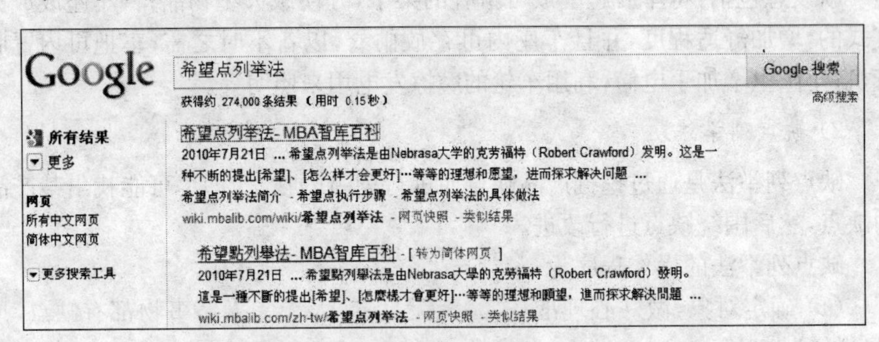

图 6-39　谷歌检索“希望点列举法”页面

希望点列举法的操作程序为:

(1) 确定对象。

(2) 提出希望点。

(3) 提出创新方案。

现在,市场上许多新产品都是根据人们的“希望”研制出来的。例如,人们希望茶杯在冬天能保温，在夏天能隔热，就发明了一种保温杯。人们希望有一种能在暗处书写的笔，就发明了内装一节五号电池、既可照明又可书写的“光笔”。在研制一种新的服装时，人们提出的希望有：不要纽扣，冬天暖夏天凉，免洗免熨，可变花色，两面都可以穿，重量轻，肥瘦都可以穿，脱下来可作提物袋等。现在，这些愿意大多数都在日常生活中变成了现实。

图 6-40　上流水龙头

好的创意应该服务于生活，图 6-40 所示为姜立人以洗脸节水为出发点发明的“上流水龙头”。

总之，创新技法是用来指导人们进行创新活动的手段，在实际应用过程中，多种技法可以组合交叉在一起灵活使用。我们通过网络检索提高认识，开拓思路，为创新的成功打下良好的基础。

本章小结

通过本章的学习，了解创新思维的相关知识，掌握创新技法；并通过创新案例的启发，从而实现自己的创新。

思考题

1. 创新思维分哪几类？
2. 常用的创新技法有哪些？

第7章 创新工具及步骤

7.1 创新工具

本节重点 几种常用的文献信息数据库检索

主要内容 几种常用的文献信息数据库检索

教学目的 了解创新项目实施中实用的工具

创新项目实施时,必须要检索所有类似研发工作的相关参考文献,才可能在已有想法基础上得以实现。目前在网络技术环境下,更多的用户可以通过网络数据库检索来获取部分甚至是全部信息。目前,从网上获取文献资源的途径比较多,每个系统各具特色,提供的查询功能也较完备。创新工具的使用方法详见本书第2章,下面仅简要介绍常用的创新工具。

7.1.1 中国知识资源总库(CNKI)

该数据库是目前世界上最大的连续动态更新的中国学术期刊全文数据库,收录国内9 100多种重要学术类期刊,内容覆盖自然科学、工程技术、农业、哲学、医学、人文社会科学等各个领域,累积学术期刊文献总量3 252多万篇。覆盖范围包括理工A、理工B、理工C、农业、医药卫生、文史哲、政治军事与法律、教育与社会科学综合、电子技术与信息科学、经济与管理。10个专辑下分为168个专题和近3 600个子栏目。收录年限:1994年至今(具体使用方法见第2章相关内容(图7-1))。

7.1.2 维普中文科技期刊数据库

《中文科技期刊数据库》由重庆维普资讯公司创制,是目前国内最大的综合性文献数据库,收录1989年至今的1 200余种期刊刊载的2 000余万篇文献,并以每年180万篇的速度递增。涵盖自然科学、工程技术、农业、医药卫生、经济、教育和图书情报等学科。图7-2所示为维普中文科技期刊数据库的主页。

按照《中国图书馆分类法》进行分类,所有文献被分为7个专辑:自然科学、工程技术、农业科学、医药卫生、经济管理、教育科学和图书情报(具体使用方法见第2章相关内容)。

教育网用户入口 >> 电信网通用户入口 >>
CNKI知识网络服务平台
KNS 5.0
CNKI中国知网
www.cnki.net
中国知识基础设施工程
检索首页 | 会员注册 | 中国知网 | 学术论坛 | 充值中心 | 学术导航 | 下载阅读器 | 客服中心 | 操作指南
欢迎DX0585访问！
退出登录
CNKI搜索
>> 单库检索首页
欢迎使用 中国知识资源总库
跨库检索
温馨提示：进入总库平台，一次检索中文期刊、学位论文、专利等16种学术资源。
检索项：题名 匹配：精确 从：1979 到：2010
检索词：
跨库检索
提 示：1、跨库检索：点击“跨库检索”按钮，将在您选择的多个数据库中同时检索。
2、单库检索：直接点击您要检索的数据库名称。
初级检索 高级检索 专业检索
数据库导航>>
期刊导航
基金导航
作者单位导航
内容分类导航
博士学位授予单位导航
硕士学位授予单位导航
会议主办单位导航
会议论文集导航
报纸导航
出版社导航
CAJViewer 软件下载>>
CAJViewer 7.0
KNS使用手册（下载）>>
中心网站版 (CAJ) (PDF)
镜像用户版 (CAJ) (PDF)
KNS5.0功能介绍>>
跨库检索
库间引文链接
概念关系词典
知识网络系统
知识元链接
相似文献链接
选择数据库
中国期刊全文数据库 1994年至今（部分刊物回溯至创刊），共 35461388 篇，今日新增 9235 篇 简介
中国学术期刊网络出版总库 1994年至今（部分刊物回溯至创刊） 简介
中国博士学位论文全文数据库 1999年至今，共 136099 篇，今日新增 9 篇 简介
中国博士学位论文全文数据库 新版 1999年至今 简介
中国优秀硕士学位论文全文数据库 1999年至今，共 1047587 篇，今日新增 128 篇 简介
中国优秀硕士学位论文全文数据库 新版 1999年至今 简介
中国重要会议论文全文数据库 2000年至今(部分回溯至1999年会议论文)，共 1351666 篇，今日新增 536 篇 简介
中国法律知识资源总库 简介

图 7-1 中国知识资源总库

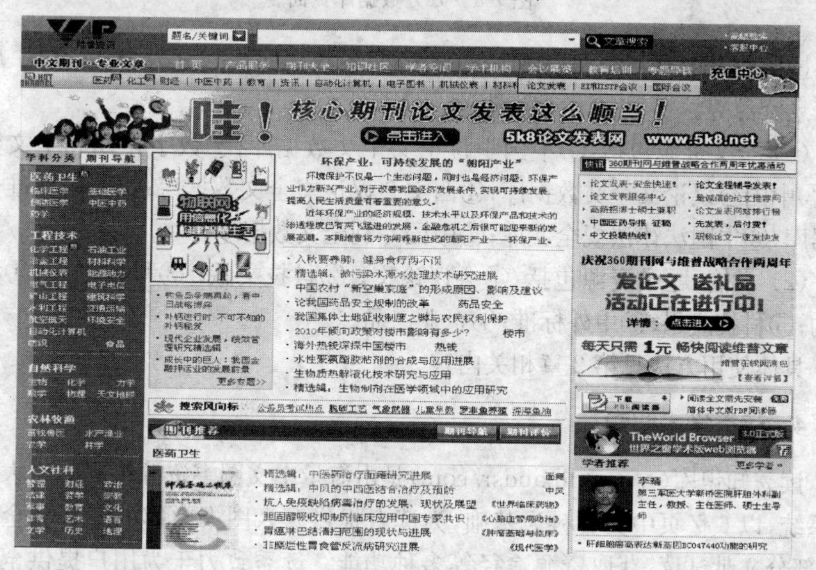

图 7-2 维普中文科技期刊数据库

7.1.3 万方数据

万方数据资源系统是北京万方数据股份有限公司网上数据库联机检索系统，是我国最早建设的、以中国科技信息研究所为依托的国内最大的数据库生产基地。该系统以科技信息为主，同时涵盖经济、文化、教育等 25 大类的相关信息，包括期刊论文、专业文献、学位论文、会议论文、科技成果、专利数据、公司

与企业信息、产品信息、标准、法律法规、科技名录、高等院校信息、公共信息等各类数据资源。图 7-3 所示为万方数据库页面。

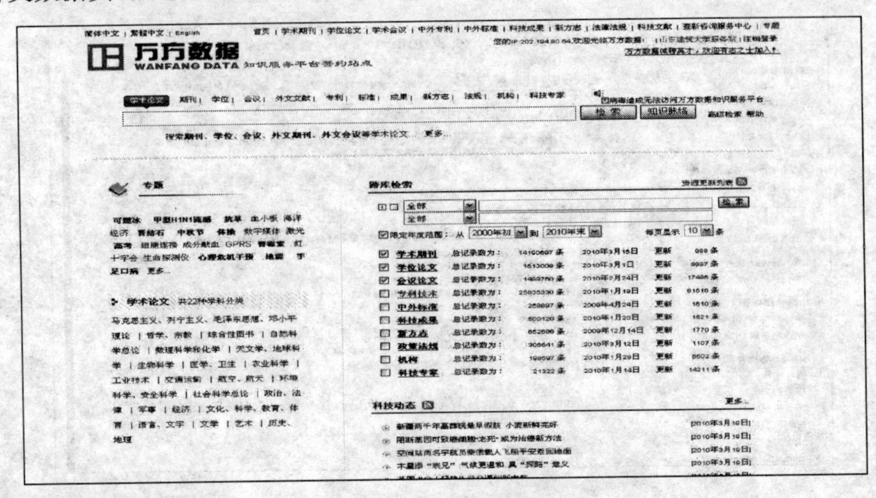

图 7-3　万方数据库页面

按照收录文献资源和揭示方式的不同，各数据库被划分为全文、文摘、题录类信息资源等。

(1) 全文资源包括：①中国学位论文全文数据库；②数字化期刊全文数据库；③中国会议论文全文数据库；④西文会议论文全文数据库；⑤中国标准全文数据库；⑥中国法律法规全文库；⑦中国专利全文数据库。

(2) 文摘、题录资源包括：①会议论文；②科技文献；③科技名人；④科教机构；⑤科技成果；⑥中外标准；⑦企业产品。

具体使用方法见第 2 章相关内容。

7.1.4　读秀学术搜索

读秀知识库(www. duxiudsr. com)是由海量中文图书资源组成的庞大知识库系统，以 6 亿页中文资料为基础，为读者提供深入图书内容的章节和全文检索、部分文献试读、获取资源途径等多种功能。读秀致力于为用户提供全面特色的数字图书馆整体解决方案和资源功能整合服务，为广大读者打造一个获取知识资源的捷径，提供联系出版社等功能。图 7-4 所示为读秀学术搜索的检索页面(具体使用方法见第 2 章相关内容)。

7.1.5　中华人民共和国国家知识产权局专利数据库

国家知识产权局是国务院主管专利工作和统筹协调涉外知识产权事宜的直属机构。国家知识产权局数据库可以免费提供中国专利全文，是目前较为常

图 7-4　读秀学术搜索页面

用的获取专利全文的数据库之一。收录 1985 年 9 月 10 日以来公布的全部中国专利信息，包括发明、实用新型和外观设计三种专利的著录项目及摘要，并可浏览到各种说明书全文及外观设计图形。图 7-5 所示为国家知识产权局专利检索页面（具体使用方法见第 5 章的相关内容）。

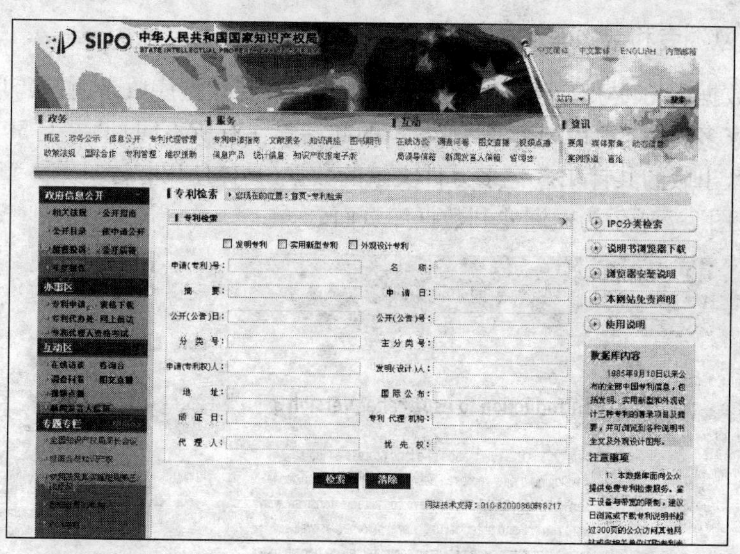

图 7-5　国家知识产权局专利数据库检索页面

7.1.6　美国专利数据库

该数据库由美国专利商标局提供。分为授权专利数据库和申请专利数据库两部分：授权专利数据库提供了 1790 年至今各类授权的美国专利，其中有 1790 年至今的图像说明书，1976 年至今的全文文本说明书（附图像链接）；申请专利数据库只提供了 2001 年 3 月 15 日起申请说明书的文本和图像。图 7-6 所示为美国专利局主页(具体使用方法见第 5 章的相关内容)。

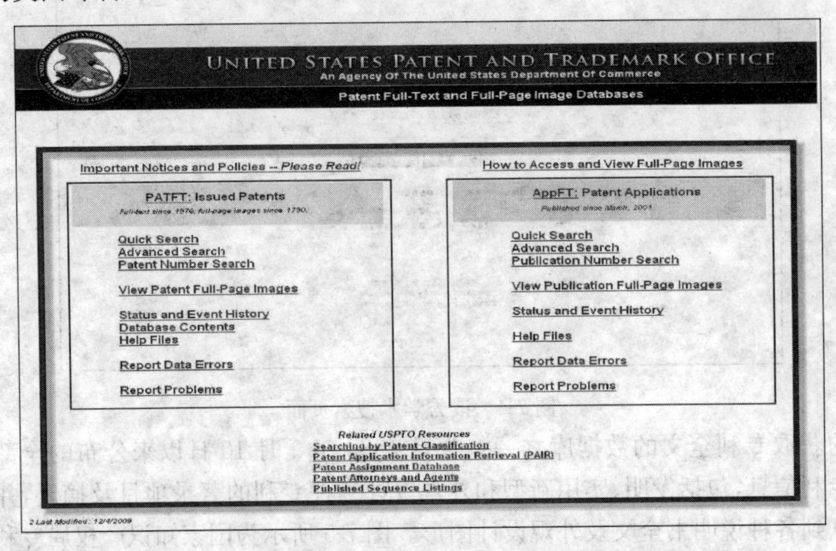

图 7-6 美国专利局主页

7.1.7 欧洲专利数据库

该数据库由欧洲专利局及其成员国提供,专利数据库收录时间跨度大,涉及的国家多,收录了 1920 年以来(各国的起始年代有所不同)世界上 50 多个国家和地区出版的共计 1.5 亿多万件文献的数据(具体使用方法见第 5 章的相关内容)。图 7-7 所示为欧洲专利数据库页面。

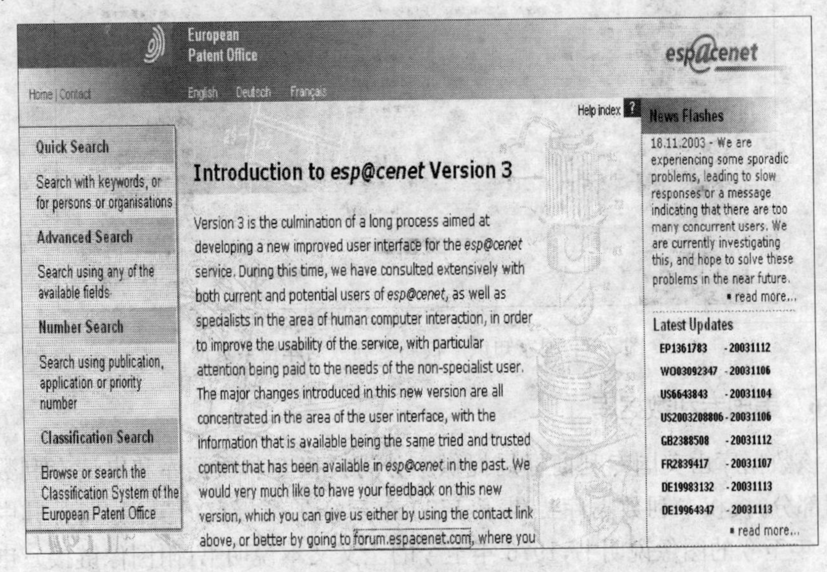

图 7-7 欧洲专利数据库页面

7.1.8 SooPAT

SooPAT 立足于专利领域,致力于专利信息数据的深度挖掘和专利信息获得的便捷化,是一个专利搜索及在线专利分析工具。除了基本的专利检索功能,还提供了强大的专利统计分析功能。它提供了国际专利分类号(IPC)检索工具,外观设计图片搜索,专利分析统计功能,世界各地专利搜索,基于专利的在线问答平台。专利搜索结果可以按照一般模式和列表模式查看,可以查看专利状态,预览,下载等;提供了强大的专利统计分析功能。图 7-8 所示为 SooPAT 检索页面。

图 7-8 SooPAT 检索页面

7.1.9 SpringerLink 期刊全文数据库

德国施普林格(Springer)是世界上著名的科技出版公司,SpringerLink 是关于科学、技术、医疗的在线信息服务数据库系统,主要为学术机构、公共部门、重要的知识中心的研究人员提供数据资源。SpringerLink 目前提供 2 400 余种期刊信息,其中 1/3 可以浏览全文。进入 SpringerLink 系统后,用户可通过“浏览”(位于页面中部方框内)或“检索”(位于页面上方)两种途径获取所需的文献,如图 7-9 所示(具体方法使用见第 2 章相关内容)。

7.1.10 EBSCO 期刊全文数据库

EBSCO 数据库是美国 EBSCO 公司的产品之一,是世界上收录学科比较齐全的全文期刊联机数据库。收录范围涉及自然科学、社会科学、人文和艺术科

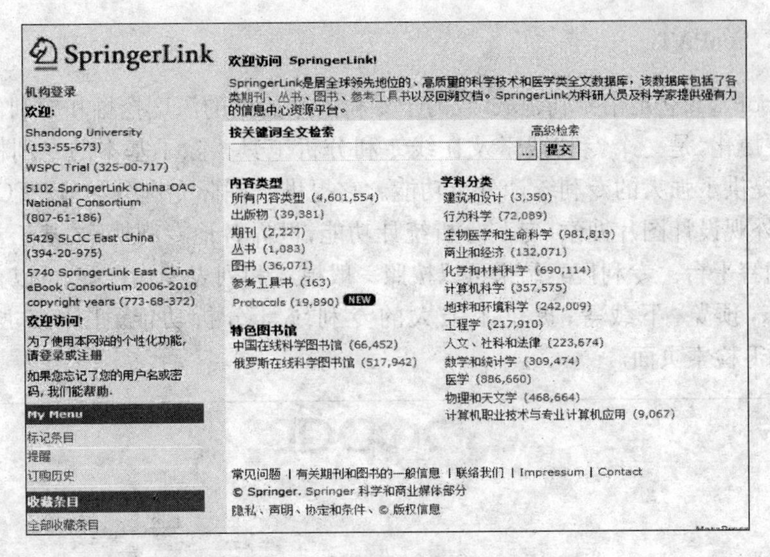

图 7-9　SpringerLink 首页

学等各类学科领域，其中有很多是 SCI、SSCI 的来源期刊。EBSCO 数据库由多个子数据库构成，主要有 Academic Search Premier 数据库和 Business Source Premier 数据库。图 7-10 所示为 EBSCO 首页/选择数据库(具体使用见第 2 章相关内容)。

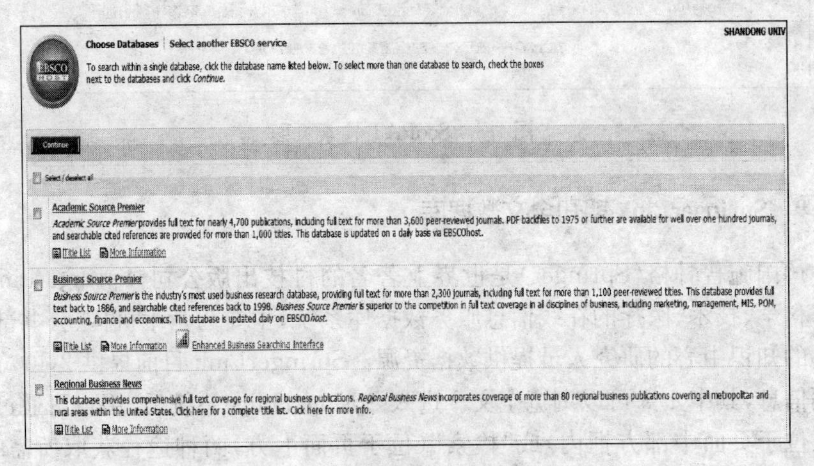

图 7-10　EBSCO 首页/ 选择数据库

7.1.11　Google 搜索

Google 搜索引擎是一个用来在互联网上搜索信息的简单快捷的工具，使用户能够访问一个包含超过 80 亿个网址的索引。图 7-11 所示为 Google 主页(具体使用技巧见第 3 章相关内容)。

图 7-11 Google 主页

7.1.12 百度搜索

百度拥有全球最大的中文网页库，收录中文网页已超过 20 亿，这些网页的数量每天正以千万级的速度在增长。同时，百度在中国各地分布的服务器，能直接从最近的服务器上，把所搜索信息返回给当地用户，使用户享受极快的搜索传输速度。百度每天处理来自超过 138 个国家超过数亿次的搜索请求，每天有超过 7 万用户将百度设为首页，用户通过百度搜索引擎可以搜到世界上最新最全的中文信息。2004 年起，“有问题，百度一下”在中国开始风行，百度成为搜索的代名词。图 7-12 所示为百度主页(具体使用技巧见第 3 章相关内容)。

图 7-12 百度主页

7.2 创新步骤

本节重点 创新步骤

主要内容 提出创意，判断创新，完成创造，实现创新

教学目的 掌握创新步骤，帮助创新的实施

一般说来，科技创新可分为以下四个步骤：提出创意、判断创新、完成创造、实现创新。

7.2.1 提出创意

提出创意十分重要，一个好的创意，可以增加创新的原动力，可以减少失败的次数。创意的提出需要遵循如下原则：

1. 创意提出应遵循的原则

1) 遵循科学性原则

创意提出无论是从实际需要或科技发展的需要出发，都不能违背自然规律，否则，就会付出大量劳动和资金设备而徒劳无功。虽然不能用理性来束缚科技探索和创新求变，但创意提出也应有所忌讳。要避免提出虚假、荒诞的创意；要避免提出违背自然规律的创意，如有些人研究“水变油”的课题；还要避免提出那些大而空的课题，如地质灾害删除器。

2) 遵循创造性原则

要做到提出的创意有创造性，首先要有创新意识。强烈的好奇心、求知欲，以及迫切的进取心都是创新的前提。

如何看待课题中的科技创新点呢？举例来说，有些项目本身并没有新技术，而只是项目中使用了一些先进的设备，将一些别人的先进仪器设备使用到一个项目中去，如果这种使用具有较大难度，并且使用后明显提高效率，使总成本降低，这便是具有创新点的创新之举，但有时候使用这些先进仪器不但不能降低总成本，反而使成本增加了，则该项目也不是创新了。真正的创新必须要有一个前所未有的创新点，即用最简单、经济的手段解决人们需要解决的问题，这就是一个很好的创新点。只要所立课题有创新点，所选的题目就能立住脚，并能继续发展；相反，如果所立课题没有创新点，即使包含很多内容，投入很多设备，最终也会失败。

3) 遵循需要性原则

科学研究的目的，就是为了满足人类的某种需要。从功能上划分，一类是

改造自然的需要，即解决生产、生活等实践中提出的问题。选择这方面的课题有直接的、明显的经济效益和社会效益。另一类是认识自然的需要，即解决理论与实验、旧理论与新事实的矛盾，揭示自然界的某种奥秘，这类课题虽一时难以体现经济价值，却推动着人类对自然界的认识。

从时间上划分，有长期需要和近期需要。长期需要，是指那些难以一时见效但从长远的观点上看却意义重大的需要。近期需要，是指生产、生活中亟待解决的问题，它条件成熟，要求解决课题的时间短，见效快。

社会各方面的需要都是科技发展的动力，从系统的、发展的观点看，都是值得研究的，但作为一个科研工作者，尤其是从事技术科学的，应从我国的国情出发，选择那些国家急需的、见效快的、有明显经济效益的课题。而对于初涉研究的科技工作者，则应选择那些较小的、近期能解决的课题，以便积累经验，向更高层次攀登。

4）遵循可行性原则

也称为现实可能性原则。科研工作是认识世界、改造世界的一种探索性、创造性活动，总是受到一些条件制约。可行性原则体现了科研工作的条件性。选题必须考虑它所遇到的困难，应当考虑有无解决的可能性。

要做到所立课题具有可行性：①要从现实的主观条件出发。这些条件主要是知识结构、研究能力、课题兴趣、理解程度等。②从现实的客观条件出发。这些条件主要有必要的资料、设备、物资、经费、导师、协作，以及实验技术、相关学科发展状况、市场情况等。③扬长避短，创造条件。选题时，首先以现有条件为基础，同时也考虑在允许的范围内创造更充分的条件，以保证选题的成功具有更大的可能性。

以上各项原则是相互联系又有区别的，科学性原则体现了科学研究的依据，创造性原则反映了科研的本质特征，需要性原则规定了科研的方向，可行性原则是决定选题能否成功的关键。影响科研成就的制约因素是多方面的，但要获得成功，上述原则是值得认真对待的。

2.提出创意的方法

在现实的工作生活当中，我们会遇到各种各样的问题，需要创造新的技术，或改进完善现有技术，而这些问题往往是产生创意的起点。提出创意一般有以下方法：

1）着眼于实际生产、生活需要提出创意

提出实际需要的创意，必须注意以下几点：

首先，不要把科学幻想当作严谨的科研课题，科研课题不能虚无缥渺，要在坚持不懈地努力下，经过一步步研究，才能够不断接近创意目标。因此，在创意提出时应该放弃那些缺少科学依据的内容。

其次，要审时度势，把条件较成熟的创意摆在前面。对于那些虽有可能实现，但目前条件还不完全成熟的创意，即使很需要也应暂缓进行。

2）着眼于新领域、新方法提出创意

新领域、新方法也是创意提出时应着重考虑的。在新的技术领域中，由于涉足者少，因而待研究项目多，选择性大，但从另一个方面来讲，其实用性也有待确认，因此有时甚至无须做调查。在新领域中容易产生原始创新，而我国最缺少的就是原始创新。

按上面的实用需求法提出的创意，虽然创意成功率高，但大都是将别人的东西进行重新组合提高的集成创新；还有的是引进别人的产品进行解剖分析，然后改进提高的引进创新。而原始创新最能显示一个国家的科技水平，所以应鼓励年轻人进行原始创新，原始创新的创意可以是寻觅一种新的科学发现，也可以根据新的发现创立一种新的科学理论或一种新的工作原理，它可以先考虑科学实验中的"实质性进步"而暂时不考虑它的"经济价值"。但原始创新绝对是科技潜力的一种表现，许多原始创新的产品刚开始时价值并不一定能充分体现出来，但最终它会有长足的发展。

3）根据其他方法提出创意

除了上述两种方法以外，还可从自己的实践中增加其他方法。提出创意有时并非只用一种方法，而往往是在创新过程中，多种不同创新方法相交织使用。提出创意和创意实现过程相互交织进行，逐步深入。

4）根据别人意愿提出创意

根据别人意愿提出创意时应该注意两个方面：①确定自己是否熟悉所提创意的技术领域。如果是自己并不十分了解的技术领域，最好不要接受，以免给双方带来损失。②对于别人提出的创意要进行分析，有时由于别人并不是技术方面的专家，因此会对技术开发的目标规定得较为含糊，对技术术语的理解不统一，或对产品的生产环境和使用条件考虑不全，从而导致开发结束后，在技术验收时往往出现一些原先没有涉及的问题或不同的观点，所以必须在开发初期把对方的开发要求和目的规定得十分清楚，做到有章可循。

7.2.2 判断创新

一个创意正式提出后，要做的第一件事就是对此创意作新颖性调查，一般意义上来说，新颖性的核心是"在全球范围内前所未有"。技术的新颖性是以现有技术为参照，现有技术是指在此之前国际上任何一个国家已有的技术和知识的总和。而判断一项技术是否属于已有技术的范围，就是判断该创意所表示的技术内容是否在此之前已经公开。

随着网络上发布的信息越来越多，以及搜索技术的发展，许多网络信息搜索引擎公司提供了多种多样的搜索工具，这使得检索特定信息成为可能，大大扩充了人们所能获得技术信息的途径，并可以从检索到的相关资料验证创意的新颖与否。

1）国家知识产权网站内搜索

根据经验，进入中华人民共和国国家知识产权局网站（http://www.sipo.gov.cn）进行专利检索时，首先应进入高级检索，选择“发明名称”作为检索项目，再根据项目的发明点及其本质，确定关键词。在查询的时候，一定要充分考虑各种各样的同义词，应该使用“and”和“or ”，否则会漏掉一些内容。但是要直接找到这些同义词，有时候也比较困难，所以可以先通过关键词查询完成初步检索，找到接近的对比文件，然后可改用对比文件的分类号来作检索的关键词，如果分类比较集中，可以阅读该分类的定义，从中找出同义词。如果分类比较分散或者初步结果比较少，则需要阅读这些说明书，然后从中分析出同义词。此时如果检索出来的文件很少，找不到相近的，还可以用同样的关键词，选择“摘要”为检索项目。总之，检索要想全面而精确，不能单靠关键词，必须依据分类号。因为在同一个小类的专利文件中，它们的本质技术是很类似的，只是有些关键词不同。

2）网页搜索

如果在国家知识产权局网站检索不到类似的专利，可以继续网页搜索，通过Google、百度等搜索引擎，输入反映该创意的技术特征的关键词及其他相关词语进行检索，这样检索的目的有两个：①了解该课题所处领域目前的研究状况；②确定此项目是不是重复研究，值不值得研发。但有时检索结果不一定能满足创新者的要求，如有时检出的篇数过多，而且不相关文献所占比例很大，或者检出的文献数量太少，有时甚至为零，这时就需要调整检索策略。对于输出篇数过多的情况，分析是否由下述原因造成的：选用了多义性的检索词；截词截得过短；输入的检索词太少。对于输出篇数过少的情况，分析是否是由下述原因造成的：检索记号拼写错误；遗漏重要的同义词或隐含概念；检索词过于冷僻具体。

3）委托查新咨询机构进行查新

经过以上两种方法的检索后，若没有找到相同的技术，同时，在所研发的课题投入不是很大，研发周期也不是很长的情况下，便可直接进入下一步工作。而对于一个比较大的项目而言，为求稳妥起见，还可以委托专门的查新咨询机构帮忙查新，对本项目做进一步的调查。对于委托他人进行新颖性调查产生的结论，必须由发明人自己进行核实。特别是对于“有部分雷同”和“已有”的结论，常因为调查人不是发明者本人而对查新材料和发明人的项目之间缺少本质差异的认识，有时还会由于发明人保密的原因，没能将发明的实质内容全部告知查新人员，也会造成查新的不准。

4）确定创新点

由于现在是知识大膨胀的时代，如果你想到的课题已被别人捷足先登了，这时你可以研究一下别人的发明点、创新点是什么；权利要求保护的内容是什么。一般来说，如果是已获批准的发明专利，那么你要逾越他的创新的可能性就很小，如果是实用新型专利，那么你应该仔细地研究一下结构、技术特征是否还有改进的可能，和你的设想比较是不是还存在某种缺陷，如果还存在缺陷，就可以继续开展下一步工作。爱迪生也是在前人发明出电灯泡的基础上进行了改进，延长了电灯泡的使用寿命。因此，严格地说，电灯泡并不是爱迪生的发明，在他之前早已经有了各式各样的电灯泡，只是灯泡的寿命太短，爱迪生的贡献是把灯泡的寿命延长到具有商业推广的价值。由于爱迪生这个专利的实际应用价值和商业价值都很高，因此，带给人们的使用价值超过了这项发明本身的价值。正因如此，人们没有记住最早的灯泡发明人，而记住了爱迪生。

7.2.3 完成创造

创新课题完成的过程，即完成创造的过程，这一过程可分为以阶段划分的创新过程和以单位行为划分的创新过程。

1. 以阶段划分的创新过程

创新过程是各个阶段顺序递进、相互连接、相互协调的复合过程。以阶段来划分，可以把整个创新过程分为研究/开发阶段、设计/试制阶段、生产阶段和市场实现阶段。

1）研究/开发阶段

该阶段是创新的初始阶段，研究开发水平的高低关系到项目的生存与发展，因此，对研究开发工作应高度重视。搞好研究开发，一要有充足的资金，二要靠高素质的科技队伍。如美国IBM公司，研究开发经费高得惊人，韩国三星集团的研发投入也占到营业额的10%以上。在日本，约1.77万家企业拥有规模不等的研发机构，其中350家大企业拥有600多个高水平的研究所。

2）设计/试制阶段

研究开发与最终成果之间的过程就是设计/试制。与上一阶段相比，此阶段的投资一般是实验研究的若干倍，同时要面临来自技术、生产和市场的不确定性，往往人们认为是最不划算的投入，但这是创新无法超越的阶段。

3）生产阶段

生产阶段要求把前面两阶段的成果转化为实实在在的生产力。但它并不是像有人理解的那样简单。毕竟生产不是孤立的活动，向前追溯，它与研究开发、设计试制有紧密联系；向后看，它又关系到产品价值的实现问题。

4）产品价值实现阶段

技术创新是一个艰苦的过程，不仅早期的研究开发面临许多困难，到了产品价值实现时也非常不易。价值实现意味着产品放到市场上接受评判。在这一阶段，要想使创新成果顺利地转变为市场产品，要有正确的推广手段。

2. 以单位行为划分的创新过程

若从单位创新行为划分，创新过程又可分为决策、实施、投入与产出、信息传递和管理等，各项行为构成技术创新全过程。

1）决策

正确的决策离不开优秀的决策人。决策人到底由哪种人担任，不能一概而论。在当今科技竞争日趋激烈的大背景下，只懂管理，不懂技术行不通；只懂技术，不谙管理也无法适应时代的需要。所以，我们应该鼓励多种才能兼具的复合人才承担创新决策的重任。

2）实施

组织创新课题的研究实施非常重要。实施创新的过程中，首先，要保证目标战略与研究开发计划协调一致。目标战略计划不能脱离单位研究开发资源的能力，否则只能是空谈。研究开发计划也必须服从目标战略需要，否则就会南辕北辙。其次，单位内部要考虑研究开发、培训与基础结构三者间的匹配。一些单位更热衷于研究开发的投入，而忽略了对人员的培训及管理，结果白白浪费掉宝贵的研究资源。

3. 投入产出

国外的有关经验表明，基础研究、应用研究与技术开发直到市场开发的投入费用比例为1∶10∶100，可见技术开发所需投入之多。有些单位在技术创新上存在高投入、高成本、低质量的问题，不解决这些问题，单位的创新就无法进行。

4. 信息传递

整个创新过程中主要的信息传递包括：创新单位内外信息沟通、技术信息与经济信息的结合、创新运行各阶段间信息传递与反馈、各阶段内部信息沟通及单位各职能部门间与内部的信息沟通等。信息经过分类、筛选、加工之后，形成有效良性的循环。否则，就会导致创新决策人的失误，最后导致创新工作彻底失败。

5. 管理

创新管理的目的主要在于协调，对外协调与科学技术发展、目标需求的变化；对内尽力保持各职能部门创新活动的统一。如何管理创新工作，不存在“放之四海而皆准”的原则，要根据本单位实际情况进行。

7.2.4 实现创新

1. 申请国家专利

申请国家专利以保护自己的创新成果。拥有了专利权，便对其发明创造享有独占性的制造、使用、销售和进出口的权利。也就是说，其他任何单位或个人未经专利权人许可不得进行以生产、经营为目的的制造、使用、销售、许诺销售和进出口其专利产品，使用其专利方法，或者未经专利权人许可以生产、经营为目的的制造、使用、销售、许诺销售和进出口依照其方法直接获得的产品。否则，就是侵犯专利权。

2. 撰写科技论文

通过撰写论文使创新成果得以展示并保护。论文是学术界了解现有技术的最广泛的一种形式，世界上许多伟大的科学家都是通过论文来发表自己的成果，使之公布于世。因此，撰写科技论文能够实现与更多的高水平学者进行知识的交流与沟通，为创新技术的完善改进提供更多机会。

3. 参加科技大赛

国内现有的科技大赛有中国大学生创新设计大赛，中国科技创业计划大赛，“挑战杯”全国大学生课外学术科技作品竞赛，青年科技创新竞赛，ADI 中国大学创新设计竞赛等。通过信息检索，可以获得相关的赛事情况。参加此类科技竞赛，能为自己提供更多的学习机会。

4. 申请国家奖励和科技项目

通过申请奖励和项目，为创新活动提供资金支持，促进创新活动的发展。

5.公司生产应用

创新实现后，应尽可能地投入到生产当中去，它是科技创新的最后阶段，一个科技创新产品只有应用到生产当中去，才能实现其价值。

把创新成果的方法与技术，通过与企业的联合使之应用于生产领域，能够提高效率、节约成本、增加利润、完善产品质量。这是企业发展进步的有力支柱，是实现创新价值的根本所在。

本章小结

本章主要介绍了创新项目实施过程中使用的工具及实现创新的具体步骤。通过本章的学习，使学生了解创新项目的实施离不开创新工具，并通过借鉴别人已有的成果，从而使自己的创新得以实现。

思考题

1.常用的创新工具有哪些？
2.实施创新的程序如何？

第 8 章　创新案例与训练

8.1　创新类型概述

本节重点　技术创新的类型

主要内容　创新的类型

教学目的　认识创新的类型

8.1.1　宏观创新类型

创新从宏观经济的角度可以分为技术创新、管理创新和制度创新。技术创新是指对产品、方法及其改进提出的新的技术方案；管理创新是指把一种新思想、新方法、新手段或者新的组织形式引入企事业单位和国家的管理中去；制度创新是将一种新关系、新体制或者新机制，引入人类的社会和经济活动中，并推动社会和经济发展的过程。可以把制度解释成为体制和机制的综合，体制指的是结构，机制指的是程序。

8.1.2　技术创新类型

(1) 率先创新，或者称为原始创新。就是从一种发明开始，在新的基础上开始进行创新。率先创新是指依靠自身能力完成创新的过程，率先实现技术的商品化和市场开拓，向市场推出全新的产品或率先使用全新工艺的一种创新行为。

(2) 模仿创新，或者称为跟随创新。是指在别人创新的基础上或者在它的外围再去发展新的东西。模仿创新是以市场为导向，充分运用专利的公开制度，以率先者的创新思路和行为为榜样，以其开创的产品为示范，吸取其成功的经验和失败的教训，通过消化吸收掌握率先者的核心技术，并在此基础上进行完善，开发出富有竞争力的新产品，并参与竞争的一种渐进性创新活动。例如，韩国 CDMA 手机的技术是从美国引进的，但是韩国近年来对 CDMA 手机的一些外围技术做了很多创新，也掌握了很多这方面的专利，这种创新本身也有重要意义。

(3) 集成创新，或者称为组合创新。所谓集成创新，就是把现有技术组合起来而创造一种新的产品。典型的例子就是复印机。在复印机问世之前，构成它的所有技术都是成熟的，但是把它组合起来变成复印机的技术是创新出来的，从而产生了一个新的产品。

从创新资源运用的角度，创新可以划分为内部创新和开放性创新。从创新思维和创新技法的角度，创新可以分为若干类别近百种类型。从数量上来看，模仿创新和集成型创新更多一些，但是根据我国现有国情，应该对原始创新投入更大的精力，并有所选择。本章仅就技术创新的典型案例加以分析并对学习者进行实践训练。

8.2 光学视觉效应测试装置及测试方法原始创新发明案例

本节重点 创新发明案例

主要内容 创新发明案例

教学目的 通过案例分析以期受到启发

8.2.1 创新发明简介

2006年5月至2010年5月，以山东建筑大学许福运教授为首的创新发明小组，围绕“光学视觉效应测试装置及测试方法”向国家知识产权局提交了124项发明专利，并于2008年陆续获得发明专利授权。该组发明的核心技术由测试车、用于测试车运行的专用轨道和测试板组成。测试车位于专用轨道上，测试板安装在另一辆测试车上，测试板的高度与测试者的高度相适应，测试板上设有多个带底色的图案，图案由多种图形的同心圆构成，图案上设有直角坐标，坐标原点即同心圆的圆心。测试者目光的水平视线与测试者观察测试板上同心圆圆心时的视线之间夹角为0°，直线轨道、测试板与测试者之间不间断地进行相对和相向运动，测试者会看到，测试板上的图案在圆周上沿圆心做逆时针或顺时针转动。该组发明既可作为光学视觉效应观察测试的实验演示装置和方法，也可作为一种游戏装置和方法。

8.2.2 创新发明技术背景

英国视觉科学家艾尔·塞克尔所著的《视觉游戏(二)》(海南出版社2004，洪芳译)中介绍了一种“旋转的圆圈”的视觉图片。该图片是由菱形图案构成的两个同心圆组成，当集中目光盯住同心圆的圆心，前后移动头部时，会发现由菱形图案构成的两个同心圆会转动。这一现象是由意大利视力科学家B. 皮娜和G. 格力斯塔夫于1999年发现的。上述研究结果对于大中学生做演示实验，或者在科普宣传教育部门做科学普及工作是十分有利的。但是上述结果一方面是人为观察的结果，它会因观察者目光集中程度的不同，头部前后移动速度的不同，以及头颈部在移动过程中的稳定程度不同而产生不同的观察结果；另一方面，仅靠人头部的前后移动，只能短时间观察，长时间观察会造成人头、颈部乃至全身的疲劳。目前还没有一种用于观察测量的专门设备和方法。

8.2.3 提出创意

为克服现有技术的不足,发明小组提出一种创意,提供一种设计合理、制造容易、使用方便、可有效进行光学视觉效应观察测试的装置及测试方法。

8.2.4 对创意进行新颖性判断

判断创意是否具有新颖性和创造性,主要依靠检索工具进行新颖性检索。创新小组主要进行了以下工作。

(1) 对创意进行技术分类和主题分析,提炼出检索用国际专利分类号为:G09B23/00。

中英文关键词分别为:光学(Optics);视觉效应(visual effects);测试装置(test device);测试方法(test method)。

(2) 初步确定检索式:Optics; visual effects; test device; test method。

题名或摘要:((测试装置 OR 测试方法)AND 光学 AND 视觉效应)OR G09B23/00。

Title or Abstract:(test device or test method) and Optics and visual effects or G09B23/00。

(3) 选择检索工具并进行检索:选用中国知网 CNKI 数据库、百度、中国知识产权局专利数据库、美国专利数据库、欧洲专利局数据库及读秀学术搜索引擎,进行相关性检索获得初步检索结果。

① 中国知网 CNKI 数据库检索结果如图 8-1、图 8-2 所示。

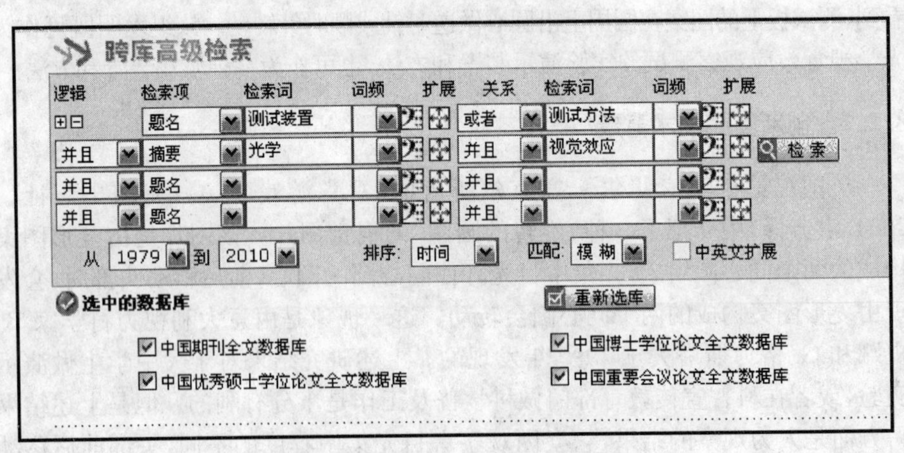

图 8-1 中国知网 CNKI 检索项图

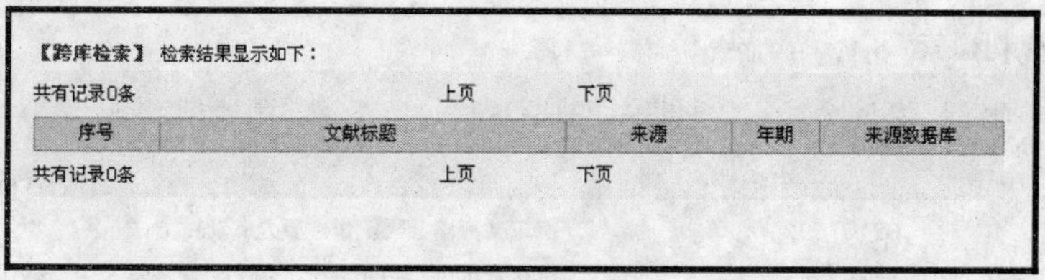

【跨库检索】 检索结果显示如下：

共有记录0条　　上页　　下页

序号	文献标题	来源	年期	来源数据库

共有记录0条　　上页　　下页

图 8-2　中国知网 CNKI 检索结果图

从检索结果可以断定，有关光学视觉效应测试装置及测试方法的创意没有以期刊论文、学位论文和会议论文等形式在国内公开发表。

② 百度检索结果如图 8-3 所示。由检索结果可知，除了许福运教授自己发布的网络信息外，没有见到相关的网络信息。

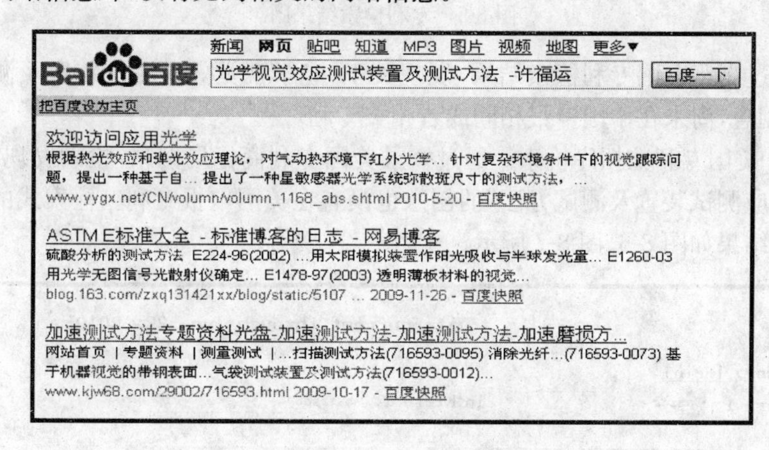

图 8-3　百度检索结果图

③ 中国知识产权局专利数据库检索如图 8-4，图 8-5 所示。

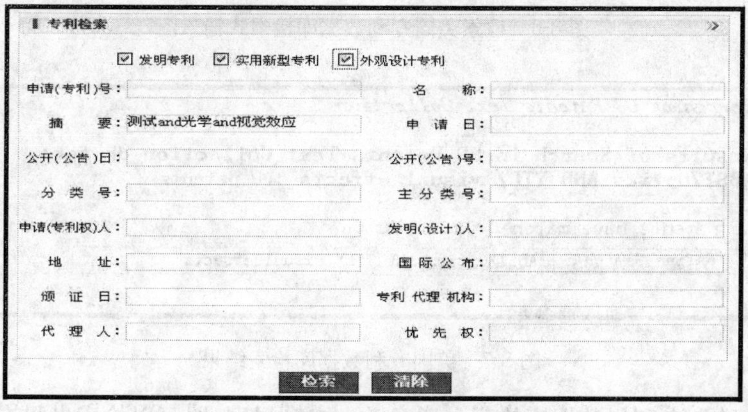

专利检索

☑发明专利　☑实用新型专利　☑外观设计专利

申请(专利)号：　　名　称：

摘　要：测试and光学and视觉效应　　申 请 日：

公开(公告)日：　　公开(公告)号：

分 类 号：　　主 分 类 号：

申请(专利权)人：　　发明(设计)人：

地　址：　　国 际 公 布：

颁 证 日：　　专利 代理 机构：

代 理 人：　　优 先 权：

检索　清除

图 8-4　专利创意检索式输入图

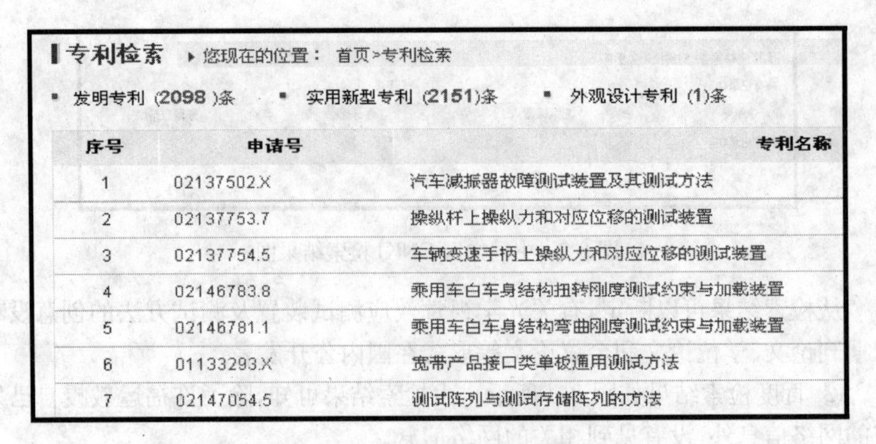
专利检索 ▸您现在的位置： 首页>专利检索

▪ 发明专利 (2098)条　▪ 实用新型专利 (2151)条　▪ 外观设计专利 (1)条

序号	申请号	专利名称
1	02137502.X	汽车减振器故障测试装置及其测试方法
2	02137753.7	操纵杆上操纵力和对应位移的测试装置
3	02137754.5	车辆变速手柄上操纵力和对应位移的测试装置
4	02146783.8	乘用车白车身结构扭转刚度测试约束与加载装置
5	02146781.1	乘用车白车身结构弯曲刚度测试约束与加载装置
6	01133293.X	宽带产品接口类单板通用测试方法
7	02147054.5	测试阵列与测试存储阵列的方法

图 8-5　专利检索结果图

通过浏览中国专利检索结果，发现关于“光学视觉效应测试装置及测试方法”的创意，尚未在中国申报相同或者相关专利。

④ 美国专利数据库检索。通过登录美国专利商标局网站，检索发现“光学视觉效应测试装置及测试方法”的创意也没有在美国申报专利。检索式的输入及检索结果如图 8-6、图 8-7 所示。

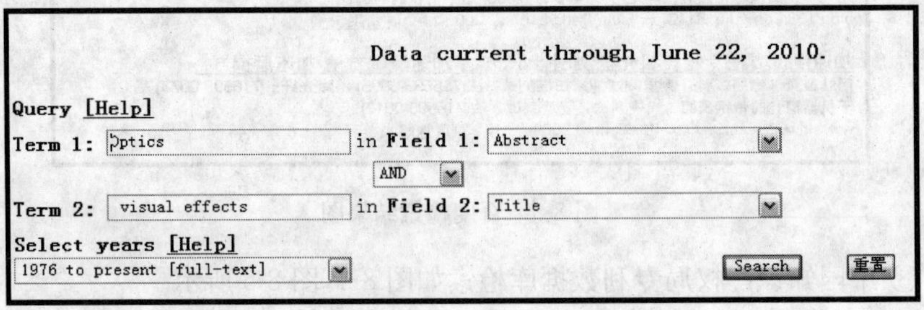

Data current through June 22, 2010.

Query [Help]

Term 1: Optics in Field 1: Abstract

AND

Term 2: visual effects in Field 2: Title

Select years [Help]

1976 to present [full-text]　Search　重置

图 8-6　检索美国专利数据库检索式输入图

Searching US Patents Text Collection...

Results of Search in US Patents Text Collection db for:
ABST/Optics AND TTL/"visual effects": 0 patents.

No patents have matched your query

Refine Search　ABST/Optics AND TTL/"visual effects"

图 8-7　美国专利数据库检索结果

⑤ 欧洲专利局数据库检索。登录欧洲专利局网站，可以检索世界专利数据

库收录的80多个国家的5 600万件专利的著录项目。输入相应的检索术语(图8-8),可以获得如图8-9所示的检索结果。通过分析检索结果可知,除了几项中国的专利申请外,世界各国未见到该项创意的专利信息记录,而国内的相关专利信息也正是研究小组自己的作品。

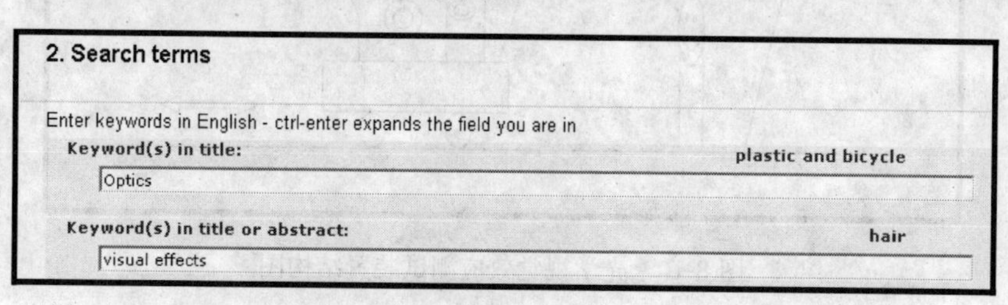

图8-8 检索欧洲专利局数据库检索项输入示意图

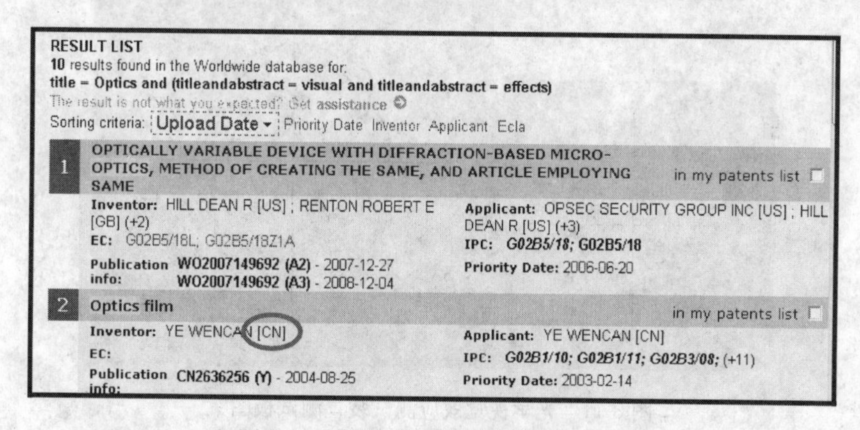

图8-9 欧洲专利局数据库检索结果图

⑥ 使用读秀学术搜索引擎检索,也没有搜索到相关“光学视觉效应测试装置及测试方法”的图书信息。

通过分析以上各种检索结果,“光学视觉效应测试装置及测试方法”的创意没有以任何形式所知晓,具有新颖性、创造性和实用性。

8.2.5 实施创意

研究小组通过分析研究,提出了创意的实施方案。该发明的结构如图8-10、图8-11所示,由测试车1、用于测试车运行的专用轨道2和测试板3组成,测试车1位于专用轨道2上,测试板3安装在测试车1上,测试板3的高度与测试者的高度相适应,测试板3上设有2个带底色的图案,2个图案平行排列、图案相同、大小不同,图案由4个相同的线段组成的同心圆构成,图案上设有直角坐标,坐标原点即同心圆的圆心。

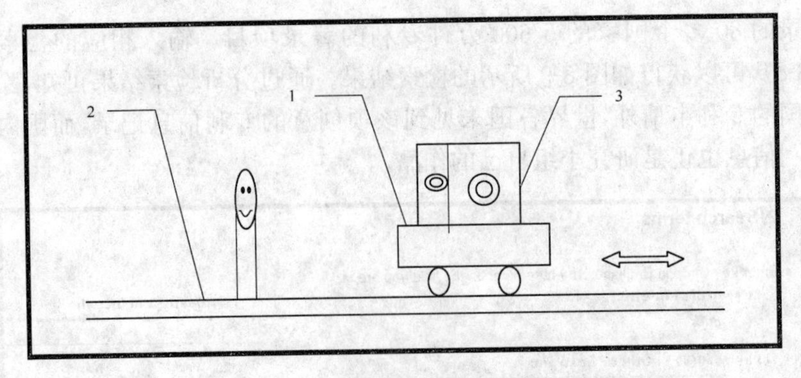

图 8-10　光学视觉效应测试装置结构图

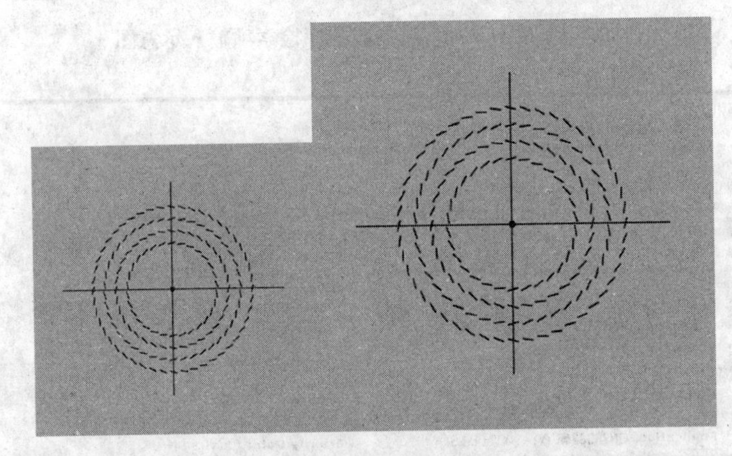

图 8-11　光学视觉效应测试装置测试板图案

光学视觉效应测试装置的具体测试方法为：测试者头在轨道另一端，颈部定位并轮流观察两个图案，目光轮流盯住两个同心圆圆心；驱动测试车，使测试板与测试者之间不间断地进行相对和相向运动，测试者会看到，测试板上的图案在圆周上沿圆心做逆时针或顺时针转动。加快或者减慢测试车的运动速度时，图案转动的角速度也随之加快或减慢。

8.2.6　实现创意，申报国家发明专利

根据创意实施方案，通过变换测试板上的图案，测试者可以获得多种测试体验，从而据此开发多种游戏装置和方法。使人们特别是青少年在游戏的过程中，增强游戏乐趣的同时，加深了对光学视觉效应的感性认识。为此，研究小组向国家知识产权局申报了一组包含 124 项发明专利的专利群，并且陆续获得专利授权，图 8-12 显示了“一种光学视觉效应测试装置及测试方法”授权公告摘要，图 8-13 显示了整个发明专利群部分发明专利的检索结果。

(19) 中华人民共和国国家知识产权局

(12) 发明专利

(10) 授权公告号 CN 1881380 B
(45) 授权公告日 2010.04.07

(21) 申请号 200610044153.1

(22) 申请日 2006.05.09

(73) 专利权人 王昊然

地址 250101 山东省济南市临港开发区凤鸣路山东建筑大学全息创新研究所

(72) 发明人 杨冰 许福运 王昊然

(74) 专利代理机构 济南金迪知识产权代理有限公司 37219

代理人 宁钦亮

(51) Int. Cl.

G09B 23/00 (2006.01)

(56) 对比文件

WO 96/13822 A1,1996.05.09, 全文.
CN 200947304 Y,2007.09.12, 权利要求 1-3.
CN 2311036 Y,1999.03.17, 全文.
GB 2254930 A,1992.10.21, 说明书第 5 页第 1-23 行、图 1.
艾尔．塞克尔，视觉游戏之二，海南出版社，2004,24.

审查员 欧阳琦

权利要求书 1 页 说明书 2 页 附图 1 页

(54) 发明名称

一种光学视觉效应测试装置

(57) 摘要

一种光学视觉效应测试装置及测试方法，属于实验演示装置技术领域。由测试车、用于测试车运行的专用轨道和测试板组成，测试车位于专用轨道上，测试板安装在测试车上，测试板的高度与测试者的高度相适应，测试板上设有 2 个带底色的图案，图案由 1-6 个相间的线段组成的同心圆构成，图案上设有直角坐标，坐标原点即同心圆的圆心。测试者目光的水平视线与测试者观察测试板上同心圆圆心时的视线之间夹角为 0，直线轨道。测试板与测试者之间不间断地进行相对和相向运动，测试者会看到，测试板上的图案在圆周上沿圆心做逆时针或顺时针转动。本发明既可作为光学视觉效应观察测试的实验演示装置和方法，也可作为一种游戏装置和方法。

2 1 3

CN 1881380 B

图 8-12 一种光学视觉效应测试装置及测试方法授权公告摘要

▪ 发明专利 (124)条

序号	申请号	专利名称
1	200610043726.9	一种光学视觉效应测试装置及测试方法(2)
2	200610043727.3	一种光学视觉效应测试装置及测试方法(3)
3	200610043728.8	一种光学视觉效应测试装置及测试方法(4)
4	200610043729.2	一种光学视觉效应测试装置及测试方法(5)
5	200610043730.5	一种光学视觉效应测试装置及测试方法(6)

▪ 发明专利 (124)条

序号	申请号	专利名称
121	200610044122.6	一种光学视觉效应测试装置及测试方法
122	200610044123.0	一种光学视觉效应测试装置及测试方法
123	200610044124.5	一种光学视觉效应测试装置及测试方法
124	200910230145.X	一种光学视觉效应测试装置及测试方法

⏮首页 ◀上一页 ▶下一页 ⏭尾页 页次：7/7 共有124条记录

图 8-13 一种光学视觉效应测试装置及测试方法申报的 124 项发明专利

8.3　模仿创新案例

本节重点　模仿创新案例
主要内容　模仿创新案例
教学目的　通过案例分析以期受到启发

8.3.1　模仿创新的步骤

(1) 全面综合分析。全面检索本技术领域的专利信息，对本行业技术、竞争对手、市场现状、宏观经济等情况进行综合分析，结合自身创新能力制定创新战略。

(2) 重点技术研究。对本技术领域的技术发展进程、最新发展动态、市场占有范围、竞争对手技术优势及专利技术的法律状态进行重点技术研究，确立研发方向。

(3) 核心技术选择。针对研发方向中的核心技术进行研究，优选出有重要价值的关键专利文献进行组合分析，择其优点确立研发项目。

(4) 有效仿制。利用有效仿制对研发项目中的专利技术进行消化吸收，在技术开发的过程中取得自主知识产权形成后发优势。有效仿制是指在规避侵权的前提下，以市场为导向，充分利用专利制度的公开功能和效力范围，进行富有成效的快速仿制，并进一步取得自主知识产权，形成后发优势的一种技术创新模式。有效仿制的程序为：针对研发项目核心技术中优选出的专利文献进行侵权检索。

· 如不侵权，直接消化吸收。
· 如侵权，避开其保护范围或以现有技术替代。
· 如无法避开，无效其专利权或合理引进消化吸收。
· 在消化吸收的过程中，通过技术开发进一步创新，申报专利，取得自主知识产权，形成后发优势。

8.3.2　模仿技术创新案例：某公司进行风冷式冰箱的研发过程

1. 进行重点技术研究

该公司在平时对专利技术的跟踪检索过程中，通过定题检索，发现风冷式冰箱技术的申请量、申请厂家呈上升趋势。利用 SooPAT 专利搜索引擎搜索，结果如图 8-14 所示，可以检索到 63 项专利信息。

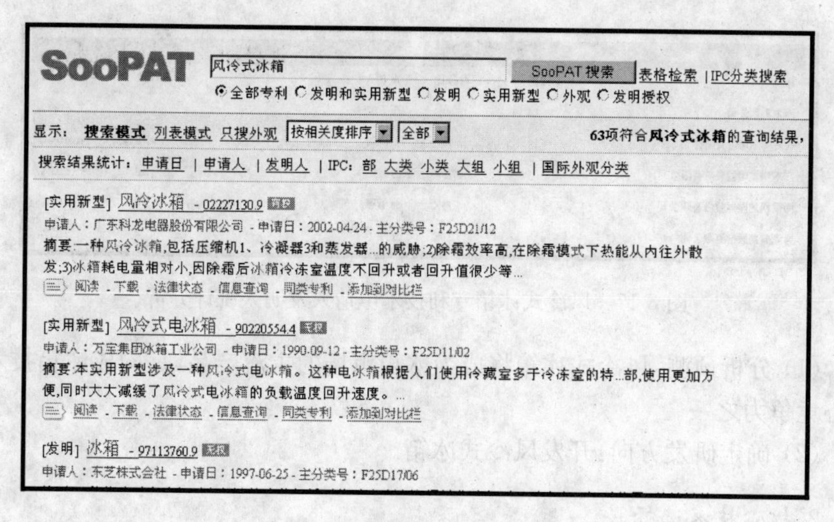

图 8-14 风冷冰箱检索结果

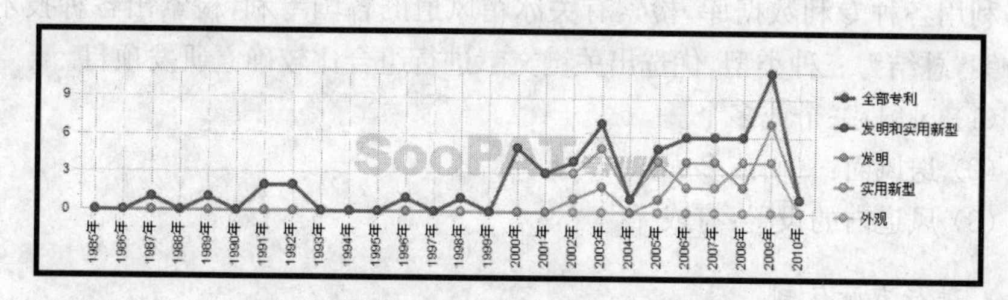

图 8-15 风冷式冰箱专利申报年度分布图

专利数	申请人数	发明人数	大组数	当前总百分比
63	39	139	24	100.00%
占百分比： 100.00%	平均专利数： 1.62件	平均专利数： 0.45件	平均专利数： 2.63件	

	公开日期	专利数	百分比
1.	2009年	11	11(17.46%)
2.	2003年	7	7(11.11%)
3.	2003年	6	6(9.52%)
4.	2006年	6	6(9.52%)

图 8-16 风冷式冰箱专利申报情况分析图

对检索结果进行专利技术申报时间分布统计分析，如图 8-15、图 8-16 所示，可以看出风冷式冰箱技术专利申报上升趋势明显，并于 2009 年达到高峰。自 2010 年申报数量急剧下降，说明这种技术正在走向成熟，申请人数趋于集中。

进一步对风冷式冰箱技术专利权人分布(图 8-17)进行分析发现，专利权人集中分布在全国几家知名冰箱企业，海尔集团公司是最大的专利权人，该公司王东宁是该项技术最多的发明人。

申请人统计		
申请人	专利数	百分比
海尔集团公司	14	16.09%
青岛海尔股份有限公司	13	14.94%
广东科龙电器股份有限公司	5	5.75%
海信科龙电器股份有限公司	5	5.75%
合肥美菱股份有限公司	5	5.75%

发明人统计		
发明人	专利数	百分比
王东宁	12	6.06%
李晓峰	8	4.04%
孙桂红	6	3.03%
张智春	4	2.02%
王建	4	2.02%

图 8-17 风冷式冰箱专利技术申请人发明人统计分析

(1) 分析预测:风冷式冰箱将成为冰箱市场的主流产品,是构成冰箱技术的核心竞争力之一。

(2) 确定研发方向:开发风冷式冰箱。

2. 核心技术选择

利用各种专利数据库,检索有关冰箱风道的各国专利,检索出各种技术解决方案,总结为三种类型,优选出关键文献进行组合比较确立研发项目。

(1) 风扇:一个或多个。

(2) 送风面:一面或多面。

(3) 风道内的设置:有或无。

3. 进行有效仿制

在规避侵权的前提下,公司通过消化吸收,重新进行了创新设计方案:采用一个风扇三面送风,风道内设置自动风量调节阀门。这一方案吸收了现有专利技术的优点,而整体方案又与各专利不同。人们利用对现有专利技术的跟踪借鉴,可形象地比喻为"站在巨人的肩膀上",成为比巨人还要高的创新者。

8.4 邱则有"盖房不用梁"空心楼盖新技术创新专利分析

本节重点 技术创新案例

主要内容 技术创新案例

教学目的 通过案例分析以期受到启发

8.4.1 空心楼盖技术概述

1. 一个仿生创意,解决世界性难题

长期以来,大跨度无梁水平结构体系这一世界性难题一直困扰着建筑业的高水准发展。20世纪80年代中期,国外开始采用高价高质钢来解决这一问题。但是,这种钢结构造价很高,而且增加了建筑自重,后期的防腐防蚀的维护费用惊人。其最为致命的隐患是难耐高温,一旦发生火灾,钢结构遇到高温可能会熔掉,从而造成建筑物倒塌。美国世贸大厦遭恐怖袭击倒塌的惨剧让人们永远难忘。按照传统建筑模式,所有钢筋混凝土建筑的每一个楼层都有明梁。经过多年潜心研究,邱则有从自然界中蜜蜂蜂巢的构造中得到启发,研制成功GBF蜂巢芯,采用特殊凝胶材料制成的GBF高强复合薄壁管将受力性能最好的工字梁与用料最经济的蜂巢结构原理运用到水平建筑结构体系中,突破了国内外传统的结构模式,创造了力学性能更加合理,技术效果更好的现浇砼空心无梁楼盖技术。邱则有因此被建筑界誉为"空心楼盖之父"。

由于抽去明梁,这一技术增加了楼层净空高度,也就相应增加了建筑物的楼层。而且由于天花板很平整,省去了装吊顶的费用。另外,它的保温、隔音、防震性能很好,承载力也比普通钢筋砼要好,而造价更低。其灵活隔断的水平结构体系,能满足内部布置的个性化、人性化要求,特别适用于多高层建筑。

2. 空心楼盖技术应用前景广阔

围绕空心楼盖技术体系,邱则有承担国家"863计划"和湖南省科研项目36项,取得科研成果28项。他发明的现浇砼空心(GBF高强复合薄壁管)无梁楼盖体系,使多年来困扰建筑界的期望楼盖能大跨度、无梁、轻质隔音、可隔断的大开间优良水平体系的难题迎刃而解。该项目已在全国28个省市推广,应用工程面积达6 000多万平方米。1996年,号称三湘第一楼的湖南国际金融大厦决定在其25～38层采用邱则有的空心楼盖技术。这是这项技术第一次在高层大楼的建设中使用。统计数据表明,由于采用了邱则有的空心无梁楼盖技术,湖南国际金融大厦直接降低建筑成本,节约投资610万元,施工进度加快了50%。这种"盖房不用梁"的新技术,可大幅降低建筑综合造价、缩短工期、提高建筑净空高度、降低建筑自重。据建设领域权威专家推算,如果全国10%的建筑采用这项成果,每年可为国家节省投资100多亿元。

8.4.2 编织空心楼盖专利技术网

1999年,邱则有将自己的空心楼盖技术成果,涵盖了新材料制造技术、新结构体系技术、施工技术三个科学范围21项自主发明,全部申请了专利。当时有9项获国家知识产权局批准,形成一个专利体系。从2001年开始,邱则有大量申请专利。据国家知识产权局公布,到2010年10月25日,邱则有已获授权和公开公告专利6 456项,他编织了一张囊括22个产品系列的专利网。他拥有的授权专利,几乎覆盖了现浇空心楼盖领域的全部基础的和实用的技术。10年来,他在空心楼盖领域申请专利 3 900 多项,成为名副其实的“中国专利第一人”。2001 年,邱则有的巨星公司组建了知识产权研发部和法律部。由知识产权研发部负责对研究成果进行清查,并申请了大量的专利对研究成果进行保护。由法律部负责公司知识产权法律保护的相关事宜。另外,公司内设巨星材料开发中心和巨星结构研究中心,有 16 人专业从事技术开发工作,保持科研成果的不断创新,同时采用不同战术对新技术方案进行保护。

1. 申请防御型专利

申请防御型专利是指通过检索后,对同一技术领域内的其他人所申请的专利进行防范而申请的专利,目的是防止该专利人对公司进行制约。主要方式是围绕该专利进行外围专利申请,形成一个严密的范围圈将其包围起来。如果该专利人企图用该项专利对公司进行约束,则可以用外围专利来限制其权利的发挥,或者以外围专利与其进行交叉许可,从而增加了谈判的筹码,进而起到有效的防御作用。邱则有申请的专利有些是有用的,有些则只是虚晃一枪,只起防守的作用,而还有些在当时看来没多大用,随着时间的推移,这些专利越来越发挥出了威力。如今,邱则有已编织好了一张囊括 22 个产品系列的专利网,邱则有和他的公司拥有的授权专利,已经覆盖了现浇空心楼盖领域的绝大多数基础的和实用的技术,包括现浇空心楼盖、现浇空心楼盖的芯模构件、芯模构件的成型工具和制作方法等。

2. 申请进攻型专利

申请进攻型专利主要指对产品和核心技术进行申请专利保护,在申请时采用比较完善的多方案保护。一般采用两种做法,①围绕该基本专利不断地进行研究开发,申请众多外围专利,利用这些外围专利进一步覆盖该技术领域,形成专利网;②为了避免竞争对手围绕他们的基本专利申请外围专利,从而导致其技术发展的限制,采取在专利申请中或者其他途径主动公开一些与该基本专利相关但又不需要申请专利的技术内容,限制竞争对手在该领域继续做文章。

到目前为止,巨星公司已开发成功 5 代材料产品和集成技术,已形成产业的有第一代材料产品——GBF 高强薄壁管材和现浇砼空心无梁楼盖结构技术;正在实施产业化已投入市场试用的第二代材料产品——GBF 加劲肋管材和现浇砼双向肋空心结构技术;第三代材料产品——GBF 蜂巢芯模材料和集成技术。邱则有共申请发明专利 1 500 多项,实用新型专利 88 项,外观设计专利 1 000项。其中,已授权的发明专利 91 项,实用新型专利 68 项,外观设计专利 190 项。形成空心楼盖领域从产品、制造方法,到生产工具或模具、施工方法甚至外观设计的一个完整的专利网络。在此基础上,目前尚未发现一项有实用价值的空心楼盖技术能越出他们编制的专利网。相对于国内专利保护维权意识普遍尚待提高的情况，邱则有和巨星公司的做法无疑是超前的，而其成功的操作更是为国内需要进行专利保护和维权的实体树立了一个典范。

3. 成立中国空心楼盖专利和产业联盟

邱则有看到目前我国空心楼盖行业侵权厂家众多，而侵权厂家之间的恶性竞争也非常严重，整个行业战火纷呈。在国际上，我国空心楼盖建材企业以中小企业为多，而越来越多的跨国公司在我国大量申请专利，抢占中国的市场。为了使中国空心楼盖企业能够应对跨国公司的竞争，邱则有终于创造性地提出了成立中国空心楼盖产业联盟与专利联盟的实施方案。探索如何以专利为纽带，组建一个有中国特色的产业链条或产业群，在国内可以规范市场，在国外，可以有效应对国际竞争。2006年1月8日，经中国专利保护协会同意，成立了“中国专利保护协会空心楼盖专利联盟”和“中国专利保护协会空心楼盖产业知识产权联盟”。这两个联盟成为中国专利保护协会下的专门机构。专利联盟储备了本行业内的3 000多件相关专利，而产业联盟的成员和准成员迅速发展到81家，这些成员企业遍及全国各地。一位国家知识产权局的专家指出，上述两个联盟的成立，标志着我国企业应用知识产权的水平有了进一步的提升，对于整合专利、研发产品、保护市场、打击侵权、协调关系、资源共享具有重大的意义。

专利联盟是专利权人的组织，而产业联盟是生产企业的组织，二者相互关联、相互协调。光有产业联盟，就会像以前的彩电联盟一样，实际上是一个价格联盟，这种联盟不能长久。而把这个行业现有的4 000多项专利(主要是邱则有的专利，还有少数几项是其他专利权人的)结成一个专利联盟，由专利联盟统一向产业联盟成员进行专利许可，不仅可使产业联盟成员获得实实在在的好处，也可使专利权人的利益得到有效维护。只有全面的多层次的专利保护，行业才能得到规范，行业企业才能获得较高的利润，而达到这个目的，不是一二项专利可以做到的，只有拥有足够多的核心专利、基础专利、外围专利、替代专利、防卫专利，才能实现立体进攻和多层防卫。目前，专利联盟采取市场运作的办法向被许可人收取一定的专利许可费。联盟成立之前，全国各地的芯模生产企业处于各自为政的状况，相互之间缺乏沟通、合作的平台。联盟成立后，各成员都可以在法律的保护下安心、健康地发展生产、拓展业务。联盟成立短短几个月后，以前那种行业内整天忙于协调纠纷的状况已大幅减少了。专家预计联盟成立后，我国这个行业每年将创造30亿元甚至更多的经济效益。

4. 实施狼群战术进行创新专利维权

邱则有把专利变成了一个企业家关注的经营概念。当中国很多人对专利的认识普遍还处在“零概念”的水平时，邱则有却在空心楼盖行业进行了大规模的专利圈地，当有人只是把专利当作菜刀时，邱则有却已把它当作战刀挥舞起来了。在完成了专利网的初步编织之后，他开始检验他的专利网的实际效能。2003年，邱则有开始高举维权大旗，主动启动了大量的专利诉讼。在不到2年的时间里，他启动了39件专利诉讼官司，平均每个月打2场官司。奇迹出现了，39场诉讼获胜，大部分诉讼是在对方的要求下和解的。通过这些诉讼，邱则有不仅获得了专利赔偿1 000余万元，更使他在业界声名远扬，这为他成立产业联盟和专利联盟打下了一个良好的基础，营造了一个极为有利的环境。

邱则有把专利诉讼战术比作“狼群战术”。他认为专利维权不能光凭一项专利来维权，要用十项甚至几十项专利来维权，最多的一次他曾用26项专利来维权。古时候的战场上，乱箭齐发之时，再厉害的大将也难免阵前身亡，这与邱则有的“狼群战术”有异曲同工之妙。“狼群战术”有时可达到“不战而屈人之兵”的奇效。例如，用20项专利分别起诉对方，对方必将缴械投降，因为用20项专利分别起诉，对方应诉不管是胜还是负，将要支出近1 000万元的费用。其中一审诉讼费大概只要花30万元，而对方请律师所花费的代理费就大约要200万元；二审诉讼费用对方又要几百万元；另外，对方必将启动专利无效程序，20项专利又要100万元，无效程序结束后，对方还需要到中院或高院打行政诉讼，这样一来还得要几百万元。专利诉讼使侵权方将付出大量的费用，与其侵权被诉，还不如老老实实交专利许可费更为合算。

在专利维权方面，邱则有达到了高超艺术的境界。“养肥了再杀”曾经是国外“6C联盟”对付中国DVD企业的专利策略，如今，邱则有也能成功地实施这一策略。在发现侵权现象后，邱则有并不一定立即启动诉讼程序，而是仅仅向对方发出律师函。邱则有践行得理要饶人的准则，使他每打完一场诉讼，不是增加了仇人，而是多了一些朋友。在很多赢得的专利诉讼官司中，邱则有主动放弃了部分判赔款项，多年累计下来，主动放弃的金额多达1 900万元。很多和他打过诉讼的企业如今成了他的合作伙伴，成了他和所在企业后来发起成立的专利联盟与产业联盟的成员。

自2004年前后的一段时间里，邱则有提起专利维权诉讼后，绝大多数的被控侵权方对维权涉及的专利提出了无效宣告请求，无效宣告请求人涉及湖南、江苏、山东、河北、辽宁、重庆等地的企业和个人。而作为无效请求方参加口头审理的代理人，有多年从事建筑建工工作的高级工程师、教授等技术专家，有从专利复审委员会出来的曾多年从事专利复审无效工作的人员及高级专利代理人，并且几家企业针对某项专利同时提起无效宣告请求的情况也经常发生。

其中,邱则有针对长沙桐木公司、长沙雄踞公司的维权案非常典型。在一个侵权诉讼中,邱则有和长沙巨星公司用3项发明专利进行维权,一审结案后,两被告都提出上诉并针对3项发明专利都提出了无效宣告请求,企图在二审中拖延时间。很快,专利复审委员会作出了维持专利权有效的决定,湖南省高级人民法院即作出了维持一审判决的终审判决。

经过无效宣告程序的锤炼,邱则有的专利网的稳定性得到印证和进一步的肯定。在现浇空心结构领域,在砼填充用芯模和现浇砼空心板方面,凭借他精心布局的3 000多项专利的专利网,现阶段乃至今后的几十年间,别人无法越过其专利网已由神话变为现实。

8.4.3 邱则有创新专利统计分析

1. 按申请人统计

邱则有的创新专利99.86%都是自己申请,少量由他人或者单位申请。具体数据如表8-1所示。

表8-1 邱则有专利申请人分布情况

申请人	专利数	百分比/%
邱则有	6 454	99.86
邱则功	5	0.08
四川省医学科学院寄生虫病防治研究所	2	0.03
湖南省建材研究设计院	1	0.02
湖南省建筑材料研究设计院	1	0.02

2. 按发明人统计

从表8-2可以看出,在全部6 463项创新专利中,有99.6%都是邱则有作为发明人,这为中国专利第一人提供了准确的数据支撑。

表8-2 邱则有专利发明人分布情况

发明人	专利数	百分比/%
邱则有	6 456	99.66
邱则功	5	0.08
张德洪	2	0.03
邱则吟	2	0.03
秦秀芳	1	0.02

3.按国际专利分类法的部别统计分析

从图 8-18 所示的专利饼图可以很直观的看出，邱则有专利的部别分布情况。

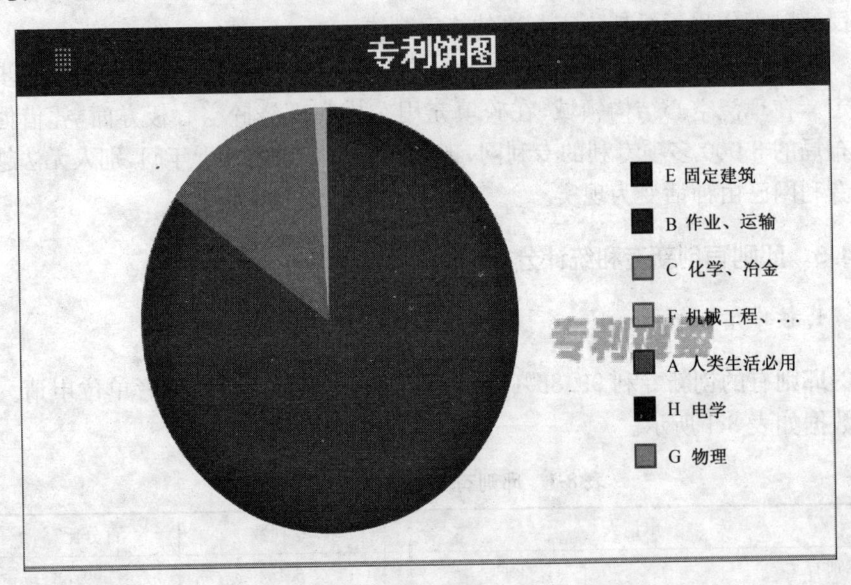

图 8-18 邱则有专利饼图

在国际专利分类表 IPC 的全部 8 个部中，邱则有的专利涉及 A 人类生活必需 ；B 作业、运输；C 化学、冶金 ；E 固定建筑；F 机械工程、照明、加热等 5 个部。只有 D 纺织、造纸；G 物理；H 电学 3 个部没有涉及。经过进一步分析发现，有 4 234 件专利属于固定建筑，占 85.02%；699 件专利属于作业和运输，占 14.04%，因此可以确定固定建筑属于其核心技术群。依次为作业、运输、机械工程、生活用品。具体数据如表 8-3 所示。

表 8-3 邱则有专利部别统计表

分类号	百分比
E 固定建筑	4 234(85.02%)
B 作业、运输	699(14.04%)
C 化学、冶金	30(0.60%)
F 机械工程、照明、加热…	9(0.18%)
A 人类生活必需	5(0.10%)

4. 按国际专利分类法的大类统计分析

邱则有的专利技术主要集中在三个部5个大类，具体分布在建筑物；水泥、黏土或石料的加工；水利工程基础；混凝土和层状产品。其中E04建筑物技术4 234项，占总量的82.21%，其次为混凝土技术720项，占总量的13.98%，具体数据如表8-4所示。

表8-4 邱则有专利技术类别统计表

分类号	百分比
E04 建筑物	4 234(82.21%)
B28 加工水泥、黏土或石料	692(13.44%)
E02 水利工程；基础；疏浚	156(3.03%)
C04 水泥；混凝土；人造石；陶…	28(0.54%)
B32 层状产品	11(0.21%)

5. 按国际专利分类法的小类统计

从邱则有专利技术的小类统计可以看出所涉及的单项技术的数量和分布。具体数据如表8-5所示。

表8-5 邱则有专利技术按国际专利分类法的小类统计

分类号	百分比
E04B 一般建筑物构造；墙…	4 172(48.86%)
E04C 结构构件；建筑材料	2 270(26.59%)
E04G 脚手架、模壳；模板；施工…	1 171(13.72%)
B28B 黏土或其他陶瓷成分…	692(8.10%)
E02D 基础；挖方；填方；地下…	156(1.83%)

6. 按国际专利分类法的大组统计

从表8-6中可以看出专利技术的组团情况，全部技术属于5个技术组团，分别属于楼板技术、块状建筑部件、洞腔制作、加强件和型模，其中楼板组囊括的专项技术最多，共4 165项，占44.31%；依次为块状建筑部件、空腔、加强件和型模。

表 8-6　邱则有专利技术大组统计

分类号	百分比
E04B5/00 楼板	4 165(44.31%)
E04C1/00 建筑部件中的块状件…	1 645(17.50%)
E04G15/00 制作洞口、空腔…	979(10.42%)
E04C5/00 加强件…	714(7.60%)
B28B7/00 型模；型芯；心轴	485(5.16%)

7. 按国际专利分类法的小组统计

从表 8-7 中可以看出，各个技术团组中的专项技术情况。各项技术多数属于楼板领域，共 3 532 项，占总量的 22.96%，其次为填充件和现场施工构件。

表 8-7　邱则有专利技术分类法小组统计

分类号	百分比
E04B5/36 楼板的各部分	3 532(22.96%)
E04B5/18 填充件…	1 707(11.10%)
E04C1/00 建筑部件中的块状结构	1 433(9.32%)
E04B5/16 全部或部分现场施工构件	1 392(9.05%)
E04G15/06 用于制作墙或楼板部件	950(6.18%)

8. 按外观设计分类统计

从表 8-8 可以看出，在涉及建筑材料和构件的配料、设计和施工之外，申请了外观设计专利，既是技术创新，更重要的是从造型的角度对整个专利技术网络进行保护。

表 8-8　邱则有外观设计专利分类

分类号	百分比
25-02 预制或预装建筑部件	1 585(97.42%)
25-01 建筑材料	39(2.40%)
23-04 通风和空调设备	3(0.18%)

9. 专利申请年度分布分析

从邱则有专利申报的年度分布分析发现，邱则有的空心楼盖专利技术在 1999 年申报仅有 1 件，此后缓慢增加，2005～2006 年快速增加，表明该技术逐渐大面积突破，形成规模应用。2006 年突破 2 100 件以后，申请数量迅速下降，2009 年以后逐渐稳定，表明技术已经走向稳定(图 8-19)。

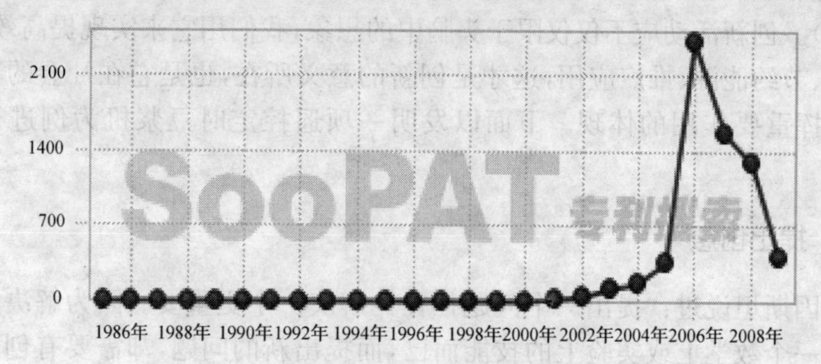

图 8-19 邱则有年度专利申报示意图

综上所述，邱则有的专利技术构建了一张严密的以无梁楼盖的设计、制造和施工为核心的网络，在这个技术领域，他设置了坚固的堡垒，涉及无梁楼盖的材料、结构、外观和施工方法。做到了进可攻，退可守，运用自如。其技术堡的构建层次如表 8-9 所示。

表 8-9 邱则有专利技术堡部类组分布情况

<table>
<tr><td colspan="10">E 固定建筑</td></tr>
<tr><td colspan="6">E04 建筑物，4 234 项</td><td>E02 基础工程，156 项</td><td colspan="3">外观设计，1 627 项</td></tr>
<tr><td colspan="3">E04B 一般建筑物构造;墙，4 172 项</td><td colspan="2">E04C 结构构件;建筑材料，2 270 项</td><td>E04G 脚手架、模壳;模板;施工，1 171 项</td><td rowspan="3">E02D 基础;挖方;填方;地下施工，156 项</td><td rowspan="3">25-02 预制或预装建筑部件，1 585 项</td><td rowspan="3">25-01 建筑材料，39 项</td><td rowspan="3">23-04 通风和空调设备，3 项</td></tr>
<tr><td colspan="3">E04B5/00 楼板，4 165 项</td><td>E04C1/00 建筑部件中的块状，1 645 项</td><td>E04C5/00 加强件，714 项</td><td>E04G15/00 制作洞口、空腔，979 项</td></tr>
<tr><td>E04B5/36 楼板一部分，3 532 项</td><td>E04B5/18 填充件，1 707 项</td><td>E04B5/16 现场施工，1 392 项</td><td>E04C1/00 块状建筑部件，1 433 项</td><td></td><td>E04G15/06 用于制作墙或楼板，950 项</td></tr>
</table>

8.5 创新训练

本节重点 如何实施创新

主要内容 如何实施创新

教学目的 通过创新训练能够实现创新

创新成果的产生过程因人而异,通过分析总结得出,大多成功的创新过程一般可按照下面四个步骤来进行:提出创意,判断创新,完成创造,实现创效(保护成果)。创新活动应不仅仅限于头脑中的想象,我们用它来实现提高效率、降低成本、节约能源、推广应用,这才是创新的意义所在,也是它在社会的不断进步中发挥重要作用的体现。下面以发明一项遥控定时豆浆机为例进行创新训练。

8.5.1 提出创意

爱因斯坦说过:"提出一个问题往往比解决一个更重要。因为解决问题也许仅是一个数学上或实验上的技能而已,而提出新的问题,却需要有创造性的想象力,而且标志着科学的真正进步。"可见,创意的提出是进行创新的第一步,也是最关键一步。

美国麻省理工学院的研究表明:成功的创意构思大多来自企业外部。在科学仪器领域的技术创新中,用户创新占77%,制造商创新占23%;在半导体和印刷电路板制造工艺创新中,用户创新占67%,制造商创新占21%;在铲车技术创新中,用户创新占6%,制造商创新占94%;在工程塑料技术创新中,用户创新占10%,制造商创新占90%;在塑料添加剂技术创新中,用户创新占8%,制造商创新占92%;以氮气和氧气为原料的设备创新中,用户创新占42%,制造商创新占17%,氮、氧气供应商的创新占33%;以热塑料为原料的设备创新中,用户创新占43%,制造商创新占14%,热塑料供应商创新占36%;在电力终端设备的创新中,与联结端子相关的产品创新,有83%是联结端子供应商完成的。

以此可见,产品的发展是伴随着大量的创新活动一步步完成的。提出一个创意可以利用我们前面讲到的主要创新思维和创新技法去探索和发现。按创意的产生过程,我们可以把它分为主动创意和被动创意两个方面。主动创意主要是指人们主观上期望对某个产品进行改进或对某个方法进行更新,并且通过各种途径来达到目的,这种方法一般出现在生产厂家或研究机构;被动创意是指在生产或生活过程中,当人们受到现有方式的阻碍而被动想去对其进行完善,此类创意主要集中在产品用户或消费群体中。

在主动创意中,"关键词"法非常可行,我们按这个思路来完成遥控定时豆浆机的创新训练过程。

首先,我们要找到一个关键词,如"定时"。在百度中搜索得到约1亿篇相关网页,84万张相关图片(2010年4月18日查得)。在读秀图书网、论文数据库网站及国内外专利查询网站中也可得到包含关键词的信息(图8-20～图8-27)。

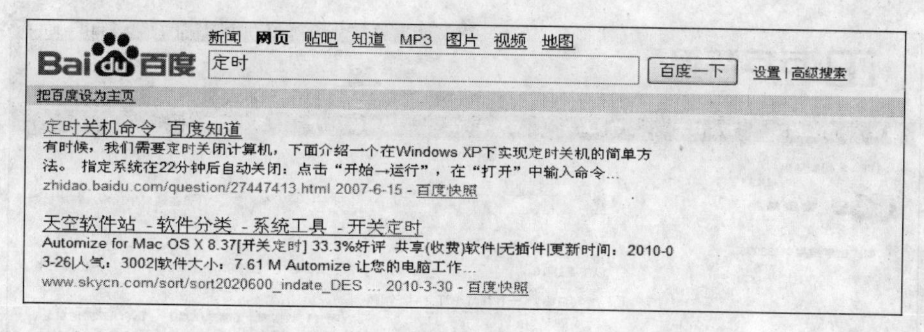

图 8-20　百度搜索“定时”相关网页页面

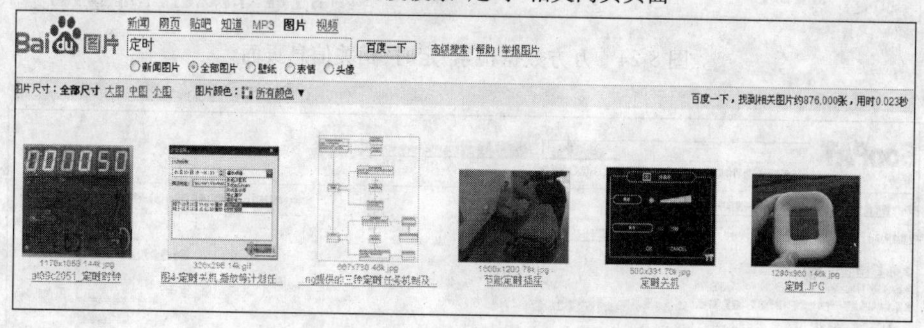

图 8-21　百度搜索“定时”相关图片页面

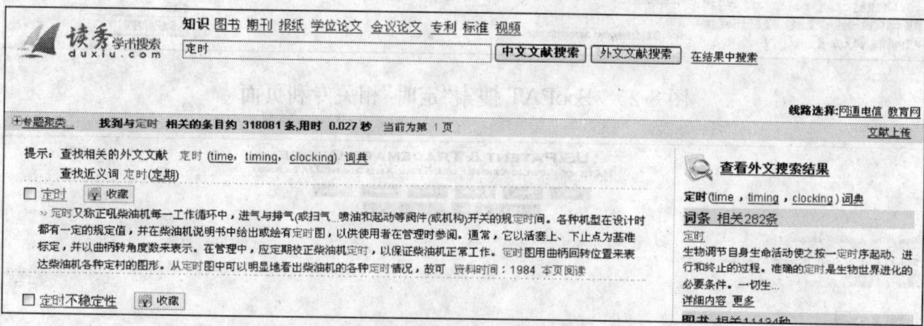

图 8-22　读秀搜索“定时”图书页面

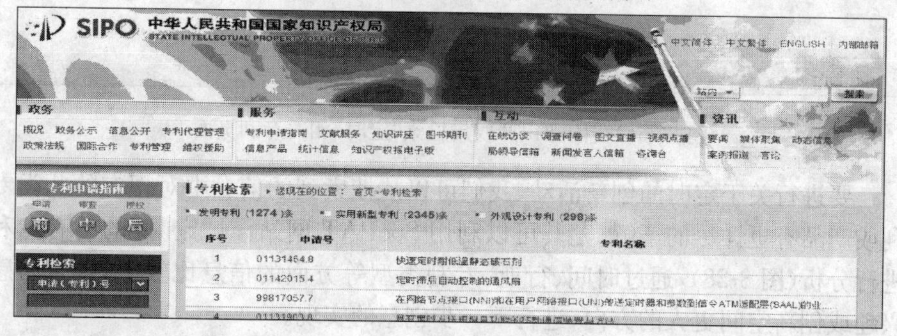

图 8-23　国家知识产权局检索“定时”相关专利页面

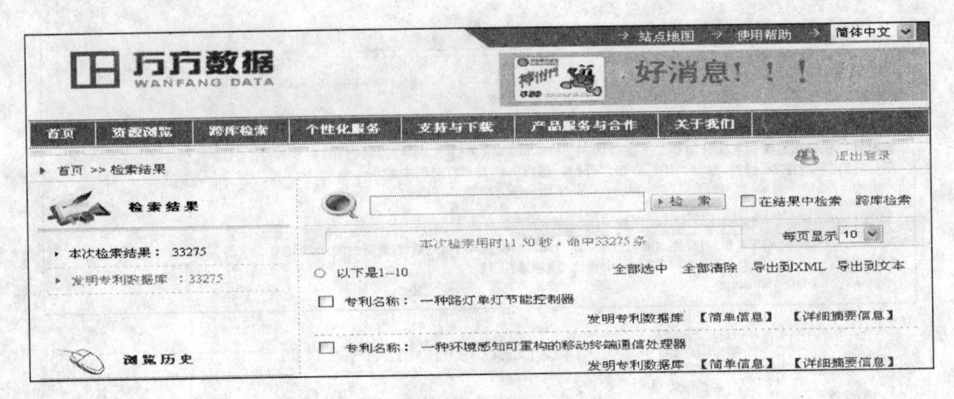

图 8-24 万方数据检索“定时”相关信息页面

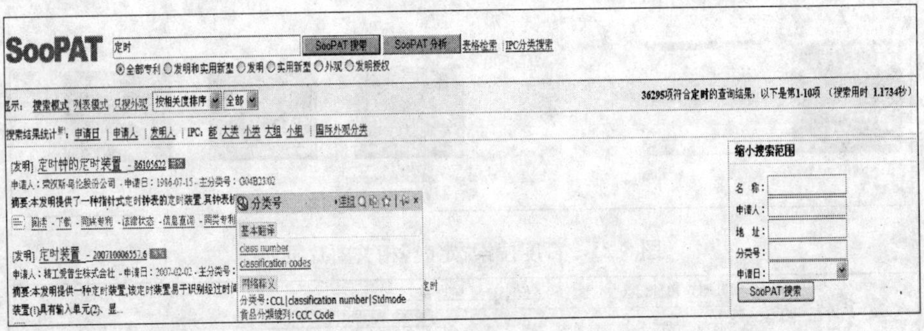

图 8-25 SooPAT 搜索“定时”相关专利页面

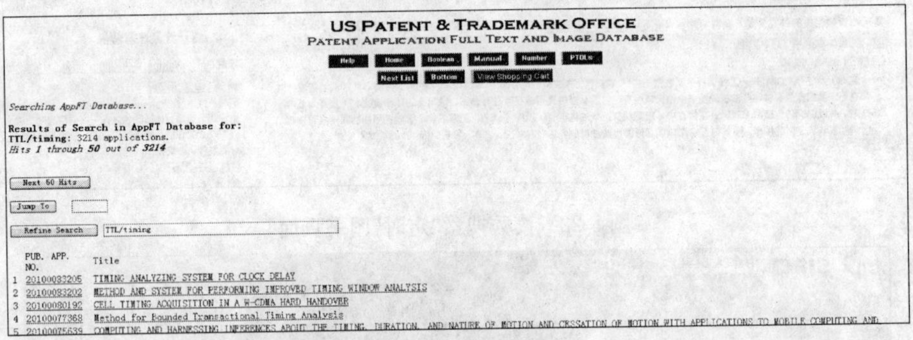

图 8-26 美国知识产权局检索“定时”相关专利页面

要进行关于定时的创新活动，我们可以从搜索到的信息中对现有的此类专利或产品有更详尽的了解，尤其可以利用 SooPAT 网站，对“定时”的已有专利进行分析(图 8-28)，通过时间、行业、专利类型等方面的信息比较，选择自己感兴趣或创新空间更大的方向，进行下一步创意的实现。

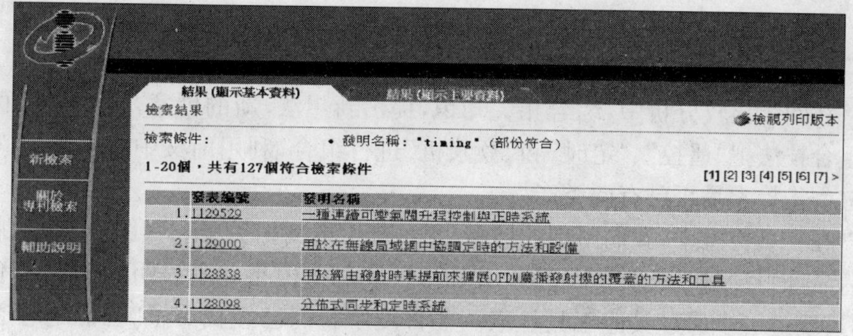

图 8-27　香港知识产权署检索“定时”相关专利页面

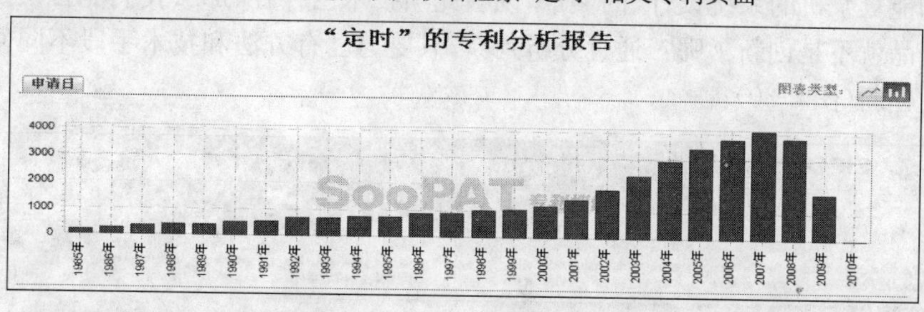

申请人统计

申请人	专利数	百分比
中兴通讯股份有限公司	833	2.13%
松下电器产业株式会社	778	1.99%
华为技术有限公司	675	1.72%
三星电子株式会社	647	1.65%
日本电气株式会社	356	0.91%

查看详细报告

发明人统计

发明人	专利数	百分比
	165	0.21%
谭启仁	83	0.11%
孙利云	52	0.07%
亚伯AS	44	0.06%
方家立	39	0.05%

查看详细报告

分类号：按部统计

分类号	百分比
H 电学	13257(32.57%)
G 物理	10972(26.96%)
A 人类生活必需	5470(13.44%)
F 机械工程、照明、加热、…	4227(10.39%)
B 作业、运输	3220(7.91%)

外观设计分类

分类号	百分比
10-03 其它计时仪器	498(74.66%)
13-03 配电和控制设备	67(10.04%)
10-05 检验、安全和试验用…	17(2.55%)
07-02 用于烹调的设备、用…	9(1.35%)
23-04 通风和空调设备	8(1.20%)

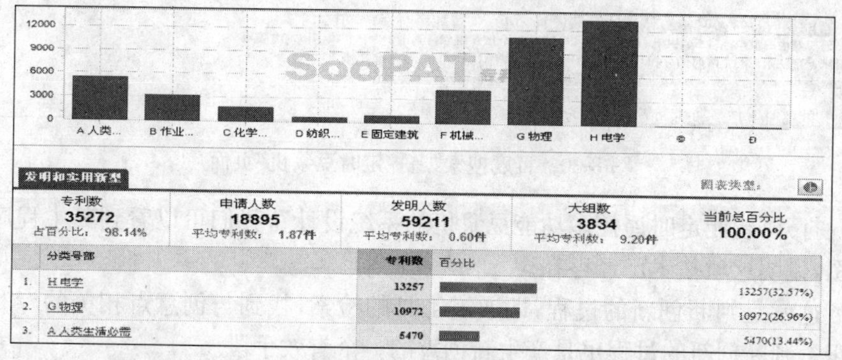

专利数	申请人数	发明人数	大组数	当前总百分比
35272 占百分比：98.14%	18895 平均专利数：1.87件	59211 平均专利数：0.60件	3834 平均专利数：9.20件	100.00%

	分类号部	专利数	百分比
1.	H 电学	13257	13257(32.57%)
2.	G 物理	10972	10972(26.96%)
3.	A 人类生活必需	5470	5470(13.44%)

图 8-28　SooPAT 中根据行业和类别等对“定时”专利分析页面

8.5.2 判断创新

在阅读比较分析中，综合相关知识，提出新想法，新的创意。例如，我们利用组合技法把“遥控”、“定时”和“豆浆机”进行组合，利用前文中提到的检索工具进一步检索是否已有此类产品。

在专利检索中，我们得到的结果是“没有检索到相关专利”(图 8-29)，那么“遥控定时豆浆机”这类产品还没有被申请专利。但是并不表明这个产品不存在，还要进一步通过其他工具检索。在百度中我们已经找到了“智能定时遥控多功能豆浆机的系统设计”的文章，说明此项技术已存在，那么我们能否认为此类产品就不是创新了呢？通过分析判断，只要与已有方法和技术手段不同便也称为创新(图 8-30)。

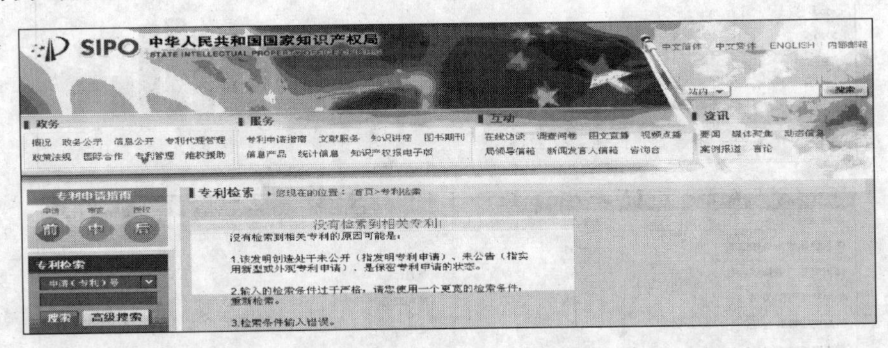

图 8-29　专利检索“遥控定时豆浆机”结果页面

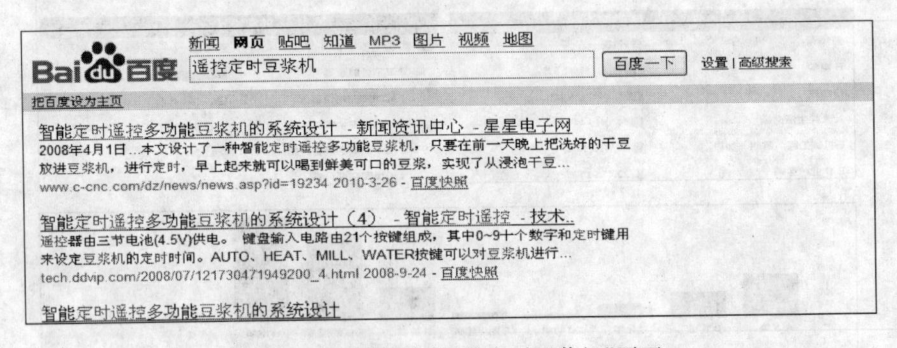

图 8-30　百度搜索“遥控定时豆浆机”页面

打开“智能定时遥控多功能豆浆机的系统设计”，我们可以看到其主程序流程图，说明这项技术已经存在。

这就是判断创新的过程，即通过工具的检索，找到与创意点相关的专利或知识。判断创新的过程也是产生新创意的一个有效手段。

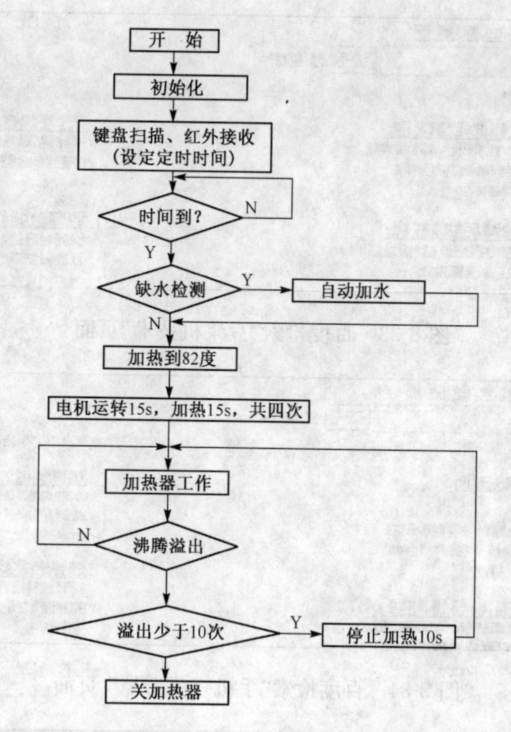

图 8-31　智能定时遥控多功能豆浆机的系统流程图

8.5.3　完成创造

借鉴已有技术，发挥创新思维，拓展思路，把创新思路变为可应用的产品，这是创新的最终目的。我们可以检索已有的关键技术，分析、比较、实践、再综合，便会有所创新。例如，我们通过对此项已有技术的认知，找出新的创意点，检索了“手机通信”、“遥控”、“定时”、“豆浆机”等关键词(图 8-32～图 8-38)，最终完成“手机短信遥控定时豆浆机”产品的设计创意，并且再次通过上一步骤的判断，明确其为“创新”。

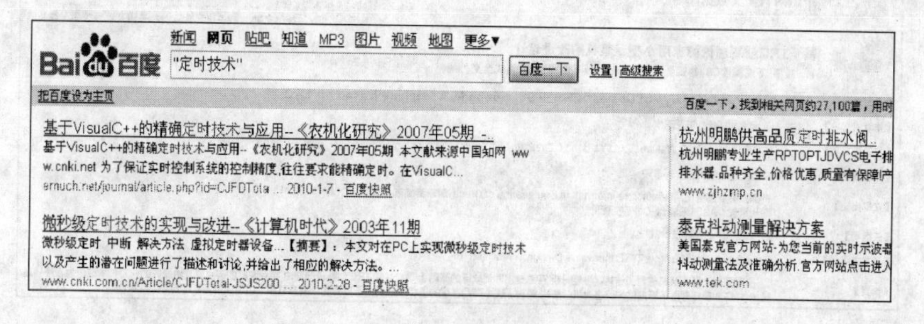

图 8-32　百度检索“定时技术”页面

图 8-33 百度检索"豆浆机技术"页面

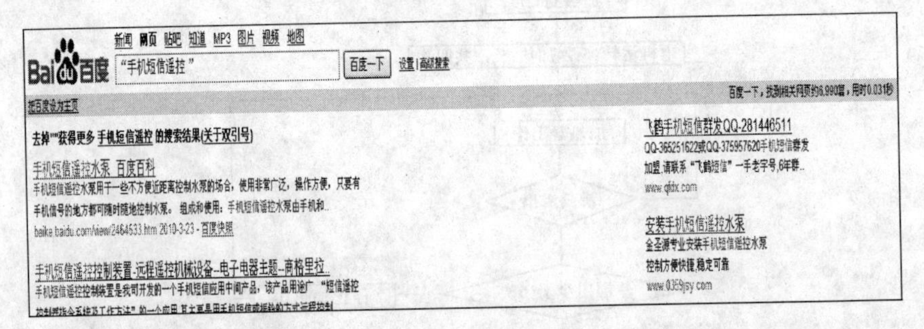

图 8-34 百度检索"手机短信遥控" 页面

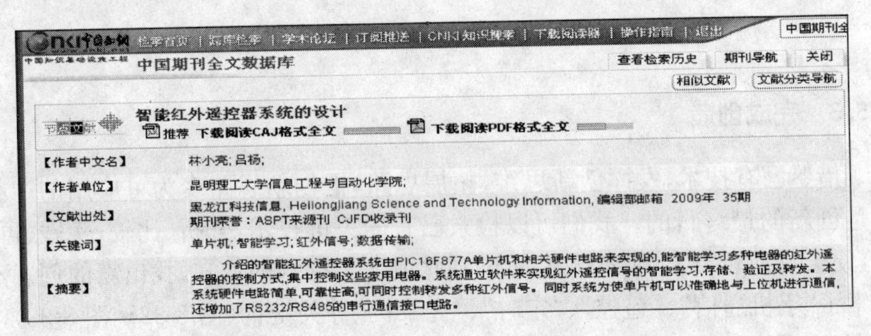

图 8-35 中国知网检索"遥控"技术论文界面

中国期刊全文数据库

查看检索历史 期刊导航 关闭

相似文献 相关研究机构 相关研究者 文献分类导航

基于TRIZ创新理论的家用小型豆浆机的改进设计

推荐 下载阅读CAJ格式全文 下载阅读PDF格式全文

【英文篇名】	Innovative Design of Domestic Small Soya-bean Milk Machine Based on TRIZ
【作者中文名】	李宝华；洪尉尉；朱亚东；
【作者英文名】	LI Bao-hua; HONG Wei-wei; ZHU Ya-dong（Zhejiang University of Technology, Zhejiang Hangzhou, 310014; China）;
【作者单位】	浙江工业大学机械工程学院；
【文献出处】	中国制造业信息化，Manufacture Information Engineering of China，编辑部邮箱 2009年 23期 期刊荣誉：ASPT来源刊 CJFD收录刊
【关键词】	豆浆机；TRIZ；创新设计；机构；
【英文关键词】	Soya-bean-milk Machine; TRIZ; Innovative Design; Agencies;
【摘要】	对家用小型豆浆机进行了结构、性能分析，在总结出其优缺点的基础上，通过使用TRIZ创新设计理论，将豆浆机的碎豆原理由原先的钝刀技术改进为双层研磨技术，并将外部杯体由不可分结构改进为可分结构，解决了现今产品存在的工作噪声大、不易清洗、杂质过多、适应人群不广等问题。

图 8-36 中国知网检索"豆浆机"创新设计论文页面

应用研究 · 李宝华 洪尉尉 朱亚东 基于TRIZ创新理论的家用小型豆浆机的改进设计 63

基于TRIZ创新理论的家用小型豆浆机的改进设计

李宝华，洪尉尉，朱亚东
（浙江工业大学 机械工程学院，浙江 杭州 310014）

摘要：对家用小型豆浆机进行了结构、性能分析，在总结出其优缺点的基础上，通过使用TRIZ创新设计理论，将豆浆机的碎豆原理由原先的钝刀技术改进为双层研磨技术，并将外部杯体由不可分结构改进为可分结构，解决了现今产品存在的工作噪声大、不易清洗、杂质过多、适应人群不广等问题。

关键词：豆浆机；TRIZ；创新设计；机构

中图分类号：TM925.59　　文献标识码：A　　文章编号：1672－1616(2009)23－0063－04

现代社会高节奏的生活以及高强度的工作，带给了现代人日益增长的高压力。随着社会的发展与进步，人们对自身的生活质量有了越来越高的要求。从21世纪开始，“便捷”与“健康”渐渐成为了水位线，使得现今产品的容积固定，因而一种豆浆机只能适用于特定数目的人群，即适用面不广。

针对以上的市场分析，主要从碎豆的原理上进行改进，将现今采用的钝刀技术改为研碎效果更

图 8-37　“豆浆机”创新设计论文摘取

中国知识基础设施工程　中国期刊全文数据库

查看检索历史　期刊导航　关闭

相似文献　文献分类导航

一种基于手机短信(GSM)的路灯遥控系统设计

推荐　下载阅读CAJ格式全文　下载阅读PDF格式全文

【英文篇名】	A Remote Control System Design for Street Lamp Based on GSM Network
【作者中文名】	王福平;
【作者英文名】	(The Second Northwest Institute for Ethnic Minorities; Yinchuan 750021; China) Wang Fuping;
【作者单位】	西北第二民族学院;
【文献出处】	电气自动化, Electrical Automation, 编辑部邮箱 2007年 01期 期刊荣誉：
【关键词】	短消息; GSM 网络; PLC; 路灯控制;
【英文关键词】	mobile message; GSM network; PLC; control of street lamp;
【摘要】	介绍一种基于 GMS 网络手机短信遥控路灯的控制系统设计。该系统具有定时、定点(或移动)、随机对路灯或装饰灯进行远程遥控功能。用户可根据实际需求随时随地对路灯或装饰灯遥控,既达到了节能降耗的目的,又极大地提高了城市路灯的现代化管理水平。

图 8-38　中国知网检索“手机短信遥控”技术论文页面

8.5.4　实现创效

1. 申请国家专利

申请国家专利以保护自己的创新成果。拥有了专利权，便对其发明创造享有独占性的制造、使用、销售和进出口的权利。也就是说，其他任何单位或个人未经专利权人许可不得进行以生产、经营为目的的制造、使用、销售、许诺销售和进出口其专利产品，使用其专利方法，或者未经专利权人许可以生产、经营为目的的制造、使用、销售、许诺销售和进出口依照其方法直接获得的产品。否则，就是侵犯专利权。

2. 撰写科技论文

通过撰写论文使创新成果得以展示并保护。论文是学术界了解现有技术的最广泛的一种形式，世界上许多伟大的科学家都是通过论文来发表自己的成果，使之公布于世。因此，撰写科技论文能够实现与更多的高水平学者进行知识的交流与沟通，为创新技术的完善改进提供更多机会。

3. 参加科技大赛

国内现有的科技大赛有中国大学生创新设计大赛，中国科技创业计划大赛，“挑战杯”全国大学生课外学术科技作品竞赛，青年科技创新竞赛，ADI 中国大学创新设计竞赛等。通过信息检索，可以获得相关的赛事情况。参加此类科技竞赛，能为自己提供更多的学习机会(图 8-39)。

图 8-39 “中国科技创业计划大赛”页面

4. 申请国家奖励和科技项目

通过申请奖励和项目，为创新活动提供资金支持，促进创新活动的发展。

5. 公司生产应用

把创新成果的方法与技术，通过与企业的联合使之应用于生产领域，能够提高效率、节约成本、增加利润、完善产品质量。这是企业发展进步的有力支柱，是实现创新意义的根本所在。

8.6 发动机专利技术分析

本节重点 发动机专利技术分析
主要内容 发动机专利技术分析
教学目的 通过发动机专利技术分析训练以期受到启发

8.6.1 发动机专利技术综述

发动机技术的发展几乎是在它的动力性、经济性、环保性的协调中度过的。它不断地吸收新技术，如 V 型技术、电喷技术、直喷技术、VETC 可变进气门技术、可变进气歧管技术、VETC 气门控制技术、涡轮增压技术等。正是这些高新技术的支持，才使得它表现得如此优秀、如此成功。

1. V 型技术

V 型技术是动力、体积、稳定性的综合优化技术，是当代计算机设计技术、制造技术、材料技术和电脑控制技术的融会。

2. 电喷技术

电喷技术的基本原理就是由传感器感应进入发动机的空气量，通过发动机电脑的精确计算，确定最佳的喷油量，然后由喷油嘴喷出并送进汽缸燃烧。这一过程使发动机的动力性、经济性、环保性得到空前的提高。为满足法规要求，越来越多的电喷系统将代替传统化油器，趋势是向带氧传感器的闭环、电控、多点喷射发展，同时加用三元催化器。

3. VETC 可变进气门技术

VETC 可变进气门技术是通过电控技术改变进气门的开启时刻，提高某些转速段内发动机进气效率，从而提高发动机转矩和功率。

4. 直喷技术

直喷技术是将燃油直接喷到汽缸内燃烧，将会极大地提高发动机的经济性和动力性。

5. 增压技术

增压技术能够使发动机节能，相应地减少燃料燃烧产生的有害气体和温室气体二氧化碳的排放。

6. 微处理机技术

微处理机的出现给汽车仪表带来了革命性的变化。不但可以很精确地把汽车发动机上所有的待测量数据都检测出来，分别显示和打印需要的结果，而且还有运算、判断、预测和引导等功能，如可监视汽车发动机的工作情况，还可以对转速、温度、压力等检测量的高低限量进行报警。微处理机将更广泛地应用于发动机安全、环保、转速控制和故障诊断中。

7. 车用传感技术

传感器又叫转换器。它把非电量变为电量，经放大整形处理后变成计算机等自动控制系统所能接受的电信号，以模拟量、数字量或开关量的形式输出，作为汽车发动机各种自动控制系统或驾驶员信息系统必不可少的信息。如电喷发动机就是由传感器感应进入发动机的空气量，通过发动机电脑的精确计算，确定最佳的喷油量，然后由喷油嘴喷出，并送进汽缸燃烧而做功。近年来，汽车用传感器技术发展迅速，趋势是实现多功能化、集成化和智能化。

8. 结构趋势

四气门结构在轻型车用发动机中将有迅速上升，并有取代二气门结构之势，其优点是高速时充量系数高，部分负荷时热损失低，有较佳的燃油经济性和排放指标。二冲程汽油机再次为发动机制造商所瞩目。总体结构形式的发展趋势是缩短发动机长度，减小安装空间。例如，0. 8～1. 2 的发动机有 4 缸改 3 缸的趋势，2. 5～3. 0 的发动机有直列 6 缸改 V6 的趋势。对噪声控制和舒适性要求高的公共汽车和旅游车，则有降低转速的趋势。汽油机电控多点汽油喷射技术开始商品化；高级轿车将用四气门结构发动机；柴油机增压技术应用步伐加快；高强度薄壁铸铁件得到较大发展。

8.6.2 发动机专利技术分析

1. 专利数量和技术分析

截至 2009 年 5 月 27 日，国内共有发动机专利技术 37 501 项，其中发明 16 880专利项，实用新型 17 703 项，外观设计 2 918 项，发明授权 5 439 项。由此可以看出发动机专利发明在授权方面有很大的发展空间(表 8-10)。

表 8-10　发动机专利数量类型统计(2009 年 5 月 27 日)

专利类型	发明	实用新型	外观设计	发明授权
专利数量	16 880	17 703	2 918	5 439
合计	37 501			

2. 专利申请和公开时间分析

由图 8-40、图 8-41 可以发现，发动机专利申请和公布从 1985 年开始缓慢增加，数量从 2001 年增速加快，至 2008 年达到基本稳定，随后快速下降，2009 年的申请数量回复到 1985 年的水平，由此可以窥视到发动机技术已经基本达到稳定，同时一定数量的专利技术还有待公开。

3. 发动机专利技术领域分析(图 8-42，表 8-11)

发动机技术主要涉及机械工程和作业运输行业，在其他行业也略有所及。

从表 8-11 可以看出，发动机的主要技术领域结构、动力、环保和节能技术已

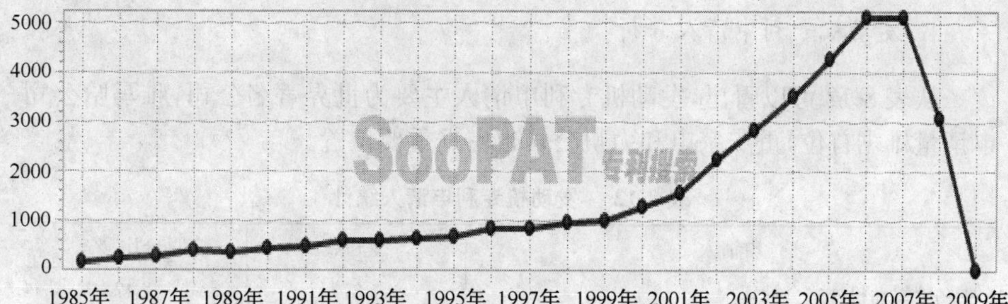

图 8-40　发动机专利申请日分布图

图 8-41　发动机专利公开日分布图

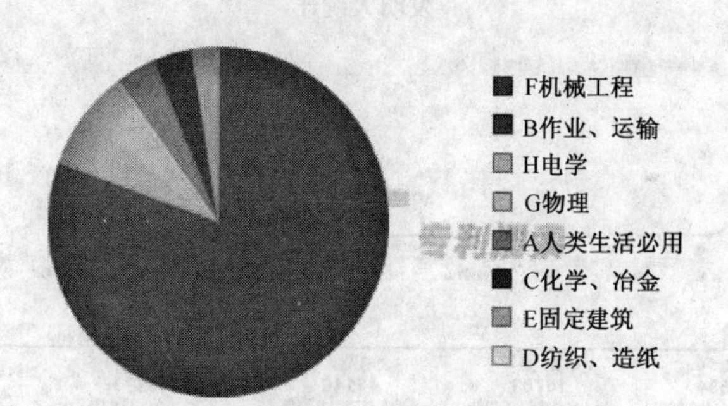

图 8-42　发动机专利技术领域分布图

经逐渐趋于成熟，专利申请数量所占比重很小，而围绕发动机的其他相关技术成为专利申报大户。

表 8-11　专利技术领域统计

技术类型	结构	动力	环保	节能	其他
数量(37 501)	3 992	1 993	395	503	30 618
百分比/%	11	5	1	1.4	81.6

4. 发动机专利申请人分析

从表 8-12 可以看出,发动机专利申请人主要为世界著名公司,雅马哈公司申请量雄踞首位,重庆宗申和力帆公司也占据重要位置。

表 8-12　发动机专利申请人统计

申请人	专利数	百分比/%
雅马哈发动机株式会社	1 377	3.47
本田技研工业株式会社	987	2.48
丰田自动车株式会社	641	1.61
重庆宗申技术开发研究有限公司	576	1.45
重庆力帆实业(集团)有限公司	506	1.27

5. 发动机专利发明人统计分析

从图 8-43 和表 8-13 中可以看出在发动机专利创新领域,重庆力帆集团公司的尹明善以 648 项专利居于发明人首位。对尹明善专利技术的追踪有利于对该技术领域的发展趋势和核心人物的把握。

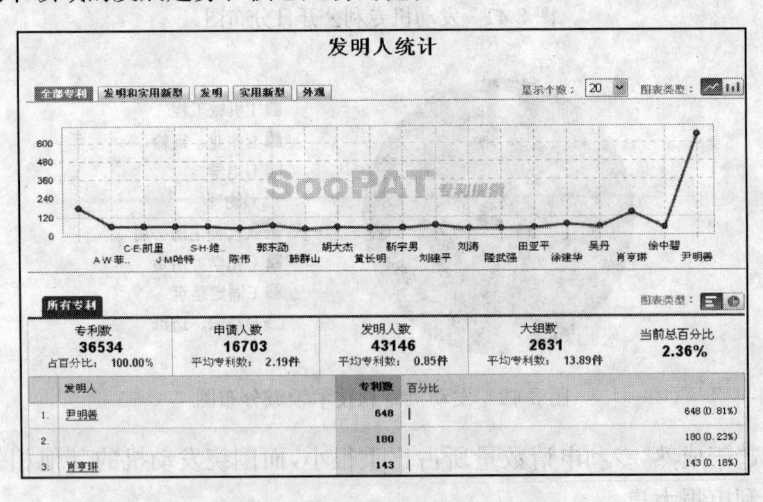

图 8-43　发动机专利发明人分布图

6. 发动机专利部类分析

在国际专利分类法的 8 个部类中,发动机专利技术涉及其中的 5 个部,以机械工程和作业运输为主,占全部专利的 80.43%,在电学、物理和人类生活必须方面也有所涉及(表 8-14)。

表 8-13　发动机专利发明人统计

发明人	专利数	百分比/%
尹明善	648	0.81
	180	0.23
肖夏琳	143	0.18
涂建华	71	0.09
郭东劭	65	0.08

表 8-14　发动机专利部类统计

分类号	百分比
F 机械区程、照明、加热、武…	20 850(55.75%)
B 作业、运输	9 232(24.68%)
H 电学	1 912(5.11%)
G 物理	1 660(4.44%)
A 人类生活必需	1 399(3.74%)

7. 发动机外观专利情况

发动机技术除涉及动力、结构、材料、环保、安全、控制仪表等方面的创新外，其外观设计也是重要方面之一，是全方位技术创新和知识产权保护的重要内容。如表 8-15 所示，仅用于发动机的外观设计专利有 273 项，占 72.03%，此外涉及发动机应用领域的外观设计约占 27.97%。

表 8-15　发动机外观设计专利分类

分类号	百分比
15-01　发动机	273(72.03%)
12-11　自行车和摩托车	70(18.47%)
15-02　泵和压缩机	12(3.17%)
12-16　其他类未包括的车辆…	11(2.90%)
23-04　通风和空调设备	4(1.05%)

本章小结

本章对率先创新和模仿创新案例进行了分析，结合具体案例进行创新训练，包括在打破传统思维定势的前提下，运用创新思维、结合多种创新技法提出创意，充分利用各种检索工具对其新颖性进行判断，判断创新的过程也是知识积累的过程，在检索中可以通过新知识、新技术、新观念、新思维的获取以达到实现创新的目的。有了创新成果，通过申请专利、发表论文等途径进行保护，并使其推广应用。“创新”是一种习惯，只要掌握了一定的技巧，注意观察身边的事物，灵活应用信息检索工具，勤于动脑动手，“人人会创新、事事该创新、时时可创新、处处能创新”的理念便能实现。本章还以发动机为例对专利技术分析进行了训练。

思 考 题

1.以本专业一个关键词作为切入点，按照创新的步骤完成一项发明专利创意，填写专利申报文件，向国家知识产权局提出专利申请。

2.针对发动机技术专利撰写一份分析报告，包括技术现状和发展趋势。

3.分析华为公司的专利申请现状及趋势。

参考文献

柴晓娟.2009.网络学术资源检索与利用[M].南京:南京大学出版社

陈宜中,傅雅芬.2008.科技创新与专利发明[M].北京:中国纺织出版社

陈英.2009.科技信息检索(第四版)[M].北京:科学出版社

葛敬民.2005.信息检索实用教程[M].北京:高等教育出版社

洪全.2009.信息检索与利用教程[M].北京:清华大学出版社

洪允楣.2004.技术创新专利申请策划基础[M].北京:化学工业出版社

黄如花.2010.信息检索(第二版)[M].武汉:武汉大学出版社

刘二稳,阎维兰.2007.信息检索(第二版)[M].北京:北京邮电大学出版社

马秀山.2001.创新与保护:专利经营启示录[M].北京:科学出版社

宋金斧.2010.科技信息检索与利用[M].北京:中国电力出版社

隋莉萍.2008.网络信息检索与利用[M].北京:清华大学出版社

王立清.2008.信息检索教程(第二版)[M].北京:中国人民大学出版社

王细荣.2009.文献信息检索与论文写作[M].上海:上海交通大学出版社

王知津.2009.工程信息检索教程[M].北京:机械工业出版社

吴延熊.2010.信息检索教程[M].北京:中国传媒大学出版社

谢德体.2009.信息检索与分析利用[M].北京:清华大学出版社

徐庆宁.2008.新编信息检索与利用[M].上海:华东理工大学出版社

许征尼.2010.信息素养与信息检索[M].北京:中国科学技术大学出版社

于光.2010.信息检索[M].北京:电子工业出版社

张玉辉.2009.文献信息检索[M].长沙:湖南师范大学出版社

张致远,何川.2003.发明创造方法学[M].成都:四川大学出版社

朱丽君.2004.信息资源检索与应用[M].北京:化学工业出版社